普通高等学校"十三五"规划教材

工程力学实验

杨绪普　董　璐

王　波　段力群　　主编

中国铁道出版社有限公司

CHINA RAILWAY PUBLISHING HOUSE CO., LTD.

内 容 简 介

本教材是编写团队长期在力学实验教学、科研一线工作的心得体会和成果总结。遵循了如下原则,同时也是本教材的创新和特色:一是紧贴教学大纲的要求和实验仪器设备的现实,利用二维码,把一些关键性环节通过视频进行详细阐述,直观明了,以便于学生加深对实验基本原理和方法设计的目的理解,可以快速上手开展实验,节约时间,提高效率;二是丰富了动载荷实验的内容,比如 MTS 疲劳试验、落锤冲击试验、Hopkinson 压杆试验等,既反映了我校力学实验教学的学科特色,更为学生涉足、开展材料的应变率效应实验提供指导;三是对近年来有关基础力学实验竞赛、结构设计竞赛、工程实践制作等科技创新型活动进行了整理归纳,这既是工程力学实验的应用推广,也是力学实验教学的拓展升华。教材内容共分六部分:理论力学实验、材料力学实验、振动实验、数值模拟实验、动载荷实验、制作加载实验,另附有部分仪器设备的详细使用说明、部分科技创新竞赛任务书和常规实验的报告样本。

本书适合作为普通高等院校土木类、机械类等本科、研究生的实验教材,也可以作为工程力学、材料力学等课程的教学参考书,还可以作为力学与结构创新比赛的辅导教材或高职高专院校的力学实验教材。

图书在版编目(CIP)数据

工程力学实验/杨绪普等主编. —北京:中国铁道
出版社,2018.8(2024.7重印)
普通高等学校"十三五"规划教材
ISBN 978-7-113-24830-7

Ⅰ.①工…　Ⅱ.①杨…　Ⅲ.①工程力学-实验-高等
学校-教材　Ⅳ.①TB12-33

中国版本图书馆 CIP 数据核字(2018)第 178215 号

书　　名:**工程力学实验**
作　　者:杨绪普　董　璐　王　波　段力群

策　　划:曾露平　　　　　　　编辑部电话:(010) 63551926
责任编辑:曾露平
封面设计:刘　颖
责任校对:张玉华
责任印制:樊启鹏

出版发行:中国铁道出版社有限公司 (100054,北京市西城区右安门西街 8 号)
网　　址:https://www.tdpress.com/51eds/
印　　刷:三河市宏盛印务有限公司
版　　次:2018 年 8 月第 1 版　　2024 年 7 月第 7 次印刷
开　　本:787 mm×1092 mm　1/16　印张:16.75　字数:419
书　　号:ISBN 978-7-113-24830-7
定　　价:43.00 元

前　言

在我校力学实验教学实践中，出现了一些新问题。一方面学生军政训练任务重，课堂课后学习时间有限；另一方面学生接触到力学实验后，学习的兴趣大幅提升，尤其是学有余力的学生感觉内容不够，而实验课程的学习又依赖于场地和设备。本教材的编写尝试在解决此矛盾方面做一些探索，那就是紧贴教学大纲的要求和实验仪器设备的现实，利用二维码，把一些关键性环节通过视频进行详细阐述，以便于学生加深对实验基本原理和方法设计的目的理解，快速上手开展实验。这些二维码的内容包括主要实验仪器设备的构造原理、操作演示，实验设计的基本原理，相关理论难点，工程实际的应用情况。这些预习、复习素材短小精炼，方便学生利用碎片时间学习，节约了课内操作时间，还减少了误操作的可能，提高了课内教学的效率，也拓展丰富了教学内容。

课内的工程力学实验教学受学时和设备的限制，一般仅限于静力学的内容。但是，这一方面这不符合实际需求。我们都知道，哪怕是司空见惯的跑步，施加在脚掌的都是冲击动载荷，更不用说军事行动中的强动载荷，所以完全有必要了解材料在动载荷下的响应。另一方面也限制了学生的思维方式。没有动力学概念，遇到问题总从静力学寻求解答是不可想象的，也是没有出路的。尤其是不断出现的由于不科学的野蛮训练导致的各种损伤，反映了我们的实验教学要贴近学生的实际需要，能帮助学生树立科学的思维方式，解决他们生活、训练以及工作的实际力学问题，这既是力学实验教学的任务，也是力学教学生命力的体现。基于以上考虑，本书丰富了动载荷实验的内容，除了摆锤冲击试验，还添加了 MTS 疲劳试验、落锤冲击试验、Hopkinson 压杆试验等，这些内容不仅反映了我校力学实验教学的学科特色，还为学生涉足、开展材料的应变率效应实验提供指导，应变速率从 10^{-5} 到 10^3，材料也从金属拓展到岩土、泡沫铝、复合材料等更广的范围，为本科生毕业设计和研究生开展实验研究提供技术支撑。

绝大多数学生，不一定会将兴趣投于前沿科学实验，他们更愿意致力于简单、易上手的实践性制作活动，在我们面向工程防护类学生开设的工程实践（力学）课程也充分证明了这点。每组学生利用价格低廉、易于加工的复压竹皮、桐木（巴沙木）条和502、AB 胶等材料，辅助一些简易的工具，充分遵循掌握的力学原理，按照设定条件和预定达成目标，手工制作梁、柱等简单构件以及桥梁、楼房等复杂结构，利用力学实验设备仪器，进行加载比试，依据承载能力与模型自重的比值排序确定成绩。寓教于乐，理论联系实践，能亲自动手，将自己的设计变成现实的学习方式，深受学生欢迎，效果也超乎想象地好。将已有理论和未知知识融合，把实验技术与数值模拟结合，将理想状态与实际情况对比，在此过程中，既深化了理论知识的理解，还涉及课本之外的知识学习，比如超静定问题、大挠度变形、塑性破坏等。那些理论课程学得不算理想的同学，很多在这个过程中也表现突出，这源于激发了他们内心的自主学习的愿望。通过实验课程教学、工程实践锻炼、校内比赛选拔、强化指导训练，组队参加力学与结构设计类的科学竞赛，积累了一点经验，获得了一些成绩。为此编者把近年来参与的基础力学实验竞赛、结构设计竞赛、工程实践制作等科技创新型活动进行了整理归纳，这既是工程力学实验的应用推广，也是力学实验教学的拓展升华。

　　本教材内容共分六部分：理论力学实验、材料力学实验、振动实验、数值模拟实验、动载荷实验、创新制作实验，其中动载荷实验和创新制作实验这两部分内容是本教材的创新和特色，另附有部分仪器设备的详细使用说明、力学与结构设计竞赛任务书和常做实验的报告样本。

　　本教材是编写团队成员科研及教学经验的总结、智慧的结晶，其中第三、七、八章由杨绪普编写，第二、五章及第六章部分内容由董璐编写，第一、四章由王波编写，绪论、附录由段力群编写，章鹂、郭哲、谢成强、吴丽军、林瀚等本科生在视频拍摄、后期编辑等方面协助做了大量工作。

　　由于编者水平有限，时间紧张，定有错误与不当之处，敬请批评指正！

杨绪普

2018 年 6 月 6 日

目 录

第三部分　振动实验（自主性实验）

第四部分　数值模拟实验（自主性实验）

第五部分　动载荷实验

第六部分　制作加载实验

绪论　力学实验基础知识

一、概　述

实验是工程力学课程的重要组成部分,是解决工程实际问题的重要手段之一。工程力学实验包括以下三方面的内容:

(1)验证工程力学的理论和定律。力学理论大多是以对工程问题进行一定的简化或假设为基础,建立力学模型,然后进行数学推演。这些简化和假设的提出都是来自对工程实际的大量实践和观察分析,所建立理论的正确与否必须经过实践的检验,数学推导的简化与假设是否合理,关系着推导出的理论或公式能否正确反映客观实际,只有实验结果才能验证,因此,验证理论的正确性是工程力学实验的重要内容,学生通过这类实验,可巩固和加深对基本概念的理解,同时掌握验证理论的实验方法。

(2)研究和检验工程材料的力学性能(机械性能)。工程材料必须具有抵抗外力作用而不超过允许变形或不破坏的能力,这种能力表现为材料的强度、刚度、韧性、弹性及塑性等,工科学生必须熟悉这些性能。在工程力学实验课程学习中,学生通过检测材料力学性能实验的基本训练,掌握常用材料的力学性质,还可进一步加深理解工程力学理论课程所学习的相关知识,同时通过动手实践,掌握工程材料常用性能指标的基本测定方法,为以后的专业实验乃至工程实践打下基础。

(3)实验应力分析。即采用测量方法,确定许多无理论计算可用的复杂受力构件的应力分布状态和变形状态,以便检验构件的安全性或者为设计构件提供依据。随着现代科学技术的发展,新的材料不断涌现,新型结构层出不穷,强度、刚度问题的分析,提出了许多新课题,作为一名工程技术人员,只有扎实地掌握实验的基础知识和技能,才能较快地接受新的知识内容,赶上科技进步的步伐。

基于以上三个方面,本课程所安排的实验是配合工程力学理论课程的内容,围绕解决工程实际需要,结合本校的实验设备而设计的。考虑到开发学生智力、培养分析问题和解决问题的能力,使实验室成为学生从理论走向工程实践的桥梁,实验内容的选择偏向于与本校各个相关工程专业紧密结合。

工程力学实验包括学习实验原理、实验方法和实验技术,常用机器设备的原理和使用方法以及实验数据的处理。实验指导书分为六个部分:第一部分为理论力学实验,全部为验证理论型实验;第二部分为材料力学实验,其中教学计划规定的实验(基础实验)为必做实验,设计性实验部分为选作实验;第三部分为振动实验,内容均为自主性实验;第四部分为数值模拟实验,学习者可根据课堂教学内容,自主选做感兴趣的模拟实验。

第五部分为动载荷实验,内容为中、高应变速率实验,学习者可根据研究需要选择,第六部分为制作加载实验,内容为创新型实验,为学习者提供工程实践制作素材与指导。

二、实验须知

（1）实验前必须预习实验指导书中相关的内容，了解本次实验的内容、目的、要求及注意事项，尤其是其中的安全操作注意事项。

（2）按预约实验时间准时进入实验室，不得无故迟到、早退、缺席。

（3）进入实验室后，不得高声喧哗。

（4）保持实验室整洁，不准在机器、仪器及桌面上涂写，不准乱丢纸屑，不准随地吐痰。

（5）实验时应严格遵守操作步骤和注意事项，不做与指定实验无关的事情。

（6）实验中，若遇仪器设备发生故障，应立即向教员报告，待检查、排除故障后，方能继续实验。

（7）力学实验一般不可单人操作，须分组进行，实验过程中应有统一指挥，分工明确，协同操作，不可各行其是。

（8）实验结束后，将仪器、工具清理摆正。不得将实验室的仪器、工具、材料、说明书等物品携带出实验室，特殊情况需暂时带出实验室的，应向教员办理借用手续。

（9）实验完毕，应在各自使用仪器设备的履历本上如实登记，实验数据经教员认可后方能离开实验室。

（10）学员上交的实验报告是教员检查实验教学效果的依据，实验报告要求字迹工整、绘图清晰、表格简明、实验结果正确。除封面可以使用统一的印制品外，其内容部分应手写手绘完成。

（11）分组实验的数据，同组实验者可共享，但实验报告须独立撰写。常规实验的结果，已自动将数据保存在所用仪器中，学员在实验报告撰写过程中若有疑问，可回实验室查阅，一般应将数据保留并带走，如果需要使用移动设备，应将移动设备交与教员杀毒检查后方可使用。学员若对课内的实验结果不满意可向教员申请重做。

（12）力学实验室为学校开放性实验室，除教学计划规定的必修实验内容外，还开设了多种工程力学课程涉及的实验，包括学员自行设计的力学实验。此类实验的实施，学员应先向实验室提出申请，由实验室安排实验时间；自主性实验的试件由学员自己动手加工，实验室提供加工工具和设备，所需要的材料如须购买，则应事先向实验室提出书面的经费申请。

三、实验程序

本课程列入的力学实验，其实验条件以常温、静载为主，试件材质以金属为主。实验中主要测量作用在试件上的载荷以及应力、试件的变形和破坏。金属材质的试件所要求的载荷较大，由几千牛到几百千牛不等，故加力设备庞大复杂；变形则很小，绝对变形一般以千分之一毫米为单位，相对变形（应变）可以小到 $10^{-6} \sim 10^{-5}$，因而变形测量设备必须精密。进行实验，力与变形要同时测量，一般需数人共同完成。因此，力学实验要求实验者以组为单位，严密地组织协作，形成有机的整体，以便有效地完成实验。

（一）准　　备

明确实验目的、原理和步骤及数据处理的方法。实验用的试件（或模型）是实验的对象，要了解其原材料的质量、加工精度，并细心地测量试件的尺寸，以此为基础对试件最大加载量值进行估算，并拟定加载方案。此外，还应根据实验内容事先拟定记录表格以供实验时记录数据,(部分实验的记录表格参看附录 K)。

实验使用的机器和仪器应根据实验内容和目标进行适当的选择,在本课程的教学实验中,实验用的机器仪器是教员指定并预先调试的,但对选择工作怎样进行应当有所了解。选择试验机的根据如下:

(1) 需要用力的类型(例如使试件拉伸、压缩、弯曲或扭转的力)。

(2) 需要用力的量值(最大荷载)。前者由实验目的来决定,后者则主要依据试件(或模型)材质和尺寸来决定。

(3) 变形测量仪器的选择,应根据实验测量精度以及梯度等因素决定。

此外,使用是否方便、变形测量仪器安装有无困难,也都是选用时应当考虑的问题。

若准备工作做得越充分,则实验的进行便会越顺利,实验工作质量也越高。

(二) 实　　验

开始实验前,应检查试验机的各种传感器、测量装置是否灵敏,输出线性是否符合要求,试件安装是否正确,变形仪是否安装稳妥等。检查完毕后还需要请指导教员确认,确认无误后方可开动机器。

第一次加载可不做记录或储存(不允许重复加载的实验除外),观察各部分变化是否正常。如果正常,再正式加载并开始记录。记录者及操作者均须严肃认真、一丝不苟地进行工作。

工程力学课程的必修实验内容,全部是检验材料力学性能,或者验证理论课程公式和结论的实验。实验是否成功,主要评判标准是其是否与理论相符、与已知的结论相符,若所得实验结果与理论不符,应检查实验准备情况,分析实验过程,纠正错误,重新进行实验。

试验完毕,要检查数据是否齐全,并注意设备复位,清理设备,把使用的仪器仪表拆除收放原处,并在使用记录簿上说明仪器设备的良好状态。

(三) 安全操作注意事项

进行工程力学实验过程中应注意以下三点:

(1)力学实验的加载设备多为大型机器,使用时应严格遵守操作规程,除上课前认真预习实验指导书中的相关章节外,实验者初次进入实验室,应对照试验机实物,掌握操作方法。一般应在教员指导下,先不安装试件,空载运行机器,熟悉机器的开、关、行程以及紧急制动等按钮后,再正式开始实验。

(2)实验所用的软件、硬件上都有预先设定的限位开关,未经教员允许,不得擅自改动。

(3)实验按计划进行,不做与本次实验无关的操作。

(四) 实验报告撰写要求

实验报告是实验者最后的成果,是实验资料的总结,教学实验的实验报告同时又是学生上交给教师的作业,(注意:实验结束时试验机的联机计算机打印的实验数据表和图形是实验报告的组成资料,不需要上交给教员),学员提交的报告应包括下列内容:

(1)实验名称、实验地点、实验日期、实验环境温度、实验人员姓名和同组成员名单。

(2)实验目的及原理。实验目的应明确简要;实验原理部分主要阐明试(构)件的受力状态。

(3)使用的机器、仪表。应注明名称、型号、精度(或放大倍数)等。其他用具也应写清,并绘出装置简图。

（4）试件。应详细描述试件的形状、尺寸、材质，一般应绘图说明并附以尽可能详细的文字注释。

（5）实验数据及处理数据要正确填入记录表格内，注明测量单位，例如厘米（cm）或毫米（mm），牛顿（N）或千牛顿（kN）。要注意仪器的测量单位是可以更改的。实验中使用何种测量精度是实验者根据需要施加最大荷载的数值预先确定并输入到仪器中的。在正常状况下，仪器设备所显示的和输出的精度，应当满足实验目的要求，大多数实验的测量精度都有相应的规范。对实验记录或输出数据中的非线性数据，应按误差分析理论对数据进行处理。表格的书写应整洁、清晰，使人方便读出全部测量结果的变化情况和它们的单位及准确度。力学实验中所用仪器设备可能有一部份是用工程单位制，整理数据时一律使用国际单位制。

（6）工程力学实验报告中的数据在计算时，须注意有效数字的运算法则。工程上一般取3~4位有效数字。

（7）图线表示结果注意事项。除根据测得的数据整理并计算出实验结果外，一般还要采用图表或曲线来表达实验的结果。先建立坐标系，并注明坐标轴所代表的物理量及比例尺。将实验数据的坐标点用记号"。""."" △""×"表示出来。当连接曲线时，不要用直线逐点连成折线，应该根据多数点的所在位置，描绘出光滑的曲线。例如图0-1（a）所示为不正确的描法，图0-1（b）所示为正确的描法。

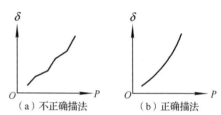

图 0-1　实验数据绘图

（8）试验的总结及体会。对试验的结果进行分析，评价试验结果的可靠性、精度是否满足要求等，这是教学实验报告中最重要的部分。对实验结果和误差加以分析，当数据显示出的结果满足要求时，证明了本次实验的成功；当数据显示出的结果不满足要求时，并不一定是实验不成功，需要经过深入分析，准确认定造成误差的具体原因以及纠正措施，则本次实验仍是有意义的。

（9）回答教员指定的思考题。

（10）教员批改过的试验报告，不退回作为教学原始档案留存。反馈的普遍存在的问题，须认真思考改正，将为实验者在以后的专业课实验甚至将来的工作实践中带来许多方便。

实验前须知事项

第一部分

理论力学实验

第一章　验证性实验

实验 1-1　质点系动量定理推演

一、实验目的

通过演示等质量球的弹性碰撞过程,对弹性碰撞过程中的动量、能量变化过程有更加清晰的理解。

二、实验仪器

弹性碰撞仪,如图 1-1 所示。

图 1-1　弹性碰撞仪

三、实验内容

(一)实验原理

由动量守恒和动能守恒原理可知:在理想情况下,完全弹性碰撞的物理过程满足动量守恒和动能守恒。当两个等质量刚性球弹性正碰时,它们将交换速度。多个小球碰撞时可以进行类似的分析。

但事实上,由于小球间的碰撞并非理想的弹性碰撞,还是有能量损失的,故最后小球还是要静止下来。

(二)实验方法与步骤

(1)调整固定摆球的螺丝,尽量使摆球的中心处于同一直线上;

（2）拉起最边上的一个摆球，释放，让其撞击其他的摆球，可以观察到其另一侧的摆球立即摆起，其振幅几乎等于左边小球的摆幅；

（3）同时拉起一侧的两个摆球，释放，让其撞击剩余的摆球，可观察到另一侧相同数目的摆球立即摆起，其摆幅几乎等于被拉起摆球的摆幅，如图1-2所示。

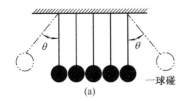 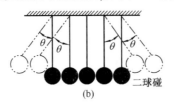 

图1-2　弹性球碰撞演示　　　　　　　　　演示视频

四、注意事项

（1）注意保持摆球的球心处于同一直线上；

（2）球的摆幅不能过大，不要用力拉球，以免悬线断开。

五、思考题

（1）思考完全弹性碰撞、非弹性碰撞的区别。

（2）质点系的动量定理在生活中有着广泛的应用，与我们的生活密切相关，试举例说明。

实验 1-2　四种不同载荷的观测与理解

一、实验目的

通过实验，理解渐加荷载、冲击荷载、突加荷载和振动荷载的区别。

二、实验仪器

（1）TMS-Ⅰ型理论力学多功能实验台上的磅秤。

（2）沙袋。

（3）偏心振动试验装置。

三、实验内容

（1）绘制四种载荷的力与时间的关系图。

（2）实验方法与步骤：

① 取出装有一定重量砂子的沙袋，将砂子连续倒在左边的磅秤上，在图1-3（a）所示坐标系中画出力与时间的关系图。

② 将砂子倒回沙袋，并使沙袋处于和磅秤刚刚接触的位置上，突然释放沙袋，在图1-3（b）所示坐标系中画出力与时间的关系图。

③ 将沙袋提取到一定高度，自由落下，观察磅秤的读数，在图1-3（c）所示坐标系中画出力与时间的关系图。

④ 把与沙袋重量完全相同的偏心振动电动机放在磅秤上,打开开关使其振动,调整振动频率,观察此时磅秤读数,在某个固定频率下选择几个控制数据,在图1-3(d)所示坐标系中画出力与时间的关系图。

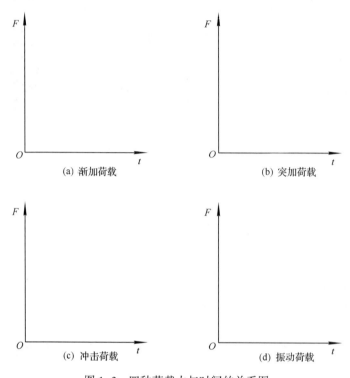

图 1-3　四种荷载力与时间的关系图

四、注意事项

(1)观察渐加载荷时,应掌握好倒沙的速度,适中即可。

(2)观察冲击载荷时,不要将沙袋提得太高,以免对受力装置产生过度冲击。

(3)注意调节偏心振动电动机的转速,使其速度较慢以利于观察。

五、思考题

(1)四种不同载荷分别作用于同一座桥上时,哪一种最具破坏性?

(2)突加载荷时,为什么要限制沙袋与磅秤刚刚接触?

(3)试列举几种工程中常见的载荷。

(4)简述振动频率与力的关系。

实验 1-3　求不规则物体的重心

一、实验目的

通过两种方法求出不规则物体的重心位置。

二、实验仪器

(1)TMS-1A 型理论力学多功能实验台。

(2)直尺。

(3)弹簧称。

三、实验内容

(一)实验原理

(1)悬吊法求不规则物体的重心:如果需要求一薄板的重心,可先将板悬挂于任意一点 A,如图 1-4(a)所示。根据二力平衡公理,重心必然在过悬吊点的铅垂线上,于是可在板上画出此线。然后将板悬挂于另外一点 B,同样可以画出另外一条直线。两直线的交点 C 就是重心,如图 1-4(b)所示。

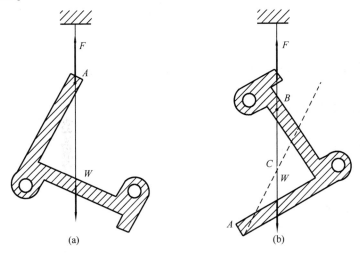

图 1-4　悬吊法求不规则物体重心图示

(2)称重法求轴对称物体的重心:如图 1-5(a) 所示,设物体是均质的,则重心必然位于水平轴线上。因此只需要测定重心距离左侧支点 A 的距离 x_c。首先测出两个支点间的距离 l ,然后将支点 B 置于磅秤上,保持中轴线水平,由此可测定得到支点 B 的支反力 F_{N1} 的大小。再将连杆旋转 $180°$,仍然保持中轴线水平,可测得 F_{N2} 的大小,如图 1-5(b)所示。根据平面平行力系,可以得到如下两个方程:

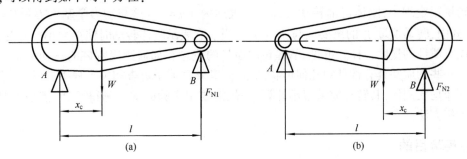

图 1-5　称重法求轴对称物体的重心图示

$$F_{N1} + F_{N2} = W$$

$$F_{N1} \cdot l - W \cdot x_c = 0$$

根据此方程,可以求出重心的位置:

$$x_c = \frac{F_{N1} \cdot l}{F_{N1} + F_{N2}}$$

(二)实验方法与步骤

(1)悬吊法求不规则物体的重心

① 用细绳将不规则物体悬挂于上顶板的螺钉上,用粉笔在物体上标记悬挂点和第一条悬挂线的位置,并在纸上画出。

② 将物体换一个方向悬挂,标记悬挂点和第二条悬挂线的位置,并在物体上画出。

③ 两个悬挂线的交点,即重心的位置。

(2)称重法求对称摆锤的重心

① 将摆锤的一端悬挂于支架上,另一端悬挂于弹簧秤上,使两条悬挂线都处于垂直;记录此时弹簧秤的读数。

$F_{N1} = $ ＿＿＿＿＿＿＿＿＿＿＿＿＿＿＿ kg

② 取下摆锤,将摆锤转 180°,重复步骤①,测出此时磅秤读数。

$F_{N2} = $ ＿＿＿＿＿＿＿＿＿＿＿＿＿＿＿ kg

③ 测定连杆两支点间的距离。

$l = $ ＿＿＿＿＿＿＿＿＿＿＿＿＿＿＿ m

④ 计算摆锤的重心位置 x_c。

四、注意事项

(1)实验时应保持重力摆水平。

(2)弹簧称在使用前应调零。

五、思考题

(1)利用以上工具,以上两个实验是否还有其他测量方法?

(2)试列举几种需要测量物体重心的工程问题。

实验 1-4　三线摆法测定不规则物体的转动惯量

在动量矩定理中,刚体定轴转动方程可以表达为 $J_z a = M_z$,这与动力学基本方程 $F = ma$ 是相似的,式中,转动惯量 J_z 的重要性与质量 m 相当。它表示刚体转动时惯性大小的量度,如同质量是质点惯性的量度一样。可见,掌握转动惯量的概念和如何测定刚体的转动惯量是十分重要的。一些均质并具有常见的几何形状的刚体,其转动惯量可查相关工程手册,但一些不规则形状和非均质刚体,其转动惯量很难计算,一般需要用实验的方法测得,三线摆是测取转动惯量的常用方法。

一、实验目的

(1)了解并掌握用三线摆方法测定物体转动惯量的原理和方法。

（2）用叠加法测定规则物体的转动惯量。

（3）验证转动惯量平行移轴定理。

二、实验仪器

（1）TMS-1 型理论力学综合实验系统。

（2）三线摆实验装置。

（3）电子计时仪。

（4）规则试样三种（高薄形一个、扁平形一个、圆柱形一对）。

（5）卷尺和游标卡尺。

三、实验内容

（一）实验原理

根据定义，质点系内各质点的质量与各质点到 L 的距离 ρ_1 二次方的乘积之和为质点对轴 L 的转动惯量 $J_z = \sum \rho^2 \mathrm{d}m$。

当质点系为刚体时，上式可写成积分的形式 $J_z = \int \rho^2 \mathrm{d}m$，转动惯量永远是一个正的标量，它不仅与刚体的质量有关，而且与质量的分布情况有关，其单位是 $\mathrm{km} \cdot \mathrm{m}^2$。

用三线摆法测试圆盘转动惯量的原理：图 1-6 所示的三线摆中，均质圆盘质量为 m，半径为 R，三线摆悬吊半径为 r。当均质圆盘做扭转角小于 6° 的微振动，测得扭转振动周期为 T，如图 1-7 所示。现在讨论圆盘的转动惯量与微扭振动周期的关系。

设 φ_0 为圆盘的扭转振幅，ψ_0 是摆线的扭转振幅，对于一个微小的位移则有

$$r\varphi_0 = L\psi_0 \tag{1-1}$$

在微振动时，系统最大动能：

$$T_{\max} = \frac{1}{2} J_0 \omega^2 \varphi_0^2 \tag{1-2}$$

系统的最大势能：

$$U_{\max} = mgL(1-\cos \psi_0) = \frac{1}{2} mgL\psi_0^2 = \frac{1}{2} mg \frac{r^2}{L} \varphi_0^2 \tag{1-3}$$

对于保守系统，机械能守恒，即 $T_{\max} = U_{\max}$。得到圆盘扭转振动的固有角频率的二次方为

$$\omega^2 = \frac{mgr^2}{J_0 L}$$

由于 $T = \dfrac{2\pi}{\omega}$，则圆盘的转动惯量：

$$J_0 = \left(\frac{T}{2\pi}\right)^2 \frac{mgr^2}{L} \tag{1-4}$$

式中　T——三线摆的扭振周期。

因此，只要测出周期 T 就可用式（1-4）计算出圆盘的转动惯量，且周期 T 测得越精确，转动惯量误差就越小。

本实验分为均质圆盘转动惯量验证测定、用叠加法测定不规则物体转动惯量（神舟六号载人飞船模型）、等效法测定不规则物体转动惯量和验证平行移轴定理三项内容。其中等效

法的实验原理如图 1-8 所示,实验盘上放置的等效圆柱直径 $d=20$ mm,高 $h=18$ mm,材料密度 $\gamma=7.75$ g/cm^3。

两圆柱对中心轴 O 的主动惯量计算公式:

$$J_0 = 2\left[\frac{1}{2}m\left(\frac{d}{2}\right)^2 + m\left(\frac{S}{2}\right)^2\right]$$

式中　S——两圆柱的中心距。

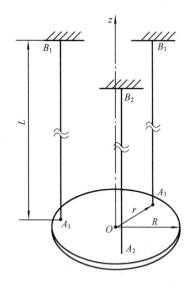 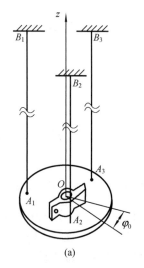 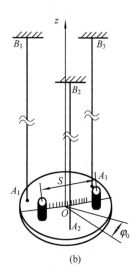

图 1-6　三线摆图示　　　　　　　图 1-7　圆盘转动惯量的测试图示

首先用叠加法测出飞船模型扭转振动周期,如图 1-7(a)所示,计算出转动惯量;再用两个与飞船模型等重的圆柱体,分别以不同的中心距 S 测出相应的扭转振荡周期 T,如图 1-7(b)所示,用插入法求得与飞船模型相同的扭转振动周期 T 时的中心距,并测定中心距 S,计算出两个圆柱对中心轴的转动惯量。

(二)实验方法与步骤

1. 均质圆盘转动惯量测定

(1)调节"三线摆"底板上的三个调节螺栓,使"三线摆"的上圆盘呈水平状态。

图 1-8　均质圆盘的测试图

(2)调整"三线摆"上圆盘上的三个调节装置,使摆线长度适当,并使下圆盘呈水平状态。

(3)调节光电传感器至适当位置,并予以固定。

(4)将光电传感器的信号线连接到计时仪上。

(5)接通电源,依次打开"开关控制""计时仪"电源开关。

(6)按"计时仪"面板上的个位、十位键,设置计时周期数。

(7)通过高度指示器,量取摆线高度,并记录。

(8)移开高度指示器,以免妨碍圆盘转动。

(9)使实验圆盘下盘保持静止状态。

(10)转动"三线摆"上盘中间的旋钮,使实验盘产生微幅摆动。

（11）依次按计时仪面板上的"复位"和"执行"按钮,开始测量计时。

（12）待计时自动停止后,读取时间,并记录。

（13）重复步骤（9）~（12）三遍。

2. 叠加法测不规则物体转动惯量

（1）放置飞船模型至实验圆盘中心。

（2）重复（一）匀质圆盘转动惯量测定中的步骤（9）~（12）三遍。

3. 等效法测不规则物体转动惯量

（1）放置圆柱体实验试样（质量同不规则物体）,初设中心距 S（例如 $S = 60$ mm）,如图 1-7 所示。

（2）重复（一）匀质圆盘转动惯量测定中的步骤（9）~（12）。

（3）逐渐改变中心距（例如 $S = 80$ mm,100 mm,$\cdots$,160 mm）,重复（一）匀质圆盘转动惯量测定步骤（9）~（12）。

（4）实验结束,关掉开关,切断电源,设备整理复原。

（三）实验结果与数据处理

两圆柱对中心轴 O 的主动惯量计算公式为

$$J_0 = 2\left[\frac{1}{2}m\left(\frac{d}{2}\right)^2 + m\left(\frac{S}{2}\right)^2\right]$$

实验盘直径 $D_0 =$ _____ mm, 实验盘质量 $m_0 =$ _____ g。

上圆盘摆线直径 $D_{01} =$ _____ mm,下圆盘摆线直径 $D_{02} =$ _____ mm。

摆线高度 $L =$ _____ mm,计数周期 $N =$ _____ 次。

实验试件（飞船）质量 $m_1 =$ _____ g。

实验试件（圆柱）质量 $m_2 =$ _____ g, 外径 $D_2 =$ _____ mm,内径 $d_2 =$ _____ mm。

理论公式计算圆盘转动惯量：$J_0 = \frac{1}{2}mR^2 =$ _____ kg·m²。

用三线摆测周期计算圆盘转动惯量：$J_0 = \left(\frac{T}{2\pi}\right)^2 \frac{mgr^2}{L} =$ _____ kg·m²。

用叠加法测周期计算飞船模型的转动惯量：$J_{01} = J - J_0 =$ _____ kg·m²,用等效法测周期计算飞船模型的转动惯量 $J =$ _____ kg·m²。

① 叠加法测定不规则物体转动惯量,并将表 1-1 所示内容填写完整。

表 1-1　实验数据

试样名称	试样质量 m/g	序号	计时 t/s	周期 T/s	转动惯量实测值 J/(kg·m²)	转动惯量理论值 J_0/(kg·m²)	误　差 /%
实验圆盘		1					
		2					
		3					
飞船模型		1					
		2					
		3					

② 等效法测定飞船模型转动惯量。并将表 1-2 所示内容填写完整。

表 1-2　实验数据

试样名称	中心距 S/mm	序号	计时 t/s	周期 T/s	平均周期 T/s	转动惯量计算值 J/(kg·m²)	转动惯量等效值 J/(kg·m²)
飞船模型		1					
		2				—	
		3					
试样圆柱体	60	1					
		2					—
		3					
	80	1					
		2					—
		3					
	100	1					
		2					—
		3					
	120	1					
		2					—
		3					
	140	1					
		2					—
		3					
	160	1					
		2					—
		3					

四、注意事项

实验过程中应注意以下几点：

(1)摆的初始偏转角应小于或等于 5°。

(2)摆线应尽可能长,且实验过程中保持不变。

(3)不规则物体(飞船模型)的转轴应与实验圆盘中心重合。

(4)两圆柱体放置时,应尽量保持中心对称。

五、思考题

(1)假如初始摆角过大,将对实验结果造成哪些影响?

(2)试分析摆线长度对测试精度的影响?

(3)不规则物体的轴心与圆盘中心不重合,对测量误差有哪些影响?

(4)若不规则物体的轴心与其本身重心不重合,会对测量误差造成哪些影响?

(5)等效法与叠加法相比,有哪些优缺点?

(6)对于不规则物体与规则物体,在质量不等的情况下,可以用等效法测定转动惯量吗?

实验 1-5　摩擦因数测定

一、实验目的

通过试验测定不同材料之间的静摩擦因数 f_s 和动摩擦因数 f_d。

二、实验仪器

(1)支撑门架。
(2)滑块。
(3)滑槽。
(4)光电管。

三、实验内容

(一)实验原理

1. 静摩擦因素 f_s 的测定

图 1-9 是摩擦实验的原理图。通过调节支撑门架上端的两个旋钮,改变滑板的倾角,测出物块保持静止时的最大摩擦角 φ_1,称为静摩擦角,进而根据图 1-9 所示静力平衡关系而推算出 $f_s = \tan \varphi_1$。

2. 动摩擦因素 f_d 的测定

图 1-10 所示为滑块运动参数测量装置,两个光电管 L_1、L_2 之间的距离可以调节。试块 A 在滑槽中运动时,计时器可记录下滑块通过两个光电管之间的时间,通过光电管 L_1、L_2 之间的距离,以及测得的时间,利用动力学方程,可以计算出滑块材料与滑槽底面材料之间的动摩擦因数。

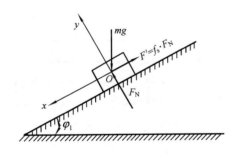

图 1-9　摩擦实验的原理图　　　　图 1-10　滑块运动参数测量装置

$$f_d = \tan \varphi - \left| \frac{S_1(t_1-t_2)}{g t_1 t_2 t_4 \cos \varphi} \right|$$

式中　t_1——试块 A 的 a 边和 b 边经过光电管 L_1 的时间;

　　　t_2——试块 A 的 a 边和 b 边经过光电管 L_2 的时间;

　　　t_3——试块 A 从光电管 L_1 到达光电管 L_2 所需要的时间;

t_4——时间参数, $t_4 = t_3 + \dfrac{1}{2}(t_2 - t_1)$;

S_1——试块 A 不透光挡距,数值为 2 cm;

g——重力加速度,数值为 980 cm/s²;

φ——试块斜面 B(即滑板)的倾斜角,它比静摩擦角 φ_1 略大。

(二)实验步骤

(1)打开加速度仪电源开关,先按"复位"键,再按"开始"键。

(2)将试块 A 从斜面的高端某确定位置滑下,经过光电管 L_1 和 L_2 滑到下端被缓冲挡块挡住。

(3)测试仪面板右边指示小灯按以下次序 $t_1 \rightarrow v_1 \rightarrow t_2 \rightarrow v_2 \rightarrow t_3 \rightarrow a$ 轮流显示,仪器正面大显示屏上即时显示数据,观察并记录 t_1、t_2、t_3(单位均为 ms)。

(三)实验结果与数据处理

将上述数据填入表 1-3,作为一次实验的记录;再做第二次实验,重复上述步骤,先按"复位"键,再按"开始"键……,再次记录数据。因为动滑动摩擦具有随机性,理论上是泊松分布,所以要在相同的条件下测试多次,对其数据进行计算整理,并用统计方法算出结果,填入表 1-3 中的 f_d 项。

表 1-3　实验数据

测试次数	t_1/s	t_2/s	t_3/s	t_4/s	φ	$\tan\varphi$	$\cos\varphi$	$\tan\varphi - \left\| \dfrac{S_1(t_1-t_2)}{gt_1t_2t_4\cos\varphi} \right\|$	f_d
1									
2									
3									
4									
5									
6									
7									
8									
9									
10									

动摩擦因数的平均值(去掉最大和最小后的平均值)$f_d =$

四、注意事项

(1)斜面倾角调整时,不必刻意将其调整到一定角度,但需保证滑块能够顺利滑下。

(2)滑块滑行前要保证斜面清洁,测试完毕,检查数据是否有效,无效数据舍去,重新测试。

五、思考题

(1)摩擦因数与哪些因数有关?

(2)试分析引起误差的原因。

实验 1-6　工程结构振动实验演示

一、实验目的

(1)了解风激励对"空中输电线"产生的振动响应,认识共振的危害性。

(2)感知"空中输电线"的抽象模型。

(3)测取"空中输电线"模型的振动幅值与风激励速度之间的关系曲线。

二、实验仪器

(1)TMS-Ⅰ型理论力学综合实验系统。

(2)风机。

(3)"空中输电线"模型。

(4)交流可调电源。

(5)风速仪。

三、实验内容

(一)实验原理

单自由度振动系统的固有角频率 ω_n 与振动质量 m 和弹簧刚度 k 之间的重要关系为

$$\omega_n = \sqrt{\frac{k}{m}}$$

"空中输电线"可以抽象为由弹簧和质量块组成的系统模型,在风激励下,该系统将产生振动,激励频率与风速有关,而系统振幅又与激励频率有关。在不同的风速下,激励频率不同,系统的稳定振幅也不同,当激励频率接近系统的固有频率时,系统将产生共振。

日常生活中人们习惯了因而也容易理解自由振动和强迫振动现象,但"空中输电线"的共振现象不同于一般的强迫振动,它是一种自激振动。自激振动现象与自由振动和强迫振动的区别较难被人们所认识,自激振动是一种比较特殊的现象。它不同于强迫振动,因为其没有固定周期性交变的能量输入,而且自激振动的频率基本上取决于系统的固有特性;它也不同于自由振动,因为它并不随时间增大而衰减,系统振动时,维持振动的能量不像自由振动时一次输入,而是像强迫振动那样持续地输入。但这一能源并不像强迫振动时通过周期性的作用对系统输入能量,而是对系统产生一个持续的作用,这个非周期性作用只有通过系统本身的振动才能不断输入,振动才能变为周期性的作用,也只有成为周期性作用后,能量才能不断输入振动系统,从而维持系统的自激振动。因此,它与强迫振动的一个重要区别在于系统没有初始运动就不会引起自激振动,而强迫振动则不然。因此,"空中输电线"的共振演示可以很好地帮助读者理解自激振动和强迫振动的概念。

(二)实验与步骤

(1)连接风机电源至交流可调电源上。

(2)将交流可调电源模块上的调节旋钮调至最低点(逆时针方向旋到底)。

（3）熟悉并试用光电转速表和风速仪，观察各仪表是否正常。

（4）接通 TMS-I 型理论力学综合实验系统电源，并依次打开"开关控制""交流可调电源"面板上的开关。

（5）缓慢调节"交流可调电源"的调节开关（顺时针方向），使电源输出电压为 120 V。

（6）给"空中输电线"模型一个扰动（将模型向下拉一点然后释放）。

（7）等待几分钟，待系统模型达到稳定振幅后，测量模型附近风速（测模型附近风速；打开风速仪电源开关，使风速感应风扇的迎风面有黄色标记正面迎风，读取风速仪上的数据即得风速值）；测定模型振幅 A_{p_p}。

（8）读取输出电压、风速和模型振幅 A_{p_p} 并作记录，填写测量结果。

（9）增加电源输出电压 20 V，重复步骤（7）~（8），直至输出电压为 220 V。

（三）实验结果与数据处理

在表 1-4 中填写实验数据。

表 1-4　实验数据

风机电压 U/V	风速 v_W/（m/s）	模型振幅 A_{p_p}/mm
120		
140		
160		
180		
200		
220		

四、注意事项

（1）在风机启动前，应调节调压器至电压较低位置，或者逆时针调至零位，待开启风机电源后再缓慢上调至适当值，这样可以避免风机启动引起电流冲击。

（2）风速仪应在整个测试过程中保持同位置同方向，并避免将朝向模型的风挡住。

五、思考题

（1）给模型一个初始扰动的目的是什么？对系统测量有影响吗？

（2）可否改变风机电压后马上测系统的振幅？为什么？

（3）风机的极限转速是多少？（假定风机的额定转速为 2 800 r/min。）

（4）自由振动、自激振动和强迫振动的区别和各自的特点是什么？

（5）利用现有的实验装置和配件，演示受迫振动过程。

第二部分

材料力学实验

第二章 基本性实验

实验 2-1 低碳钢和铸铁拉伸实验

受拉构件是工程中最常见的结构构件,因此,拉伸实验是检验材料力学性能最基本的实验。

任何一种材料受力后都要产生变形,这种变形一般表现为弹性变形和塑性变形。大多数材料变形到一定程度就会发生断裂破坏。材料在受力为零到最大受力过程中所呈现的变形和破坏,真实地反映了材料抵抗外力的全过程,拉伸实验即是在应力状态为单向、温度恒定且应变速率符合静载加载要求的情况下进行,它所得到的材料性能数据对于设计和选材、新材料研制、材料采购与验收、产品质量控制、设备安全评估等方面都有重要的应用价值和参考价值。

由于多数金属材料的拉伸曲线特性介于低碳钢与铸铁之间,因此本实验以低碳钢 Q235 和灰铸铁 HT16 材料制成的标准试样为研究对象。

一、实验目的

(1)了解实验设备——电子程控材料试验机的构造和工作原理,掌握其操作方法及使用时的注意事项。

(2)测定低碳钢的屈服极限(流动极限)σ_s、强度极限 σ_b、伸长率 δ、断面收缩率 ψ、弹性模量 E 等参数。

(3)测定铸铁的强度极限 σ_b。

(4)观察以上两种材料在拉伸过程中产生的各种现象,并利用自动绘图程序绘制出拉伸图(P-ΔL 曲线)。

(5)比较低碳钢(塑性材料)与铸铁(脆性材料)在拉伸时的力学性能。

二、实验仪器

(1)设备:电子程控材料试验机、引伸计。

(2)量具:游标卡尺、钢尺、分规。

下面简单介绍电子程控材料试验机的构造、工作原理及操作规程。

在材料力学实验中,最常用的机器是万能材料试验机。它可以做拉伸、压缩、剪切、弯曲等试验,习惯上称其为万能试验机。材料试验机有多种类型,其工作原理大同小异。

DAN100 型电子程控材料试验机的外形如图 2-1 所示。其主要包括以下两个部分:

(1)主机部分。主机是机架与机械传动系统的结合体,主机的结构组成主要有承担负荷的机架、传动系统、夹持系统与限位保护装置。工作时,伺服电动机驱动机械传动减速器,进而带动丝杠传动,驱使中间的横梁上下移动。试验过程中,力在门式负荷框架内得到平衡。例如,将拉伸试样装于上夹头和下夹头内,当活动横梁向下移动时,因上夹头不动,而下夹头随着横梁向下移动,则试样受到拉伸;如果将试样放置于机座平台的承压座上,当横梁下降时,则试样受到压缩。

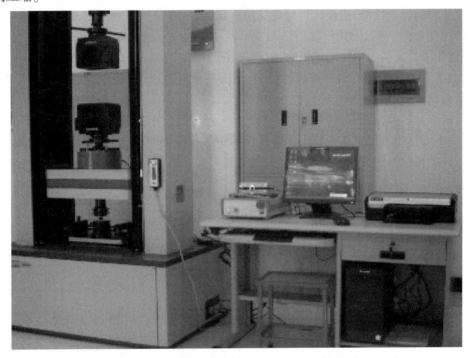

图 2-1　DAN100 型电子程控材料试验机外形图

做拉伸实验时,为了适应不同长度的试样,可开动活动横梁的驱动电动机,控制下夹头上下移动,调整适当的拉伸空间。驱动开关在机身的立柱上。

对于不同形状的试样,夹持系统配备了不同的适用夹具,以保证试样被牢固地固定在夹具上。

(2)测量与控制部分。测量与控制部分由传感器、控制器、计算机及相应的软件程序组成,其中传感器安装在主机内,控制器是一个单独的箱体(见图 2-2),其功能是各传感通道的开关以及信号的数模转换,两者通过信号线与计算机相连,操作者的指令通过软件程序中的待设定参数给出。软件程序(见图 2-3)已将常规实验的指令集成化,操作者只需要按照人机对话界面的提示选择即可。

图 2-2　控制器

图 2-3　软件程序

三、实验内容

(一) 实验原理

(1) 用金属材料制成的试样在受到单向拉力时,其力与变形的关系曲线(P-ΔL)集中反映了不同金属材料之间力学性能的差异。低碳钢属于金属类材料中塑性较大的一种,为了检验低碳钢拉伸时的力学性能,应使试样轴向受拉直到断裂,在拉伸过程中以及试样断裂后,测读出必要的特征数据(例如,屈服载荷 P_s、最大载荷 P_b、断裂后的长度 l_1、断口直径 d_1),经过计算,便可得到表示材料力学性能的五大指标:σ_s、σ_b、δ、ψ、E。

(2) 铸铁属于金属类材料中的脆性材料,轴向拉伸时,在变形很小的情况下即可断裂,故一般测定其抗拉强度极限 σ_b。

拉伸试样的各部分名称代号如图 2-4 所示。夹持部分用来装入试验机夹具中以便夹紧试样,过渡部分的曲率用来减小应力集中保证标距部分能均匀受力,这两部分的形状和尺寸,决定于试样的截面形状和尺寸以及机器夹具类型。

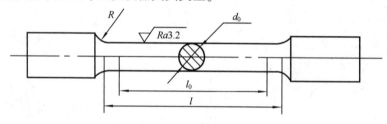

图 2-4　拉伸试样

标距 l_0 是待试部分,也是试样的主体,其长度通常简称为标距,也称为计算长度;l 称为试样的平行长度,$l \geq l_0 + d_0$;试样的尺寸和形状对材料的塑性性质影响很大,为了能正确地比较材料的力学性能,国家相关标准对试样尺寸作出了规定。

拉伸试样分比例试样和非比例试样两种。比例试样系按公式 $l_0 = K\sqrt{A_0}$ 计算而得。式中,l_0 为标距,A_0 为标距部分原始截面积,系数 K 通常为 5.65 和 11.3(前者称为短试样,后者称为长试样)。据此,短、长圆形试样的标距长度 l_0 分别等于 $5d_0$ 和 $10d_0$,如图 2-5 所示。非比例试样的标距与其原横截面间无上述确定的关系。

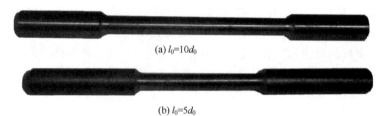

(a) $l_0 = 10d_0$

(b) $l_0 = 5d_0$

图 2-5　拉伸试样实物图

低碳钢、铸铁试件拉伸试样的区别

根据国家标准(GB/T 228.1—2010)《金属材料 拉伸试验第 1 部分:室温试验方法》将比例试样尺寸相关系数列入到表 2-1 中。

表中,d_0 表示试样标距部分的原始直径,δ_{10}、δ_5 分别表示标距长度 l_0 是直径为 d_0 的 10 倍或 5 倍的试样伸长率。

常用试样的形状尺寸、表面粗糙度等可查相关的国家标准。

钢筋原材料及焊接试验样品

表 2-1　比例试样尺寸列表

试样		标距长度 l_0/mm	横截面积 A_0/mm	圆形试样直径	表示伸长率的符号
比例	长	$11.3\sqrt{A_0}$	$10d_0$	任意	δ_{10}
	短	$5.65\sqrt{A_0}$	$5d_0$	任意	δ_5

图中：d_0　标距 l_0　l　标距长度 l_0/mm

(二) 实验与步骤

(1)测定试样的截面尺寸。圆形试样其直径 d_0 的测定方法是:使用游标卡尺(见图 2-6)在试样标距长度的两端和中间三个位置进行测量,每处在两个相互垂直的方向上各测一次,取其算术平均值,然后取这三个平均数的最小值作为 d_0;矩形试样测三个截面的宽度 b 与厚度 a,求出相应的三个 A_0,取最小的值作为 A_0。A_0 的计算精确度:当 $A_0 \le 100\ mm^2$ 时,A_0 取小数点后面一位;当 $A_0 > 100\ mm^2$ 时 A_0 取整数。所要求位数以后的数字按"四舍五入"处理。

(2)确定试样标距长度 l_0,除了要根据圆试样的直径 d_0 或矩形试样的截面积 A_0 来确定外,还应将其化整为 5 mm 或 10 mm 的倍数。小于 2.5 mm 的数值舍去;等于或大于 2.5 mm 但小于 7.5 mm 的数值化整为 5 mm;等于或大于 7.5 mm 的数值进为 10 mm。本实验室的拉伸试样 l_0 均为 100 mm。在标距长度 l_0 的两端各打一小标点,此两点的位置,应做到使其连线平行于试样的轴线。两标点之间用分划器等分 10 格,并刻出分格线,以便观察变形分布情况,测定延伸率 δ。

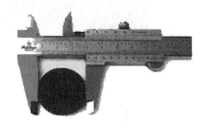

游标卡尺

图 2-6　游标卡尺的使用

(3)根据低碳钢的强度极限(查阅本书附录 F),估计加在试样上的最大载荷,据此评估所使用的实验机最大加载量程是否满足要求。

(4)输入操作指令,步骤如下:

① 打开计算机电源,打开控制器电源。

② 双击桌面上的 TestExpert.NET1.0 图标,启动实验程序。

③ 单击"登录"按钮,进入程序主界面(见图 2-7)。

④ 单击主界面上的"联机"按钮,然后单击绿色的"启动"按钮,此时控制器(见图 2-7)的"启动"绿灯应亮起。

⑤ 单击屏幕最上端选项行的"方法"按钮,在弹出的选项窗口中选择金属棒料拉伸实验。

⑥ 单击"方法定义"按钮,进入参数设置界面。

首先,单击左侧的"基本设置"按钮,然后从上到下选定左端窗口的参数,"方法类型"选择"拉伸"选项;"采用的名称符号系统"选择"新标准"选项;"测试及报告输出语言"选择"简体中文"选项;"试验结果是否修约"选择"修约"选项;试样形状及尺寸栏则按测得实际尺寸填写。

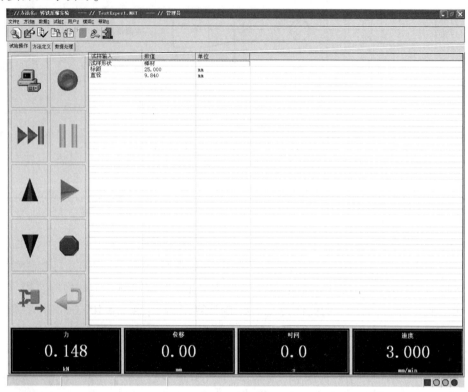

图 2-7 拉伸试验程序主界面

其次,在"可选计算项目"框内。参照前述拉伸实验目的选择本次实验的计算项目,并将选定的内容移至"已选项目"框内。常规的低碳钢拉伸实验应选择"屈服力""屈服强度""最大力""抗拉强度""弹性模量""断后伸长""断后伸长率""截面积""断面收缩率"等参数。

然后,单击"设置报告标题"按钮,按照提示输入"主标题""副标题一""副标题二"。"主标题"一般为实验名称,例如"低碳钢拉伸实验";"副标题一"一般为单位名称,例如"理学院八队";"副标题二"则为实验者姓名。

单击左侧"设备及通道"按钮进入选择界面,首先确定是否使用引伸计或选定引伸计类型(当需要测定弹性模量 E 时,须使用引伸计,引伸计测得的信号是标距范围内试样变形,测定 E 的另外一种方法详见第三章设计性实验五),输入引伸计的标距和量程参数,选定摘除引伸计的方法;其次在右侧框内选定测量通道并设定测量值的单位和小数位数。

单击"控制与采集"按钮,首先确认左侧的设定为"速度控制"选项;其次在右侧框内自上而下选定控制参数,一般的拉伸实验为"实验前消除间隙后自动清零","横梁初始位移"为向下,"采用数据是否保存"选择"保存"选项,"采用频率"为10 Hz,"实验速度"为2.0 mm/min,"调节间隙速度"为10 mm/min,同时激活"断裂检测"功能。

单击界面下部的设置通道显示窗口,选定实验过程中屏幕显示项目,并将其移至已选显示通道,一般拉伸实验宜选择"力""位移""变形""速度""时间"选项作为显示项目。

最后，单击"设置实施曲线"按钮，将 Y 轴设为力（荷载），X 轴设为变形（或位移）。

（5）安装试样。拉伸实验的加力过程是通过活动横梁的向下移动实现的。实验前，先将试样一端固定在试验机的横梁上的固定夹头内，固定的方法是逐步旋紧上夹头，使夹头内的斜面滑块逐渐夹紧试样，夹紧过程中要注意观察斜面滑块外侧的薄垫块，使其始终与滑块紧密镶贴，没有空隙；上夹头安装完毕后，利用试验机立柱上的行程开关，使下夹头上升至恰当位置后，停止上升，旋紧下夹头。在这一步骤中有两点注意事项，一是下夹头的调整是通过立柱上的行程开关控制的，该行程开关是无级变速开关，顺时针旋转开关上的旋钮可改变调整速度，需要注意的是，只有控制器的绿灯亮起时，行程开关才是有效的；二是在计算机屏幕上也有该行程开关的控制按钮，尤其是当需要调整的行程较大时，可在屏幕上使用快速调整开关，此时要注意正确设定下夹头的调整值，屏幕下面位移窗口将实时显示下夹头坐标。

（6）安装引伸计。引伸计靠两个刀口嵌入试样表面随试样同步变形，安装时使用橡皮筋将刀口紧压在试样表面，安装时动作要轻巧小心，确认安装牢固后方可拔掉定位销。

拉伸试样安装视频

（7）开始实验。单击屏幕桌面上的"实验操作"按钮，再单击"开始试验"按钮，实验即开始。电子程控试验机的实验过程是程序自动控制完成的，实验开始后桌面上将显示实验者预先设定的荷载与变形的关系曲线，并即时显示预设的相关参数，一直到变形达到预设的报警值，计算机将提醒实验者摘除引伸计。引伸计摘除后，显示曲线改为力与位移的关系，直到试样破坏，实验自动停止，程序将提示实验者下一步操作的内容。若不希望试样断裂破坏，则单击"停止试验"按钮终止试验。

若在"可选计算项目"框内选择了"断面收缩率""断后伸长率"选项，则试样断裂后，计算机将提醒实验者测量断口直径和标距段断后长度，并输入计算机。

有关试验机操作的详细步骤，参阅本书附录 C。

（三）实验结果与数据分析

低碳钢试样（Q235）的拉伸 P-ΔL 曲线如图 2-8 所示，在图中 OB' 段，力与变形呈直线关系，称为线弹性段，在此阶段内，试样呈现弹簧的性质，即拉力与伸长保持固定的比例，该阶段的任何一个时刻，假若荷载卸去，试样将弹回到原始长度，考虑到工程结构的绝大部分为反复受力结构，因此，工程结构中的钢材受力状态，必须保持在该弹性阶段，事实上，结构设计中的许用应力（又称许用载荷）$[\sigma]$ 正是据此确定的，相应于弹性阶段的最大荷载称为弹性极限 $\sigma_{\rm p}$，也称为比例极限，与屈服极限 $\sigma_{\rm s}$ 差别很小。

常用工程钢材的一个显著受力特征是屈服现象，如图 2-8 所示的 BC 阶段，在此阶段不用继续加大拉力，变形就会持续发生，或拉力会出现小幅下降，但随后又小幅上升，如此反复多次，拉力与变形的关系表现为一段波浪线或锯齿状曲线段。屈服的本质是组成钢材的微观晶格之间的粘接面出现滑移，这是一种不可逆的变形，宏观称为塑性变形，若试样表面足够光滑，此时可观察到试样表面出现 45°滑移线（见图 2-9）。试样进入屈服阶段，变形比起弹性阶段显著加速，但是施加在试样上的载荷却不增加，有时还会略有下降，这种下降的最低点称为最小屈服载荷 $P_{\rm s}$。借助于计算机上自动绘出的载荷-变形曲线可以更好地判断屈服阶段的特性。对于 Q235 钢来说，屈服时的曲线如图 2-10（a）所示，$P_{\rm s上}$ 称为上屈服载荷，与锯齿状曲线段最低点相应的最小载荷 $P_{\rm s下}$ 称为下屈服载荷。由于上屈服载荷随试样过渡部分的不同而有很大差异，而下屈服载荷则基本一致，因此，拉伸试验国家标准中规定：以下屈服载荷来计算屈服极限,即$\sigma_s = P_{s下}/A_0$。有些材料屈服时的 $P\text{-}\Delta L$ 曲线基本上是一个平台的曲线而不是呈现出锯齿形状,如图 2-10(b)所示。

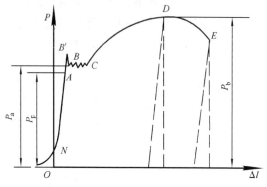

图 2-8　低碳钢拉伸图

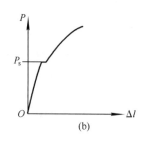

图 2-9　低碳钢拉伸屈服时的滑移线

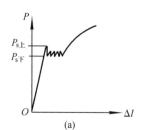

图 2-10　不同钢材的屈服图

屈服阶段结束以后,试样在拉力作用下继续变形,载荷-变形曲线开始上升,其物理本质可解释为,晶格间的相对滑移实质上是一种晶格之间连接形式的再组合,每一种组合都形成钢材此时特有的抗力。当经过一系列反复组合使晶格之间的连接达到了最佳组合时,钢材的抗力增强,变形又呈现出一定的弹性,这种现象称为强化现象,如图 2-8 所示的 CD 段即是强化阶段。

随着实验的继续进行,载荷-变形曲线将渐趋平缓。当载荷达到最大载荷 P_b 之后,施加在试样上的载荷自动由慢到快地下降,载荷下降的原因是载荷达到最大值后,标距范围内的某一个略为薄弱截面,首先失去抵抗力,迅速的产生破坏变形,并伴随着受拉截面直径迅速减小,此种现象称为"颈缩"(见图 2-11),随后试样在颈缩处断裂。

低碳钢的断口一端呈凸状(见图 2-12),一端呈凹状,产生这种现象的原因是轴向拉伸时,试样的核心部分承受三向受拉,材料在这种受力状态下,先于试样的表皮部分呈现脆性断裂破坏,而表皮部分的材料单向受拉,断裂前的塑性变形远大于核心部分材料。

图 2-11　"颈缩"现象

图 2-12　断口的凸端

根据测得的屈服载荷 P_b，可以按 $\sigma_b = P_b / A_0$ 计算出强度极限 σ_b。只要在实验前预先设定，以上涉及的全部数据都可以由程序自动完成。

材料从屈服至达到最大载荷的曲线上升阶段称为强化阶段。如果在这一阶段的某一点处进行卸载，则可以在 $P\text{-}\Delta L$ 图上得到一条卸载曲线，实验表明，它与曲线的起始直线部分基本平行。卸载后若重新加载，加载曲线则沿原卸载曲线上升直到该点，此后曲线基本上与未经卸载的曲线重合，这就是冷作硬化效应。

DAN100 型电子程控材料试验机所使用的自动程序不包括卸载曲线的绘制，若要进行冷作硬化效应实验，需要手动操作，具体的做法：首先在参数设置时（单击"控制与采集"按钮，在激活断裂检测项目下）将"断裂灵敏度"与"断裂阈值"设为一个略大于零的数值，例如断裂灵敏度设为 5%，断裂阈值设为 50 N，然后在强化阶段的某一时刻（在图 2-8 曲线的 CD 段内）单击"暂停"按钮，使用计算机上的软按钮（蓝三角），将活动横梁上升并密切观察显示屏上的载荷显示窗口，在力值显示接近断裂阈值时停止上升（再次单击"暂停"按钮），然后单击"实验开始"按钮（绿三角），实验将继续进行。

（四）试样断后标距部分长度 l_1 的测量

将试样拉断后的两段在拉断处紧密对接起来，尽量使其轴线位于一条直线上。若拉断处由于各种原因形成缝隙，则此缝隙应计入试样拉断后的标距部分长度内。

l_1 用下述方法之一测定，以长试样为例，如图 2-13（a）所示。

1. 直测法

如果断口位置处于中间四个分化格内，则可直接测量两端点间的长度，如图 2-13（b）所示。

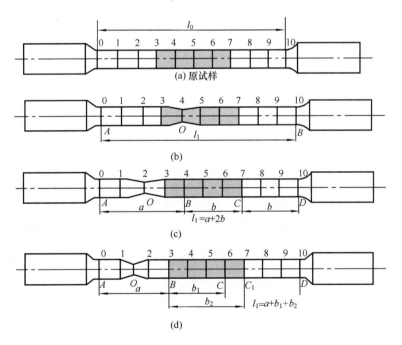

图 2-13　断口移中法示意图

2. 断口移中法

如果断口不在中间四格内，则又分为以下两种情况：

（1）断口在分化线上，则数出断口 O 到短端 A 的格数，再从断口向长端数出相同的格数，记为 B 点，将长端 B 以外剩余格数除以 2，得 C 点，分别记 AB 段长为 a，BC 段长为 b 时，$l_1 = a + 2b$，如图 2-13（c）所示。

（2）断口不在分化线上，此时 B 以外的剩余格数位为奇数，则此奇数减 1 后除 2，得 C 点，加 1 后除 2 得 C_1 点，记 BC 为 b_1，BC_1 为 b_2，$l_1 = a + b_1 + b_2$，如图 2-13（d）所示。

测量了 l_1，按下式计算伸长率，即

$$\delta = \frac{l_1 - l_0}{l_0} \times 100\%$$

式中　　l_0——试样的原始标距长度，单位为 mm；

　　　　l_1——试样拉断后的标距长度，单位为 mm。

短、长比例试样的伸长率分别以 δ_5、δ_{10} 表示。

（五）拉断后缩颈处截面积 A_1 的测定

圆形试样在缩颈最小处两个相互垂直方向上测量其直径，用两者的算术平均值作为断口直径 d_1 来计算其 A_1。断面收缩率按下式计算：

$$\psi = \frac{A_0 - A_1}{A_0} \times 100\%$$

式中　　A_1——试样拉断后细颈处最小横截面积，单位为 mm^2；

　　　　A_0——试样的原始横截面积，单位为 mm^2。

最后，在进行数据处理时，按有效数字的选取和运算法则确定所需的位数，所需位数后的数字，按四舍六入五单双法处理。

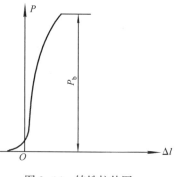

图 2-14　铸铁拉伸图

（六）灰铸铁试样的拉伸实验

灰铸铁这类脆性材料拉伸时的载荷-变形曲线，如图 2-14 所示。它不像低碳钢拉伸曲线那样可明显地分出弹性、屈服、强化、颈缩等四个阶段，而是一条非常接近直线的曲线，并且没有下降段。灰铸铁试样是在非常微小的变形情况下突然断裂的，断裂后几乎测不到残余变形。注意到这些特点可知，灰铸铁不具有 σ_s，并且测定它的 δ 和 ψ 也没有实际意义。这样，灰铸铁拉伸实验只需设定最大拉伸力，测定它的强度极限 σ_b 就可以了。

测定强度极限 σ_b 可取制备好的试样，只测出其截面积 A_0，然后装在试验机上逐渐缓慢加载直到试样断裂，记下最后载荷 P_b，据此即可算得强度极限 $\sigma_b = \dfrac{P_b}{A_0}$，其操作方法同前述低碳钢拉伸试验，若欲测定灰铸铁的弹性模量，则需要安装引伸计，测取标距 l_0 内的变形，方法如前所述。

四、注意事项

低碳钢拉伸实验是试样破坏性试验，不能返工重复，因此实验开始前应按照上述步骤仔细做好实验准备工作，确信已准备就绪后，应请指导教员检查认可，以保证实验成功。

实验过程中若发现异常，应单击"暂停试验"按钮，并请指导教员协助检查。查清问题并

排除故障后,方可继续进行实验。

需要重点指出的是加载速度问题。拉伸实验是静载实验,实验过程中应使试样的变形匀速增长,不产生惯性力。国家标准规定的拉伸速度:屈服前,应力增加速度为 $10 \text{ N} \cdot \text{mm}^{-2} \cdot \text{s}^{-1}$;屈服后,试验机活动夹头在负荷下的移动速度不大于 $0.5d_0/\text{min}$。程控试验机的加载速度是预先设定的定值,根据以上要求,实验速度应控制在 $0 \sim 4 \text{ mm} \cdot \text{min}$ 之间,当实验速度小于 1 mm/min 时,较符合屈服前弹性阶段的要求,但是屈服后的实验过程耗时略显长;当实验速度大于 3 mm/min 时,屈服前的弹性变形阶段过快,不利于观察分析,一般推荐实验速度为 2 mm/min,较好地顾及到了屈服前、后的变形。

低碳钢拉伸过程视频

五、思考题

(1)由拉伸实验所确定的材料力学性能数值有何实用价值?

(2)为什么拉伸实验必须采用标准试样或比例试样? 材料和直径相同而长短不同的试样,它们的延伸率是否相同?

实验 2-2　低碳钢和铸铁压缩实验

一、实验目的

测定压缩时低碳钢的屈服极限 σ_s 和铸铁的强度极限 σ_b。

二、实验仪器

(1)万能材料试验机。

(2)游标卡尺。

三、实验内容

(一)实验原理

低碳钢和铸铁等金属材料的压缩试样一般制成圆柱形,高 h_0 与直径 d_0 之比在 $1 \sim 3$ 的范围内。目前常用的压缩实验方法是两端平压法。应用这种压缩实验方法,试样的上、下两端与试验机承垫之间会产生很大的摩擦力,它们阻碍着试样上部及下部的横向变形,导致测得的抗压强度要比较实际偏高。当试样的高度相对增加时,摩擦力对试样中部的影响就会变小,因此抗压强度与比值 h_0/d_0 有关。由此可见,压缩实验是与实验条件有关的。为了在相同的实验条件下,对不同材料的抗压性能进行比较,应对 h_0/d_0 的值作出规定。实践表明,此值取在 $1 \sim 3$ 的范围内为宜。若小于 1,则摩擦力的影响太大;若大于 3,虽然摩擦力的影响减小,但稳定性的影响却较为突出。

为了保证正确地使试样中心受压,试样两端面必须平行及光滑,并且与试样轴线垂直。实验时必须要加球形承垫,如图 2-15 所示,它可位于试样上端,也可以位于下端。球形承垫的作用是:当试样两端稍不平行,它可起调节作用。低碳钢试样压缩时同样存在弹性极限 σ_p(比例极限)和屈服极限 σ_s,而且数值和拉伸所得的相应数值差不多,但是在屈服时却不像拉伸那样明显。

从进入屈服开始,试样塑性变形就有较大的增长,试样截面面积随之增大。由于截面面积的增大,要维持屈服时的应力,载荷也就要相应增大。因此,在整个屈服阶段,载荷也是上升的,在载荷显示窗口上看不到数值下降现象,这样,只能从拉伸图上判定压缩时的屈服极限 σ_s,计算机程序是根据设定的载荷与位移关系判定屈服的。

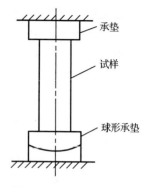

图 2-15　球形承垫图

在位移显示窗口中,数值是按设定的速度均匀上升的,当材料发生屈服时,荷载显示窗口的数值上升速度将开始减慢,这时所对应的载荷即为屈服载荷 P_s。屏幕上绘出的压缩曲线有明显的拐点。

超过屈服阶段之后,低碳钢试样由原来的圆柱形逐渐被压成鼓形,如图 2-16 所示。继续不断加压,试样将越压越扁,但总不破坏,所以,低碳钢不具有抗压强度极限(也可将它的抗压强度极限理解为无限大),低碳钢的压缩曲线也可以证实这一点,低碳钢的压缩图,即 $P\text{-}\Delta L$ 曲线如图 2-17 所示。

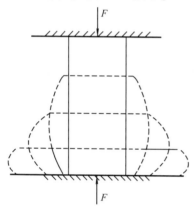

图 2-16　低碳钢压缩的鼓胀效应

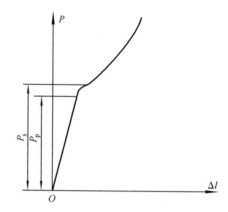

图 2-17　低碳钢压缩曲线

图 2-18(a)所示为灰铸铁压缩前的示意图,灰铸铁在拉伸时是属于塑性很差的一种脆性材料,但在受压时,试样在达到最大载荷 P_b 前将会产生较大的塑性变形,最后被压成鼓形而断裂。铸铁的压缩图($P\text{-}\Delta L$ 曲线)如图 2-18(c)所示。

(a)铸铁压缩破坏前

(b)铸铁压缩破坏断口

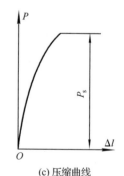

(c)压缩曲线

图 2-18　灰铸铁的压缩实验图

灰铸铁试样的断裂有两个特点:一是断口为斜断口,如图 2-18(b)所示;二是按 P_b/A_0 求得的 σ_b 远比拉伸时的大,大致是拉伸时的 3~4 倍。为什么像灰铸铁这种脆性材料的抗拉、抗压能力相差这么大呢？这主要与材料本身情况(内因)和受力状态(外因)有关。单轴压缩时，在与压缩轴成45°的截面上剪力最大，所以铸铁压缩时会沿最大剪力斜截面被剪坏。假使测量铸铁受压试样斜断口倾角为 α，则可发现 α 略大于45°且该截面不是最大剪力所在截面，这是由试样两端存在摩擦力造成的。

试件压缩前后对比

(二)实验方法与步骤

1. 低碳钢试样的压缩实验

(1)测定试样的截面尺寸。用游标卡尺在试样高度中央取一处进行测量，沿两个互相垂直的方向各测一次取其算术平均值作为截面直径 d_0 来计算截面面积 A_0；用游标卡尺测量试样的高度。

(2)实验参数的调整。输入试验机操作指令，方法同拉伸实验，只是在选择参数时，选定相应的压缩参数。如上所述，低碳钢压缩只有一个屈服荷载可选择。

(3)安装试样。将试样准确地放在试验机活动平台承垫的中心位置上。

(4)调整间隙。压缩试样安装后，上夹头与试样顶面之间存在一定间隙，调整此间隙时严禁使用立柱上的"调整"按钮，应在设定试验机操作参数时，在"控制与采集"界面上设定调整速度，并将第一项选为"消除间隙后自动清零"。

(5)进行实验。单击"开始试验"按钮，注意观察屏幕上的输出窗口和曲线，当确定屈服阶段结束后，单击"结束试验"按钮(红色)，按照屏幕的提示进行后续的实验数据处理。

2. 铸铁试样的压缩实验

铸铁试样压缩实验的步骤与低碳钢压缩实验基本相同，但不测屈服载荷而测最大载荷。此外，加载速度宜选择低速加载，例如 1.0 mm/min，使试样破坏过程尽量缓慢；以免在实验过程中因试样飞出而伤及他人。

(三)试验结果与数据处理

将测量的试验尺寸数据以及载荷–位移曲线中的屈服载荷和最大载荷填入附录 K 表 K–3 中，并分别计算屈服应力和抗压强度。

四、注意事项

(1)不要使用与本机无关的存储介质在试验机控制计算机上写盘或读盘。

(2)试验开始前，要调整好限位挡圈；试验过程中，不能远离试验机；试验结束后，按系统程序一步一步退出，实现正常关机，之后关闭所有电源。

五、思考题

(1)铸铁的破坏形式说明了什么？

(2)低碳钢和铸铁在拉伸和压缩时力学性能有何差异？

实验 2-3　剪 切 实 验

一、实验目的

(1)测定低碳钢剪切时的强度性能指标：剪切强度 τ_b。

（2）测定灰铸铁剪切时的强度性能指标：剪切强度τ_b。

（3）比较低碳钢和灰铸铁的剪切破坏形式。

二、实验仪器

（1）万能材料试验机。

（2）剪切器。

（3）游标卡尺。

三、实验内容

常用的剪切试样为圆形截面试样。

（一）实验原理

把试样安装在剪切器内，用万能试验机对剪切器的剪切刀刃施加载荷，则试样上有两个横截面受剪，如图 2-19 所示。随着载荷的增加，剪切面上的材料经过弹性、屈服等阶段，最后沿两个剪切面被剪断，如图 2-20 所示。

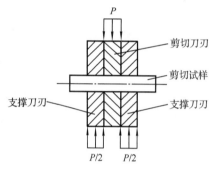

图 2-19　剪切器的原理

图 2-20　剪断后的试样

用万能试验机可以测得试样被剪坏时的最大载荷 P_b，抗切强度为

$$\tau_b = \frac{P_b}{2A}$$

式中　A——试样的原始横截面面积。

从被剪坏的低碳钢试样可以看到，剪断面已不再是圆，说明试样上受到挤压应力的作用。同时，还可以看出中间一段略有弯曲，表明试样承受的不是单纯的剪切变形，这与工程中使用的螺栓、铆钉、销钉、键等连接件的受力情况相同，故所测得的τ_b有工程实用价值。

图 2-21　剪切器实物

（二）实验方法与步骤

（1）测量试样的直径。选择两个受剪面，每个截面沿互相垂直方向测量，取平均数较小者作为该截面计算直径。

（2）在计算机上输入试验机操作指令，方法同压缩试验。

（3）将试样装入剪切器（见图 2-21）中。

（4）把剪切器放到万能试验机的压缩区间内。

剪切试件安装

（5）开始试验,方法同压缩试验。

（三）实验结果与数据分析

将测量的试验尺寸数据以及载荷-位移曲线中的最大载荷填入附录 K 表 K-4 中,并计算剪切强度τ_b。

四、注意事项

铸铁试样在剪切过程中,当载荷达到极限载荷时,沿着两个截面被剪断,成为三段,如图 2-20 所示,而低碳钢试样荷载达到极限值试样破坏时,虽然载荷开始下降,但试样并没有立刻截为三段,而是以塑性变形的形式继续粘连在一起,无法取出,此时需要保持载荷,使塑性变形持续发生,当变形大到足够程度时,试样才彻底断为三段。

剪切试件安装视频

五、思考题

比较低碳钢和灰铸铁被剪断后的试样,分析破坏原因。

实验 2-4　扭　转　实　验

一、实验目的

（1）测定低碳钢的剪切屈服极限τ_s 及剪切强度τ_b。

（2）测定铸铁的剪切强度τ_b。

（3）观察并比较低碳钢及铸铁试样扭转破坏的情况。

二、实验仪器

（1）扭转试验机。

（2）游标卡尺。

扭转试验机是一种可对试样施加扭矩并能指示出扭矩大小和变形的机器。它的类型有好多种,构造也各有不同。下面介绍 NWS500 型扭转试验机（见图 2-22）。

NWS500 型扭转试验机由主机和计算机两部分组成,主机部分包括扭矩检测系统、扭角检测系统、交流调速系统三个主要单元以及相应的数据传输系统。试验机工作时由计算机给出指令,通过交流伺服系统控制交流电动机的转速和转向,经减速后传递到主轴箱带动夹头转动,对试样施加扭矩,同时由扭矩传感器和转动变形传感器输出参量信号 M_n 和 φ,并将两者的关系反映在计算机屏幕上。

三、实验内容

（一）实验原理

NWS500 型扭转试验机常规实验使用的是圆形截面试样,教学实验采用低碳钢 Q235 和灰铸铁 TQ16 各一根。

将试样装在扭力试验机上,开动机器,给试样加扭矩。由材料力学理论可知,在外力矩 M 作用下,圆轴横截面上只有平行于横截面的剪应力作用,圆轴表面上的微元体上的应力如图 2-23 所示。在如此受力状态下,圆轴将只发生圆周方向的剪切变形。利用试验机的数据自动采集系统与绘图软件,可在计算机屏幕上直接显示 M_n-φ 曲线(又称扭转图)。低碳钢试样的 M_n-φ 曲线如图 2-24 所示。图中起始直线段 OA 表明试样在这阶段中的 M_n 与 φ 成比例,截面上的剪应力呈线性分布,如图 2-25(a) 所示。

图 2-22　NWS500 型扭转试验机外形图

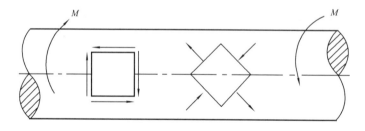

图 2-23　圆周扭转时表面微元体的受力状态

在比例极限以内,材料的剪应力 τ 与剪应变 γ 成正比,即满足剪切胡克定律

$$\tau = G\gamma$$

式中　G——材料的切变模量。

由此可得出圆轴受扭时的胡克定律表达式为

$$\varphi = \frac{M_n l_0}{G I_p}$$

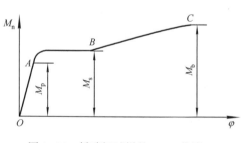

图 2-24　低碳钢试样的 M_n-φ 曲线

式中　M_n——扭矩;

　　　l_0——试样的标距长度;

　　　I_p——圆截面的极惯性矩。

在 M_n 从零逐渐加大的初始阶段,M_n-φ 曲线往往呈现一定的非线性,这是由于试样内存在

初始应力(一般是加工应力)和试验机夹头夹持不牢造成的,称为初始非线性;在 M_n 接近 M_P 的阶段,M_n-φ 曲线又逐渐呈现非线性,而且越来越严重,这时称为材料非线性,只有在中间的大约三分之一部分,M_n-φ 曲线保持较好的线性关系,即材料的弹性变形阶段,在这一段直线上,截取一个扭矩荷载增量 ΔM_n,测出相距为 l_0 的两个截面之间相应于 ΔM 的相对扭转角增量 $\Delta\varphi$,代入上式可算出切变模量 G,即

$$G = \frac{\Delta M_n l_0}{\Delta\varphi I_p}$$

在点 A 处,M_n 与 φ 的比例关系开始破坏,此时截面周边上的剪应力达到了材料的剪切屈服极限 τ_s,相应的扭矩记为 M_P。由于这时截面内部的剪应力尚小于 τ_s,故试样仍具有承载能力,M_n-φ 曲线呈继续上升的趋势,如图 2-25(a)所示。扭矩超过 M_P 后,截面上的剪应力分布发生变化,如图 2-25(b)所示。在截面上出现了一个环状塑性区,并随着 M_n 的增长,塑性区逐步向中心扩展,M_n-φ 曲线稍微上升,直到点处 B 处趋于平坦,截面上各材料完全达到屈服,扭矩显示窗口的数值几乎不变化,此时指示出的扭矩或小幅下降时的最小值即为屈服扭矩 M_s,如图 2-25(c)所示。根据静力平衡条件,可以求得 τ_s 与 M_s 的关系为

$$M_s = \int_A \rho \, \tau_s \mathrm{d}A$$

式中　A——环状横截面面积,单位为 mm^2。

将 $\mathrm{d}A$ 用 $2\pi\rho\mathrm{d}\rho$ 表示,则有

$$M_s = 2\pi \tau_s \int_0^{\frac{d}{2}} \rho^2 \mathrm{d}\rho = \frac{4}{3} \tau_s W_n \tag{2-1}$$

故剪切屈服极限

$$\tau_s = \frac{3M_s}{4W_n}$$

式中　W_n——试样的抗扭截面模量,即 $W_n = \dfrac{\pi d^3}{16}$,单位为 m^3 或 mm^3。

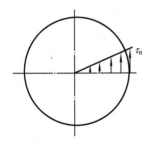 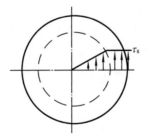 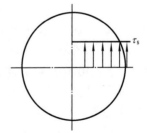

（a）$M_n<M_P$时的剪应力分布　　　（b）$M_s>M_n>M_P$时的剪应力分布　　　（c）$M_n=M_s$时的剪应力分布

图 2-25　截面上剪应力分布图

继续给试样加载,试样继续变形,材料进一步强化。当达到 M_n-φ 曲线上的点 C 时,试样被扭断。由传感器记录下的最大扭矩 M_b,与式(2-1)相比较,可得剪切强度极限

$$\tau_b = \frac{3M_b}{4W_n} \tag{2-2}$$

铸铁为金属中的脆性材料,在受扭时也无屈服现象,从开始受扭,直到破坏,横截面上的剪应力始终如图2-25(a)所示。铸铁的M_n-φ曲线如图2-26所示,近似为一条直线,按弹性应力公式,其剪切强度极限

$$\tau_b = \frac{M_b}{W_n} \tag{2-3}$$

金属试样受扭时,材料处于纯剪切应力状态,在垂直于杆轴和平行于杆轴的各平面上作用着剪应力,而与杆轴成45°的螺旋面上,则分别只作用着$\sigma_1 = \tau$、$\sigma_3 = -\tau$的正应力,如图2-27所示。由于低碳钢的抗拉能力高于抗剪能力,故试样沿横截面剪断如图2-28(a)所示,而铸铁的抗拉能力低于抗剪能力,故试样从表面上某一最弱处沿与轴线成45°方向拉断成一螺旋面,如图2-28(b)所示。

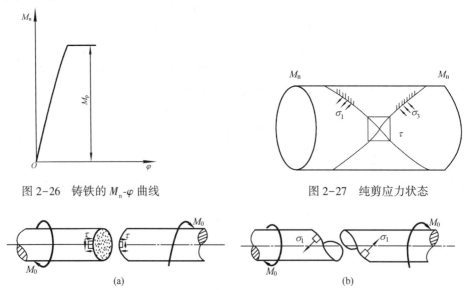

图2-26　铸铁的M_n-φ曲线　　　　　　　图2-27　纯剪应力状态

图2-28　受扭试样断口

低碳钢试样与铸铁试样扭转破坏的特征区别除了断口形状的不同外,还有两者的断前变形差距巨大,相同尺寸的试样,低碳钢的变形大约是铸铁的几百倍。低碳钢试样受扭时的屈服是从外表逐层向核心屈服的,所以,在试样表面层弹性阶段结束后的大多数时刻,横截面上既有屈服区域(接近外表面),又有弹性变形区域(核心部分)。这种从外向内递进的屈服方式,使扭转曲线的强化部分很长,而铸铁受扭时,一旦外表面的应力达到极限值,裂纹迅速向内扩展,这是所有脆性材料的共同特点。

(二) 实验方法与步骤

(1)用游标卡尺分别测量两根试样直径,求出抗扭截面模量W_n。在试样的中央和两端共三处,每处测一对正交方向,取平均值作为该处直径,然后取三处直径最小者作为试样直径d,并据此计算W_n。

(2)根据求出的W_n,再查本书附录H中试样材料的τ_b,求出大致需要的最大载荷,确定所用试样是否适合本试验机。

(3)将试样两端装入试验机的夹头内,在计算机上输入相应的试验参数。具体输入方法如下:

① 打开计算机电源,打开试验机主机上的控制器电源。

② 双击桌面上的 TestExpert. NET1.0 图标启动实验程序。

③ 单击"登录"按钮,进入程序主界面。

④ 单击主界面上的"联机"按钮,然后单击"启动"按钮(绿色),此时控制器的"启动"绿灯应亮起。

扭转试件安装视频

⑤ 使用手控盒或程序移动夹头夹持试样。

⑥ 单击屏幕最上端"选项"行的"方法"按钮,在弹出的"选项"窗口中选择"金属棒材扭转实验"选项。

首先,单击左侧的"基本设置"按钮,然后从上到下选定左端窗口的参数。

其次,在"可选计算项目"框内,参照前述扭转实验目的选择本次实验的计算项目,并将选定的内容移至"已选项目"框内,常规的低碳钢扭转实验应选择"屈服点""屈服扭矩""最大扭矩""抗扭强度""切变模量""极惯性矩"等参数;铸铁试样无屈服,不选择前面两项。

然后,单击"设置报告标题"按钮,按照提示输入"主标题""副标题一""副标题二"。"主标题"一般为实验名称,例如"低碳钢扭转实验";"副标题一"一般为单位名称,例如"理学院八队";"副标题二"则为实验者姓名。

单击左侧"设备及通道"按钮进入选择界面,首先确定是否使用引伸计或选定引伸计类型,输入引伸计的标距和量程参数,选定摘除引伸计的方法;其次在右侧框内选定测量通道并设定测量值的单位和小数位数。

单击"控制与采集"按钮,首先确认左侧的设定为"夹头转角控制";其次在右侧框内自上而下选定控制参数,一般的扭转实验为"实验前消除间隙后自动清零","夹头初始转动方向"为顺时针,"采用频率"为 10 Hz,低碳钢试样"实验速度"拟选择 360°/min,铸铁试样拟选择 36°/min,"调节间隙速度"为 360°/min,同时激活"断裂检测"功能。

单击界面下部的"设置通道显示"按钮,选定实验过程中屏幕显示项目,并将其移至已选显示通道,扭转实验宜选择"扭矩""夹头转角""时间"作为显示项目。

最后,单击"设置实施曲线"按钮,将 Y 轴设为扭矩(荷载),X 轴设为夹头转角。

⑦ 用粉笔在试样表面上画一纵向线,以便查看试样的扭转变形情况。

⑧ 开始实验。单击桌面上的"实验操作"按钮,各通道清零(在各通道的显示表头上右击,弹出一个快捷菜单),再单击"开始试验"按钮,实验即开始。

实验过程是程序控制自动完成的,实验开始后桌面上将显示实验者预先设定的扭矩与扭转角的关系曲线,并即时显示预设的相关参数,一直到试样破坏,程序将提示实验者下一步操作内容。若试样无断裂性的破坏变形特征,则单击"停止试验"按钮终止试验。

(三)实验结果与数据处理

将测量的实验尺寸数据和扭矩-位移($M_n-\varphi$)曲线中屈服扭矩 M_s、最大扭矩 M_b 数据分别填入附录 K 表 K-5、表 K-6 中,并计算屈服切应力 τ_s 和剪切强度 τ_b。

四、注意事项

(1)不要使用与本机无关的存储介质在试验机控制计算机上写盘或读盘。

(2)试验过程中,不能远离试验机;实验结束后,按系统程序一步一步退出,实现正常关机,之后关闭所有电源。

五、思考题

(1)低碳钢与铸铁试样破坏的情况有哪些不同? 为什么?

(2)根据拉伸、压缩和扭转三种试验结果,综合分析低碳钢与铸铁的力学性能。

实验 2-5　　剪切弹性模量 G 的测定

一、实验目的

(1)测定低碳钢材料的剪切弹性模量 G。

(2)验证材料受扭时在比例极限内的剪切胡克定律。

二、实验仪器

(1)扭转试验机。

(2)游标卡尺。

(3)扭角仪和千分表。

三、实验内容

(一) 实验原理

圆轴受扭时,材料处于纯剪切应力状态。在比例极限范围内,材料的剪应力 τ 与剪应变 γ 成正比,即满足剪切胡克定律:

$$\tau = G\gamma$$

由此可得出圆轴受扭时的胡克定律表达式:

$$\varphi = \frac{M_n l_0}{G I_P} \tag{2-4}$$

式中　M_n——扭矩,单位为 N·m;

　　　l_0——试样的标距长度,单位为 m 或 mm;

　　　I_P——圆截面的极惯性矩,单位为 m^4 或 mm^4。

通过扭转试验机,对试样采用“增量法”逐级增加同样大小的扭矩 ΔM_n,相应地由扭角仪测出相距为 l_0 的两个截面之间的相对扭转角增量 $\Delta \varphi_i$。如果每一级扭矩增量所引起的扭转角增量 $\Delta \varphi_i$ 基本相等,这就验证了剪切胡克定律。根据测得的各级扭转角增量的平均值 $\Delta \varphi$,可用式(2-5)算出剪切弹性模量

$$G = \frac{\Delta M_n \cdot l_0}{\Delta \varphi \cdot I_P} \tag{2-5}$$

扭转试验机上的测角传感器测出的是整个试样工作长度 L_0 的扭转角,所以当取试样的整个工作长度 L_0 时,可直接使用位移输出 $\Delta \Phi$ 代入式(2-5),但是考虑夹持段对靠近它的工作段的影响,应在远离夹持段的部位取 l_0,用扭角仪测量标距段 l_0 上的转角 $\Delta \varphi$,代入式(2-5)进

行计算。

扭角仪的种类很多,按其结构来分,有机械式、光学式和电子式等。但它们的基本原理是相同的,都是将试样某截面圆周绕其形心旋转的弧长与其另一截面圆周绕其形心旋转的弧长之差进行放大后再测读,现以千分表(机械式)扭角仪(见图2-29)为例进行讲解。

当试样受扭时,固夹在试样上的 AC、BDE 杆就会绕试样轴转动,曲杆 BDE 就会使安装在 AC 杆上的千分表指针走动。设指针走动的位移为 δ,千分表推杆顶针处 E 到试样的轴线的距离为 b,则 A、B 截面的相对扭转角为

$$\varphi = \frac{\delta}{b}$$

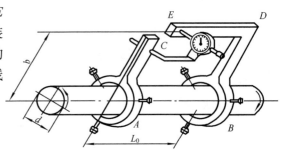

图2-29 扭角仪的安装

需要注意的是,这样计算出来的 φ 的单位为弧长。

(二)实验方法与步骤

(1)测量试样直径 d。在试样的标距内,用游标卡尺测量中间和两端等三处直径,每处测一对正交方向,取平均值作为该处直径,然后取三处直径最小者作为试样直径 d,并据此计算 I_P。

(2)拟定加载方案。在4~20 N·m 的范围内分4级进行加载,每级的扭矩增量 $\Delta M_n = 4$ N·m。

(3)安装扭角仪和试样。在试样的标距两端,装上扭角仪。先将试样的一端装入扭转试验机的固定夹头,然后将另一端装入主动夹头,拧紧夹紧螺栓,此步骤的要点是使扭转试验机主动夹头的平面处于水平位置,以防夹紧后试样产生初始扭矩。

(4)用慢速施加扭矩到20 N·m,记下 $\Delta\Phi$,与此同时,检查扭转试验机和扭角仪的运行是否正常,然后卸载到4 N·m 以下少许,处于待命工作状态。

(5)分级测读数据。加载到4 N·m 后,读取扭角仪上千分表的相应初读数。此后,每加载一级扭矩增量 ΔM_n,读取相应的千分表读数,直到扭矩增至20 N·m 为止。

(6)结束工作。测读完毕,首先取下试样,然后卸下扭角仪。

(7)用两种不同的标距 l_0 和相应的扭转角分别计算 G,并将计算结果进行比较。

(三)实验结果与数据处理

用两种不同的标距 l_0 和相应的扭转角分别计算 G,并将计算结果进行比较。

四、注意事项

(1)千分表顶杆应垂直于挡板,且要预压足够的行程。

(2)加载要稳定,不得带冲击。

(3)待荷载、千分表都稳定后开始读数。

五、思考题

(1)在实验中是怎样验证剪切胡克定律的?

(2)怎样测定和计算剪切弹性模量 G?

实验 2-6 　梁的弯曲正应力实验

一、实验目的

（1）掌握非电量电测法的基本原理和常用接线方法。

（2）测定梁纯弯曲时的正应力分布规律，并与理论计算结果进行比较，验证弯曲正应力公式。

二、实验仪器

（1）BDCL 多功能试验台。

（2）CML-1H 系列应力-应变综合测试仪。

（3）游标卡尺、钢尺。

三、实验内容

（一）实验原理

1. 测量电桥

受力工程构件上的应力是无法直接测量的，常用测量应力的方法是测出该点的应变，再根据胡克定律计算出应力。

构件的应变值一般很小，需要借助各种放大手段才能达到足够的精度，电测法的基本原理是在受测点上粘贴一段细小的金属丝，实用的细小金属丝被制成专用的敏感栅，称为电阻应变片，如图 2-30 所示。当构件变形时，带动粘附在构件上的应变片一起变形，将这一细小金属丝栅接入测量电路，记录下金属丝栅在受力前后的电阻变化率，可计算出金属丝栅的应变，以此代表粘贴点构件的应变。

粘贴在构件上的应变片的电阻变化率也很小，需要用专门仪器进行测量，测量应变片的电阻变化率的仪器称为电阻应变仪，其测量电路为单臂电桥，如图 2-31 所示。

图 2-30　电阻应变片（放大图）

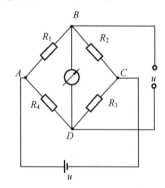

图 2-31　单臂电桥

图 2-31 所示的电桥的四个桥臂的电阻分别为 R_1、R_2、R_3 和 R_4，在 A、C 端接电源，B、D 端为输出端。

在进行电测实验时，若将粘贴在构件上的四个相同规格的应变片同时接入测量电桥 R_1、

R_2、R_3、R_4 的位置,当构件受力后,上述应变片感受到的应变分别为 ε_1、ε_2、ε_3、ε_4,相应的电阻改变量分别为 ΔR_1、ΔR_2、ΔR_3 和 ΔR_4,应变仪的读数为

$$\varepsilon_d = \frac{4\Delta U}{KU} = \varepsilon_1 - \varepsilon_2 + \varepsilon_3 - \varepsilon_4$$

以上为全桥测量的读数,如果是半桥测量,R_3 与 R_4 位置接入的是仪器内的精密无感电阻,测量过程中 ε_3、ε_4 始终为零,则读数为

$$\varepsilon_d = \frac{4\Delta U}{KU} = \varepsilon_1 - \varepsilon_2$$

本次试验采用的电路属于半桥测量,但是只有 R_1 是真正粘贴在受力构件上的,称为工作片。R_2 是粘贴在与构件相同的材质上,但不受力的同型号电阻片,称为温度补偿片,所以,此种测量方法又称为 1/4 桥测量,或称半桥单臂测量。有关电测法更详细的说明,请参阅附录 B。

2. 弯曲正应力测量

已知梁受纯弯曲时的正应力公式为

$$\sigma = \frac{M \cdot y}{I_z}$$

式中　M——作用在截面上的弯矩,单位为 N·m;

　　　I_z——横截面对中性轴 z 的惯性矩,单位为 cm^4;

　　　y——中性轴到所测点的距离,单位为 mm。

本实验采用 45 钢制成的矩形截面梁(见图 2-32),弹性模量 $E = 210$ GPa,长×宽×高 = 700 mm×20 mm×40 mm,简支梁跨距 620 mm,两加力点距离 320 mm,在梁承受纯弯曲段(两加力点间)的某一截面的外侧表面上,沿轴向贴上七个单向电阻应变片,垂直于梁轴一个,如图 2-32所示,R_1 和 R_7 分别贴在梁的顶部和低部,R_2 距梁顶 5 mm,R_3 距梁顶 10 mm,R_4 在中性轴上,R_5 与 R_3 对称,R_6 与 R_2 对称,R_8 为横向应变。当梁受弯曲时,即可测出各点处的轴向应变($i=1$、2、3、4、5、6、7、8)。由于梁的各层纤维之间无挤压,根据单向应力状态的胡克定律,求出各点的实验应力为

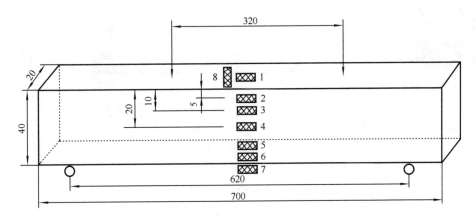

图 2-32　矩形截面梁

$$\sigma_{i实} = E \cdot \varepsilon_{i实} \quad (i=1、2、3、4、5)$$

式中　E——梁材料的弹性模量。

采用增量法等量逐级加载,每增加等量的载荷 ΔP,测得各点相应的应变增量为 $\Delta\varepsilon_{i实}$,求出 $\Delta\varepsilon_{i实}$ 的平均值 $\overline{\Delta\varepsilon_{i实}}$,依次求出各点的应力增量 $\Delta\sigma_{i实}$ 为

$$\Delta\sigma_{i实} = E \cdot \overline{\Delta\varepsilon_{i实}} \tag{2-6}$$

把 $\Delta\sigma_{i实}$ 与理论公式算出的应力增量:

$$\Delta\sigma_{i理} = \frac{\Delta M \cdot y_i}{I_z} \tag{2-7}$$

加以比较从而验证理论公式的正确性。

从图 2-32 和图 2-33 的试验装置可知

$$\Delta M = \frac{1}{2}\Delta P \cdot a \tag{2-8}$$

其中,支座到加力点的距离为 150 mm。

纯弯曲梁的正应力
实验应变片方位

纯弯曲梁正应力实验

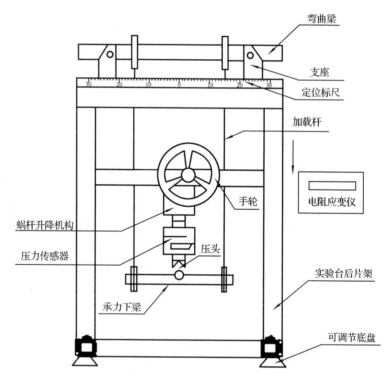

图 2-33　纯弯曲实验加载装置

(二)实验方法与步骤

(1)测量梁的截面尺寸、应变片位置及其他计算所需有关尺寸;打开 CML-1H 系列应力-应变综合测试仪的电源;计算截面惯性矩 I_z。

(2)检查仪器是否连接良好,按顺序将各个应变片按 1/4 桥接法接入应变仪的所选通道上,将温度补偿片接入补偿片通道上,如图 2-34 所示。

(3)综合测试仪参数标定设置(见图 2-35),参数标定设置分为以下两个部分:

① K 值修正,即应变片的灵敏系数设定。应变值显示界面称为测量界面,此时面板左侧

六个应变显示窗口全部显示(见图2-35);而K值显示界面则只有处于当前设置的通道有K值显示,其他窗口为关闭状态,如图2-36所示。

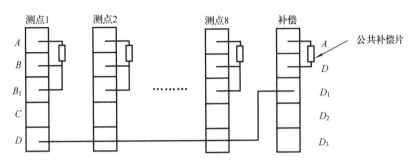

图2-34 温度补偿片的接入图示

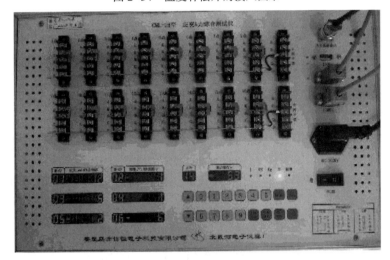

图2-35 CML-1H系列应力-应变综合测试仪

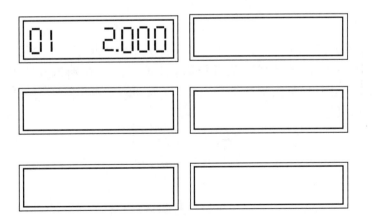

图2-36 应变显示窗口显示

当应力表头显示测量界面时,按【K值设定】键切换为K值修正界面,查看K值或对K值进行修正,即由数字键的输入对当前通道K值进行修正,例如,当前K值为2.000,若输入四位数 1 999,则表头 K 值修正为 1.999,按【确定】键保存该通道的 K 值修正,并自动切换到下一通道;若按【K 值设定】键,则将 16 通道 K 值统一修正为与当前测点相同的 K 值 1.999,并自动保存退回到测量界面;按【返回】键则返回测量界面不对设置进行保存。

② 传感器参数标定,此时应在测量界面,即六个应变窗口全部显示。

第一步,设置传感器的单位(见图 2-37)。按一下面板上的【标定】键,这时测力数字表头左数第一位显示 L,在此种状态下面板上数字键 1、2、3、4 与单位指示灯 t、kN、kg、N 顺序对应,根据传感器的单位按一下对应的数字键,面板上对应的单位指示灯点亮,按【确定】键,对设置保存,传感器单位设置完成,测力数字表头左数第一位显示的 L 消失(本试验的荷载单位应设为 N)。

图 2-37　设置传感器的单位

第二步,设置传感器的灵敏度(见图 2-38)。这时数字表上显示带小数点的四位数,输入传感器灵敏度(在传感器说明书上,每个传感器的灵敏度各不相同),例如 1.988 mV/V,方法是直接按数字键 1 988(注意一定要输全四个数),按【确定】键保存进入下一步。

图 2-38　设置传感器的灵敏度

第三步,设置传感器的量程(见图 2-39)。测力数字表头左数第一位显示 H,右侧四位显示满度值,输入传感器的满量程值(在传感器的标签上),本实验室弯曲正应力试验使用的传感器为满量程 9 800 N(直接按数字键 9、8、0、0 即可),按【确定】键保存设置。

图 2-39　设置传感器的量程

第四步,过载设置(见图 2-40)。过载值是根据受试构件的强度确定的,此时数字表头左数第一位显示 E,右侧四位显示过载报警值,例如,弯曲正应力测定的矩形截面梁最大允许荷载为 6 000 N,则过载报警值宜设为 6 100 N,(直接输入 6、1、0、0 四个数字即可)。当传感器加载到设置时,警报器会发出"蜂鸣"警报,按【确定】键返回测量状态,全部标定设置工作完成。

$$\boxed{E \quad 100}$$

图 2-40　过载设置

以上四步标定过程的任何一步都可以按【返回】键放弃标定工作,直接返回测量界面。有关设置与标定的更多细节可参阅本书附录 D 或查阅仪器旁的使用说明书。

(4)逐一将应变仪的所选通道电桥平衡。按一下【应力清零】键,此时测力数字表头显示归零;再按一下【应变清零】键,此时面板左侧六个应变显示窗口分别在左侧显示出通道编号,右侧分别显示各个通道的初始应变,且均为零(或接近零的较小数值),若有个别通道没有显示零,则说明调零失败,应检查接线是否正确,压线螺钉是否旋紧,甚至是应变片损坏等,并予以纠正。

若测量通道超过六个,应变显示窗口不能一次显示,可通过数字键1、2、3实现切换,亦可直接按【(▲)】【(▼)】键实现切换。

(5)摇动多功能试验装置的加载机构,采用等量逐级加载(取 $\Delta P = 1\ \mathrm{kN}$),每加一级荷载,分别读出各相应电阻片的应变值。加载应保持缓慢、均匀、平稳。

(6)将实验数据记录在实验报告的相应表格中。

(7)实验完毕,卸载使测力仪显示为零或出现"−"号,关掉测力仪电源。

(8)整理导线,结束实验。

(三)实验结果与数据处理

(1)根据实验结果逐点算出应变增量平均值 $\overline{\varepsilon_{i\text{实}}}$,代入式(2-6)求出 $\Delta\sigma_{i\text{实}}$。

(2)根据式(2-8)和式(2-7)计算各点的理论弯曲应力值 $\Delta\sigma_{i\text{理}}$。

(3)画出被测横截面上应力分布图(理论线与实验线)。

(4)将实验值与理论值进行比较,求出误差。

四、注意事项

(1)测量前一定要进行测试仪参数(尤其是传感器灵敏度和过载值)的标定。

(2)连接或检查应变片线路要小心,不要碰坏应变片。

(3)实验过程中,加载要均匀、平稳、缓慢。

五、思考题

(1)实验结果和理论计算是否一致?引起误差的主要影响因素是什么?

(2)弯曲正应力的大小是否会受材料弹性系数 E 的影响?

实验 2-7　主应力实验

一、实验目的

(1)用实验方法测定平面应力状态下主应力的大小及方向。

(2)学习电阻应变片的应用。

二、实验仪器

(1)BDCL 多功能试验台。

(2)CML-1H 系列应力-应变综合测试仪。

(3)游标卡尺、钢直尺。

三、实验内容

(一)实验原理

结构上某一点在平面应力状态下时的主应力-主应变关系由广义胡克定律确定,即

$$\sigma_1 = \frac{E}{1-\mu^2}(\varepsilon_1 + \mu\varepsilon_2) \tag{2-9}$$

$$\sigma_2 = \frac{E}{1-\mu^2}(\varepsilon_2 + \mu\varepsilon_1) \tag{2-10}$$

图 2-41 所示为弯扭组合试验装置。

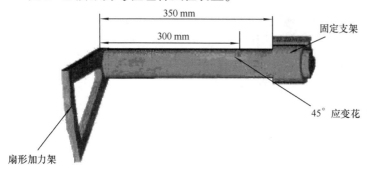

图 2-41　弯扭组合试验装置

薄壁圆筒弯扭组合装置加载实验

在平面应力状态的一般情况下，主应变的方向是未知的，所以无法直接用应变片测量主应变。根据平面应力状态的应变分析理论，在 x-y 直角平面坐标内，如图 2-42 所示，在与 x 轴成 α 角（α 逆时针为正）的方向的点应变 ε_α 与该点沿 x、y 方向的线应变 ε_x、ε_y 和 x-y 平面的切应变 γ_{xy} 之间有如下关系：

$$\varepsilon_\alpha = \frac{\varepsilon_x + \varepsilon_y}{2} + \frac{\varepsilon_x - \varepsilon_y}{2}\cos 2\alpha - \frac{1}{2}\gamma_{xy}\sin 2\alpha \tag{2-11}$$

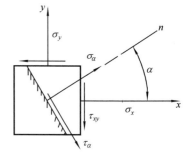

图 2-42　平面应力状态的图示

ε_α 随 α 角的变化而改变，在两个相互垂直的主方向上，ε_α 到达极值，即主应变。记主应变方向与 x 轴的夹角为 α_0，由式（2-1）可得两主应变的大小和方向为

$$\varepsilon_{1,2} = \frac{\varepsilon_x + \varepsilon_y}{2} \pm \frac{1}{2}\sqrt{(\varepsilon_x - \varepsilon_y)^2 + \gamma_{xy}^2} \tag{2-12}$$

$$\tan 2\alpha_0 = -\frac{\gamma_{xy}}{\varepsilon_x - \varepsilon_y} \tag{2-13}$$

由于切应变 γ_{xy} 无法用应变片测得，但是可以任意选择三个 α 角，测量三个方向的线应变分别代入式（2-11）得三个独立方程，分别求解出 ε_x、ε_y 和 γ_{xy}，然后把 ε_x、ε_y 和 γ_{xy} 代入式（2-12）和式（2-13），即可求得主应变 ε_1、ε_2 的大小和方向，最后由式（2-9）和式（2-10）求得主应力的大小，主应力的方向和主应变一致。

若取应变花上三个应变片的 α 角分别为 $-45°$、$0°$、$45°$，如图 2-43 所示，则该点主应变和主方向最后可推出为

$$\varepsilon_{1,3} = \frac{(\varepsilon_{45°} + \varepsilon_{-45°})}{2} \pm \frac{\sqrt{2}}{2}\sqrt{(\varepsilon_{45°} - \varepsilon_{0°})^2 + (\varepsilon_{-45°} - \varepsilon_{0°})^2} \tag{2-14}$$

$$\tan 2\alpha_0 = \frac{(\varepsilon_{45°} - \varepsilon_{-45°})}{(2\varepsilon_{0°} - \varepsilon_{45°} - \varepsilon_{-45°})} \tag{2-15}$$

将以上主应变表达式代入广义胡克定律,可得主应力和主方向:

$$\sigma_{1,3} = \frac{E(\varepsilon_{45°}+\varepsilon_{-45°})}{2(1-\mu)} \pm \frac{\sqrt{2}E}{2(1+\mu)}\sqrt{(\varepsilon_{45°}-\varepsilon_{0°})^2+(\varepsilon_{-45°}-\varepsilon_{0°})^2} \qquad (2-16)$$

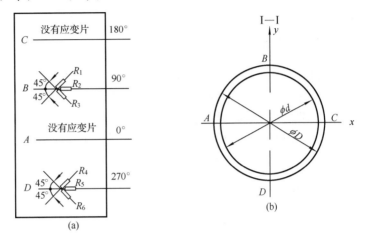

主应力实验应变片方位

图 2-43　薄壁圆筒上应变片布置方案

(二)实验方法与步骤

本实验以图 2-41 所示空心圆轴为测量对象,一端固定,另一端装有扇形加力架,力臂长为350 mm,力臂与杆的轴线彼此垂直,并且位同一水平面之内。该装置材质为高强度铝合金,外径 $D=39.9$ mm,内径 $d=34.4$ mm,$E=71$ GPa,$\mu=0.33$。

在力臂自由端加力(扇形加力臂上的钢丝绳与传感器上的绳座相连),使轴发生扭转与弯曲的组合变形。I-I截面的上表面点 B 及下表面点 D 各粘贴一个 45°三轴应变片,如图 2-43 所示。

分别将 B 和 D 两点的应变片 $R_{-45°}$、$R_{0°}$、$R_{45°}$ 按照单臂接法接入综合测试仪,采用公共补偿片,加载后得到 B 和 D 两点的主应变 $\varepsilon_{-45°}$、$\varepsilon_{0°}$、$\varepsilon_{45°}$,代入主应力表达式,求出主应力及其方向,并将计算所得主应力及主方向理论值与实测值进行比较。

(1)试样准备。测量空心圆轴的内、外直径 D 及 d,力臂长度 L。拟定加载方案,根据本结构的材质和设计要求,宜采用初载 $P_{min}\geqslant50$ N,终载 $P_{max}\leqslant450$ N,分四级加载,即荷载顺序为50 N、150 N、250 N、350 N、450 N。也可以采用其他合适增量数值进行加载。

(2)仪器准备。需要准备的仪器包括:

① 首先采用四分之一桥接线,将各电阻片的导线按顺序接到 CML-1H 系列应力-应变综合测试仪上,包括正确接入温度补偿片。

② 按照前节(弯曲正应力测量)所述方法设定传感器参数,需要注意的是,薄壁圆筒实验所用传感器满量程为 9 800 N。

③ 将各点预调平衡(按应变调零按钮)。

(3)进行实验。根据加载方案,均匀缓慢加载至初载(50 N),记下各点应变的初始读数,然后逐级加载,逐级逐点测量并记录测得数据,测量完毕,卸载。以上过程可重复一次,检查两次数据是否相同,必要时对个别点进行单点复测,以得到可靠的实验数据。

改变接线方式,分别测量薄壁圆筒在单一因素作用下的应变。

做完实验,卸掉荷载,关闭电源,整理好所用导线,将设备复原,实验资料交指导教员签字。

需要注意的是,本薄壁圆筒的管壁很薄,为避免损坏装置,切勿超载,亦不能用力扳动圆筒的自由端和力臂。

(三)实验结果与数据处理

将整理后的实验数据填写在实验报告的"试验记录"一栏中。由这些数据的 $\Delta\varepsilon_0$、$\Delta\varepsilon_{45}$ 及 $\Delta\varepsilon_{90}$ 应用前述主应力表达式求出点 A 的主应力,并与理论结果进行比较。

四、注意事项

(1)测量前一定要进行测试仪参数(尤其是传感器灵敏度和过载值)的标定。

(2)连接或检查应变片线路要小心,不要碰坏应变片。

(3)实验过程中,加载要均匀、平稳、缓慢。

(4)实验过程中,加载手轮若不能摇动,有可能是已加载到极限,需要通过反方向摇动手轮并调节扇形加力架位置解决,之后再重新进行测量。

五、思考题

(1)测量单一内力分量引起的应变,可以采用哪些桥路接线法?

(2)主应力测量中,45°三轴应变花是否可沿任意方向粘贴?

(3)对测量结果进行分析讨论,分析产生误差的主要原因。

实验 2-8　压杆稳定实验

一、实验目的

(1)观察和了解细长杆轴向受压时丧失稳定的现象;

(2)用电测法确定两端铰支压杆的临界载荷 F_{cr},并与理论结果进行比较。

二、实验仪器

(1)BDCL 多功能试验台。

(2)压杆试样。

(3)CML-1H 系列应力—应变综合测试仪。

(4)游标卡尺及钢直尺。

三、实验内容

(一)实验原理

根据欧拉小挠度理论,对于两端铰支的大柔度杆(低碳钢 $\lambda \geqslant \lambda_p = 100$),压杆保持直线平衡最大的载荷,保持曲线平衡最小载荷即为临界载荷 F_{cr},按照欧拉公式可得

$$F_{cr} = \frac{\pi^2 EI}{(\mu l)^2}$$

式中　E——材料的弹性模量,单位为 GPa;

　　　I——试样截面的最小惯性矩,绕 z 轴的惯性矩 $I_z = \dfrac{bh^3}{12}$,单位为 cm^4;

l——压杆长度,单位为 m;

μ——和压杆端点支座情况有关的系数,两端铰支压杆 $\mu=1$。

压杆的受力图如图 2-44(a)所示。当压杆所受的荷载 F 小于试样的临界力,压杆在理论上应保持直线形状,压杆处于稳定平衡状态;当 $F=F_{cr}$ 时,压杆处于稳定与不稳定平衡之间的临界状态,稍有干扰,压杆即失稳而弯曲,其挠度迅速增加。若以荷载 F 为纵坐标,压杆中点挠度 δ 为横坐标,按欧拉小挠度理论绘出的 P-δ 图形即为折线 OAB,如图 2-44(b)所示。

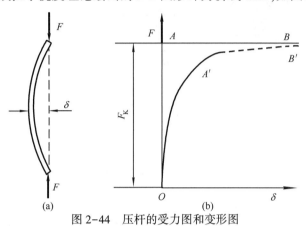

图 2-44 压杆的受力图和变形图

由于试样可能有初曲率、载荷可能有微小偏心以及材料的不均匀等因素,压杆在受力后就会发生弯曲,其中点 A 挠度 δ 随载荷的增加而逐渐增大。当 $F\ll F_{cr}$ 时,δ 增加缓慢;当 F 接近 F_{cr} 时,虽然 F 增加很慢,δ 却迅速增大,例如曲线 $OA'B'$。曲线 $OA'B'$ 与折线 OAB 的偏离,就是由于初曲率载荷偏心等影响造成,此影响越大,则偏离越大。

若令杆件轴线为 x 坐标轴,杆件下端为坐标轴原点,则在 $x=l/2$ 处横截面上的内力如图 2-44(a)所示,即

$$M_{x=\frac{l}{2}}=F\delta \quad N=-F$$

横截面上的应力为

$$\sigma=\frac{F}{A}\pm\frac{M}{I}\cdot y$$

在 BDCL 多功能试验台上测定 F_{cr} 时,压杆两端的支座为 V 形槽口,将带有圆弧尖端的压杆装入支座中,通过上、下活动的上支座对压杆施加荷载,压杆变形时,两端能自由地绕 V 形槽口转动,即相当于两端简支的情况,在压杆中央两侧各贴一枚应变片 R_1 和 R_2,如图 2-45(a)所示,采用 1/4 桥连接(设温度补偿应变片),假设压杆受力后向右弯曲的情况,以 ε_1、ε_2 分别表示 R_1 和 R_2 的应变值,此时,ε_1 是由轴向压应变与弯曲产生的拉应变之和,ε_2 则是轴向压应变与弯曲产生的压应变之和。当 $F\ll F_{cr}$ 时,压杆几乎不产生任何弯曲变形,ε_1 和 ε_2 均为轴向压缩产生的压应变,两者相等,当载荷增大时,弯曲应变逐渐增大,ε_1 和 ε_2 的差值越来越大,当载荷接近临界力 F_{cr} 时,ε_1 变为拉应变,无论 ε_1 还是 ε_2,当载荷接近临界力时,均急剧增加,如图 2-45(b)所示,二者均接近同一渐近线,此渐近线即临界荷载 F_{cr}。

(二)实验方法与步骤

(1)量取试样尺寸:厚度 t、宽度 b、长度 l。量取截面尺寸时至少要沿长度方向量三个截面,取其平均值用于计算横截面的惯性矩 I。

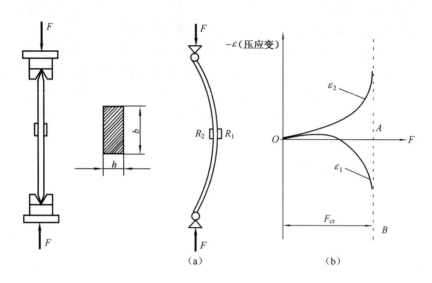

图 2-45 临界力的测量及临界力与应变的关系图

（2）拟定加载方案,加载前用欧拉公式求出试样的临界载荷 F_{cr} 的理论值,在预估临界力值的 80% 以内,可采用大等级加载,进行载荷控制。例如,可以分成 4~5 级加载,载荷每增加一个 ΔF,记录相应的应变值一次,超过此范围后,当接近失稳时,变形量快速增加,此时的载荷增量应取小些,或者改为变形量控制加载,即应变每增加一定的数量读取相应的荷载,直到 F 的变化很小,渐近线的趋势已经明显为止。

（3）根据实验加载方案,安装试样,调整好加载装置。

（4）将电阻应变片接入 CML-1H 系列应力-应变综合测试仪,按操作规程,调整仪器至"零"位。

（5）加载分为三个阶段:在达到理论临界载荷之前,由载荷控制,均匀缓慢加载,每增加一级载荷,记录一次两点的应变值 ε_1 和 ε_2;超过理论临界载荷 F_{cr} 以后,由变形控制每增加一定的应变量读取相应的载荷值;当应变突然变得很大时,停止加载,记下载荷值,然后按照加载的逆顺序逐级卸掉载荷,仔细观察应变是否降回到顺序加载时的数值,直至试样回弹到初始状态;如此重复试验 2~3 次。

（6）测毕,取下试样,关掉仪器电源,整理导线。

（7）在图 2-46 中根据试验数据绘制 $F\text{-}\varepsilon$ 曲线,作曲线的渐近线确定临界载荷 F_{cr} 值,与理论值进行比较。

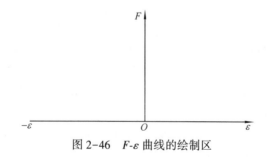

图 2-46 $F\text{-}\varepsilon$ 曲线的绘制区

为了保证试样和试样上所粘贴的电阻应变片都不损坏,可以反复使用,故本试验要求试样的弯曲变形不可过大,应变读数控制在 1 500 μm 左右。

加载时,应均匀缓慢,严禁用手随意扰动试样。

(三) 实验结果与数据处理

(1) 用方格纸绘出 $F\text{-}\varepsilon_1$ 和 $F\text{-}\varepsilon_2$ 曲线,确定实测临界载荷 $F_{cr实}$。

(2) 理论临界载荷 $F_{cr理}$ 计算:

试样惯性矩: $I_z = \dfrac{bh^3}{12} = $ _____ m^4 ;

试样长度: $l = $ _____ m ;

理论临界载荷: $F_{cr理} = \dfrac{\pi^2 EI}{(\mu l)^2}$ 。

将结果填入表 2-2 中。

表 2-2 实验值与理论值比较

数		值
实验值 $F_{cr实}$	理论值 $F_{cr理}$	误差百分率(%) $\lvert F_{cr理} - F_{cr实}\rvert / F_{cr理}$

四、注意事项

(1) 正确安装试件,横梁不能顶在试件上,间隙也不能太大。

(2) 为防止压杆发生塑性变形,要密切注意应变仪读数。

(3) 在整个实验过程中,加载要保持均匀、平稳、缓慢。

五、思考题

(1) 欧拉公式的应用范围。

(2) 本试验装置与理想情况有哪些不同?

第三章　设计性实验

实验 3-1　粘贴电阻应变片实验

一、实验目的

(1) 初步掌握常温用电阻应变片的粘贴技术。

(2) 为后续电阻应变测量的实验做好在试件上粘贴应变片、接线、防潮、检查等准备工作。

二、实验仪器

(1) 常温用电阻应变片,每小组一包 20 枚。

(2) 数字万用表。

(3) 502 黏结剂(氰基丙烯酸酯黏结剂)。

(4) 电烙铁、镊子、铁砂纸等工具。

(5) 等强度梁试件、温度补偿块。

(6) 丙酮、药棉等清洁用品。

(7) 防潮用硅胶。

(8) 测量导线若干。

三、实验内容

(1) 选片。在确定采用哪种类型的应变计后,用肉眼或放大镜检查丝栅是否平行,是否有霉点、锈点。用数字万用表测量各应变片电阻值,选择电阻值差在 ±0.5 Ω 内的 8～10 枚应变片供粘贴用。

(2) 测点表面的清洁处理。为使应变计与被测试件粘贴牢固,对测点表面要进行清洁处理。首先把测点表面用砂轮、锉刀或砂纸打磨,使测点表面平整并使表面光洁度达▽6。然后用棉花球蘸丙酮擦洗表面的油污至棉花球不黑为止。最后用划针在测片位置处划出应变计的坐标线。打磨好的表面,如果暂时不贴片,可涂凡士林等防止氧化。

如果测量对象为混凝土构件,则须用喷浆方法把表面垫平。然后同样进行表面打磨清洗等工作。此外,在贴片部位,先涂一层隔潮层,一般常用环氧树脂胶,应变计就贴于隔潮底层上。

(3) 贴片。在测点位置和应变计的底基面上,涂上薄薄一层胶水,一手捏住应变片引出线,把应变计轴线与坐标线对准,上面盖一层聚乙烯塑料膜作为隔层,用手指在应变计的长度方向滚压,挤出片下气泡和多余的胶水,直到应变计与被测物紧密粘合为止。手指按压约 1 min 后再放开,注意按住时不要使应变片移动。轻轻掀开薄膜检查有无气泡、翘曲、脱胶等现象,否则需要重贴。注意,黏结剂不要用得过多或过少,过多则胶层太厚,会因胶水的黏滞效应影响应变片性能;过少则黏结不牢,不能准确传递应变。

(4)干燥处理。应变计粘贴好后应有足够的黏结强度以保证与试件共同变形。此外,应变计和试件间应有一定的绝缘度,以保证应变读数的稳定。为此,在贴好片后就需要进行干燥处理,处理方法可以是自然干燥或人工干燥。例如,气温在20 ℃以上,相对湿度在55%左右时用502胶水粘贴,采用自然干燥即可。人工干燥可用红外线灯或电吹风进行加热干燥,烘烤时应适当控制距离,注意应变计的温度不得超过其允许的最高工作温度,以防应变计底基烘焦损坏。

(5)接线。应变计和应变仪之间用导线连接。需要根据环境与实验的要求选用导线。通常静应变测定用双芯多股平行线。在有强电磁干扰以及动应变测量时,需要用屏蔽线。焊接导线前,先用万用表检查导线是否断路,然后在每根导线的两端贴上同样的号码标签,避免测点多时产生差错。在应变计引出线下贴上胶带纸,以免应变计引出线与被测试件(如被测试件是导电体)接触造成短路。然后把导线与应变计引线焊接在一起,焊接时注意防止"假焊"。焊完后用万用表在导线另一端检查是否接通。

为防止在导线被拉动时应变计引出线被拉坏,可使用接线端子。接线端子相当于接线柱,使用时先用胶水把它粘在应变计引出线前端,然后把应变计引出线及导线分别焊于接线端子的两端,以保护应变计,如图3-1所示。

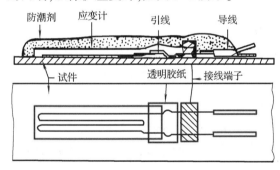

图3-1 应变计的保护

电阻应变片粘贴方法

(6)检查接线后的电阻值。理想的粘贴效果是接线后各电阻片的阻值差异仍保持在±0.5 Ω内,实际操作中由于压力的不同,粘贴后电阻片的阻值会产生微小的变化,焊接点也可能存在虚焊等现象,所以除了阻值差异符合要求外,电阻值还应输出稳定,检查的方法可以使用欧姆表,或者接入测量电路,观察其在未受力状态下是否能预调平衡,并随着时间推移,保持稳定。

(7)防潮处理。为避免胶层吸收空气中的水分而降低绝缘电阻值,应在应变计接好线并且绝缘电阻达到要求后,立即对应变计进行防潮处理。防潮处理应根据试验的要求和环境采用不同的防潮材料。常用的简易防潮剂为703、704硅胶。

四、实验报告

(1)简述贴片、接线、检查等主要实验步骤。

(2)画布线图和编号图。

实验3-2 偏心拉伸实验

一、实验目的

(1)测定偏心拉伸时最大正应力,验证叠加原理的正确性。
(2)测定偏心拉伸试件的偏心距e。
(3)学习组合载荷作用下由内力产生的应变成分单独测量的方法。

二、实验仪器

(1)组合试验台拉伸部件。
(2)应力-应变综合测定仪。
(3)游标卡尺、钢直尺。

三、实验内容

采用图3-2所示钢制试件,在外荷载作用下,其轴力$N=P$,弯矩$M=P\times e$,其中e为偏心矩。根据叠加原理,横截面上的应力为单向应力状态,其理论计算公式为拉伸应力与弯曲正应力的代数和,即

$$\sigma = \frac{P}{A} \pm \frac{M}{W}$$

式中　P——轴力,单位为N;

　　　M——弯矩,单位为N·m;

　　　W——试样的截面系数,即$W=hb^2/6$,单位为mm^3。

偏心拉伸试件及应变片的布置方法如图3-2所示,R_1和R_2分别为试件两侧沿应变方向粘贴的应变片,另外有两枚粘贴在与试件材质相同但不受载荷的补偿块上的应变片,供全桥测

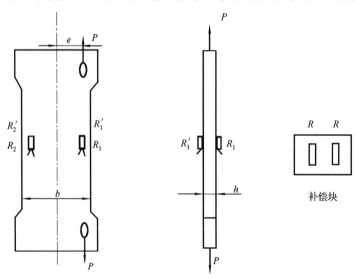

图3-2　钢制试件

量时组桥之用,其尺寸为 $b=24$ mm, $h=5$ mm。

(一)试验原理

按照图 3-2 的贴片方式应有

$$\varepsilon_1 = \varepsilon_p + \varepsilon_m \qquad \varepsilon_2 = \varepsilon_p - \varepsilon_m$$

式中 ε_p——轴力引起的应变;

  ε_m——弯矩引起的应变。

根据电桥的测量原理,采用不同的组桥方式,即可分别测出与轴向力及弯矩有关的应变值,从而进一步求得弹性模量 E,偏心矩 e,最大正应力和分别由轴力、弯矩产生的应力。

可直接采用半桥单臂方式,使用两个测量桥路分别测出 R_1 和 R_2 受力产生的应变值 ε_1 和 ε_2,通过上述两式算出轴力引起的拉伸应变 ε_p 和弯矩引起的应变 ε_m;也可采用邻臂桥路接法直接测出弯矩引起的应变 ε_m,采用此接桥方式不需要温度补偿片,接线如图 3-3 所示;采用对臂桥路接法可直接测出轴向力引起的应变 ε_p,采用此接桥方式需加温度补偿片,接线如图 3-4 所示。

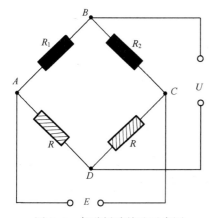
图 3-3　邻臂桥路接法示意图

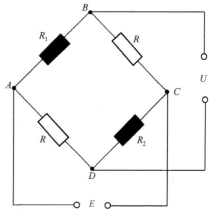
图 3-4　对臂桥路接法示意图

邻臂桥路接法是将两个工作片分别接在 AB 与 BC 之间,AD 与 CD 之间是应变仪内电阻,如图 3-3 所示,应变仪读数 $\varepsilon_d = \varepsilon_1 - \varepsilon_2 + \varepsilon_3 - \varepsilon_4$,由于 ε_3 与 ε_4 皆等于零,$\varepsilon_d = \varepsilon_1 - \varepsilon_2 = 2\varepsilon_m$;对臂桥路接法是将两个工作片分别接在 AB 与 CD 之间时(见图 3-4),$\varepsilon_d = \varepsilon_1 + \varepsilon_2 = 2\varepsilon_p$。

(二)实验步骤

(1)测量试件尺寸,在试件标距范围内,测量试件三个横截面尺寸,取三处横截面面积的平均值作为试件的横截面面积 A_0。

(2)自行拟定加载方案。先选取适当的初载 P_0(一般取 $P_0 = 10\% P_{max}$),估算 P_{max}(该实验荷载范围 $P \leqslant 3\ 000$ N),分 4~6 级加载。

(3)根据加载方案,调整好加载装置。

(4)按自行设计的桥路接线,调整好仪器,检查整个系统是否处于正常工作状态。

(5)均匀缓慢加载至初载 P_0,记下应变的初值读数;然后分级等量加载,每增加一级荷载,依次记录 ε_p 和 ε_m,直到最终荷载,实验至少重复两次。

(6)做完实验,卸掉荷载,关闭电源,整理好仪器和导线,实验记录数据交教员检查。

(三)实验结果与数据处理

(1)求弹性模量 E:

$$\varepsilon_p = \frac{\varepsilon_1 + \varepsilon_2}{2} \qquad E = \frac{\Delta P}{A_0 \varepsilon_p}$$

(2)求偏心距 e：

$$\varepsilon_m = \frac{\varepsilon_1 - \varepsilon_2}{2} \qquad e = \frac{EW}{\Delta P} \varepsilon_m$$

其中，$W = bh^2/6$。

(3)应力计算：

$$\frac{\sigma_{max}}{\sigma_{min}} = \frac{\Delta P}{A_0} \pm \frac{\Delta p \times e}{W}$$

(4)实验值：

$$\sigma_{max} = E(\varepsilon_p + \varepsilon_m)$$
$$\sigma_{min} = E(\varepsilon_p - \varepsilon_m)$$

实验数据可记录在表 3-1 和表 3-2 中。

表 3-1　1/4 桥（半桥单臂）实验数据记录表

荷载/N	P	500	1 000	1 500	2 000	2 500	3 000
	ΔP	500	500	500	500	500	
应变仪读数 $\mu\varepsilon$	ε_1						
	$\Delta\varepsilon_1$						
	平均值						
	ε_2						
	$\Delta\varepsilon_2$						
	平均值						

表 3-2　半桥双臂及全桥对臂实验数据记录表

荷载/N	P	500	1 000	1 500	2 000	2 500	3 000
	ΔP	500	500	500	500	500	
应变仪读数 $\mu\varepsilon$	ε_m						
	$\Delta\varepsilon_m$						
	平均值						
	ε_p						
	$\Delta\varepsilon_p$						
	平均值						

四、注意事项

(1)连接或检查应变片线路要小心，不要碰坏应变片。

(2)实验过程中，加载要均匀、平稳、缓慢。

五、思考题

(1)材料在单向偏心拉伸时，分别有哪些内力存在？

(2)通过半桥单臂和邻臂桥路测量 ε_m，哪种方法测量精度高？

实验 3-3 等强度梁应变测定实验和桥路变换接线实验

一、实验目的

(1)了解用电阻应变片测量应变的原理。

(2)掌握电阻应变仪的使用方法。

(3)测定等强度梁上已粘贴应变片处的应变,验证等强度梁各横截面上应变(应力)是否相等。

(4)掌握应变片在测量电桥中的各种接线方法。

二、实验仪器

(1)BDCL 多功能试验台。

(2)CML-1H 系列应力-变应综合测试仪。

(3)游标卡尺、钢直尺。

三、实验内容

(一)实验原理

等强度梁实验装置如图 3-5 所示,梁上的贴片如图 3-6 所示,梁在受到传感器所施加推力时产生弯曲变形,横截面的上表面产生压应变,下表面产生拉应变,上、下表面产生的拉、压应变绝对值相等,其计算公式为

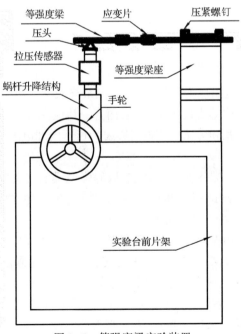

图 3-5 等强度梁实验装置

$$\varepsilon = \frac{FL}{EW}$$

式中　W——试样的截面系数,即 $W = bh^2/6$;b 为梁的宽度,h 为梁的厚度;

　　　F——梁上所加的荷载;

　　　L——载荷作用点到测试点的距离;

　　　E——弹性模量。

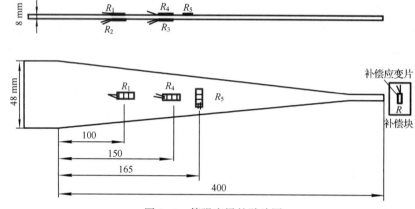

图 3-6　等强度梁的贴片图

(二) 实验方法与步骤

(1)测量等强度梁的有关尺寸,确定试件有关参数。

(2)自行拟定加载方案,选取适当的初载 P_0,估算最大载荷 P_{max},(该实验载荷范围≤200 N),一般分 4~6 级加载。

(3)实验首先采用 1/4 桥单臂公共补偿接线法。将等强度梁上两点应变片 R_1、R_2、R_3、R_4 按顺序接到电阻应变仪的前四个测试通道 AB 之间,温度补偿片接电阻应变仪公共补偿通道 AD 之间,如图 2-34 所示。

(4)调整好仪器,检查整个系统是否处于正常的工作状态。

(5)实验加载。均匀缓慢加载至初载 P_0,记下各点应变片初始读数,然后逐级加载,每增加一级载荷,依次记录各点电阻应变仪的读数,直到最终载荷。实验至少重复三次。

(6)采用半桥接线法。取等强度梁上、下表面各一片应变片 R_1、R_2,在应变仪上选一通道,按图 3-7(a)接至接线柱 A、B 和 B、C 上(画阴影线为仪器内部电阻),然后进行实验,实验步骤同步骤(1)~(5)。

(7)相对两臂全桥测量。采用全桥接线法,取等强度梁上表面(或下表面)两片应变片,在应变仪上选一通道,按图 3-7(b)接至接线柱 A、B 和 C、D 上,再把两个补偿应变片接到 B、C 和 A、D 上,然后进行实验,实验步骤同步骤(1)~(5)。

(8)四臂全桥测量。采用全桥接线法,取等强度梁上的四片应变片,在应变仪上选一通道按图 3-7(c)接至接线柱 A、B、C、D 上,然后进行实验,实验步骤同步骤(1)~(5)。

(9)串联双臂半桥测量。采用半桥接线法,取等强度梁上四片应变片,在应变仪上选一通道,按图 3-7(d)串联后接至接线柱 A、B 和 B、C 上,然后进行实验,实验步骤同步骤(1)~(5)。

(10)并联双臂半桥测量。采用半桥接线法,取等强度梁上 4 片应变片,在应变仪上选一通道,按图 3-7(e)并联后接至接线柱 A、B 和 B、C 上,然后进行实验,实验步骤同步骤(1)~(5)。

（11）做完实验，卸掉载荷，关闭电源，整理好仪器和导线，实验数据交指导教员签字。

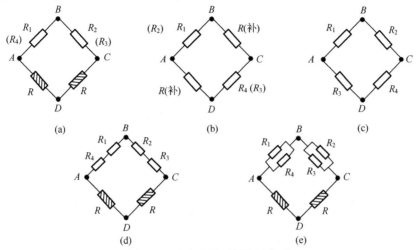

图 3-7　应力片的不同连接方式

（三）实验结果与数据处理

（1）根据实验目的和接线方法设计实验记录表。

（2）计算出以上各种测量方法下，ΔP 所引起的应变的平均值$\overline{\Delta \varepsilon_{\mathrm{d}}}$，并计算它们与理论应变值的相对误差。

（3）比较各种测量方法下的测量灵敏度。

（4）比较单臂多点测量实验值［理论上等强度梁各横截面上应变（应力）应相等］。

四、注意事项

（1）未开机前，一定不要进行加载，以免在实验中损坏试件。

（2）实验前一定要设计好实验方案，准确测量数据。

（3）加载过程中一定要缓慢加载，不可快速进行加载，以免超过预定加载载荷值，造成测试数据不准确。

五、思考题

（1）分析各种测量方法中温度补偿的实现方法。

（2）采用串联或并联测量方法能否提高测量灵敏度？

实验 3-4　电阻应变片灵敏系数标定

一、实验目的

掌握电阻应变片灵敏系数 K 值的标定方法。

二、实验仪器

（1）材料力学组合实验台中等强度梁实验装置与部件。

（2）CML-1H 系列应力-应变综合参数测试仪。

（3）游标卡尺、钢直尺、千分表、三点挠度仪。

三、实验内容

（一）实验原理

在进行标定时，一般采用一单向应力状态的试件，通常采用纯弯曲梁或等强度梁。粘贴在试件上的电阻应变片在承受应变时，其电阻相对变化 $\Delta R/R$ 与 ε 之间的关系为

$$\frac{\Delta R}{R} = K\varepsilon$$

因此，通过测量电阻应变片的 $\dfrac{\Delta R}{R}$ 和试件 ε，即可得到应变片的灵敏系数 K，如图 3-8 所示。

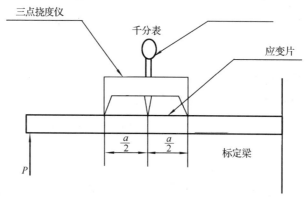

图 3-8　等强度梁灵敏系数标定安装图

在梁等强度段的上、下表面沿梁的轴线方向粘贴 4 片应变片，在等强度梁的等强度段上安装一个三点挠度仪。当梁弯曲时，由挠度仪上的千分表可读出测量挠度（即梁在三点挠度仪长度 a 范围内的挠度）。根据材料力学公式和几何关系，可求出等强度梁上、下表面的轴向应变为

$$\varepsilon = \frac{hf}{(a/2)^2 + f^2 + hf}$$

式中　h ——标定梁高度；

　　　a ——三点挠度仪长度；

　　　f ——挠度。

应变片的电阻相对变化 $\dfrac{\Delta R}{R}$ 可用高精度电阻应变仪测定。设电阻应变仪的灵敏系数为 K_0，读数为 ε_d，则

$$\frac{\Delta R}{R} = K_0 \varepsilon_d$$

由前面的式子可得到应变片灵敏系数 K

$$K = \frac{\Delta R/R}{\varepsilon} = \frac{K_0 \varepsilon_d}{hf}\left[\left(\frac{a^2}{2}\right) + f^2 + hf\right]$$

在标定应变片灵敏系数时，一般把应变仪的灵敏系数调至 $K_0 = 2.00$，并采用分级加载的方式测量在不同载荷下应变片的读数应变 ε_d 和梁在三点挠度仪长度 a 范围内的挠度 f。

（二）实验方法与步骤

（1）测量等强度梁的有关尺寸和三点挠度仪长度 a，试件相关数据如表 3-3 所示。

表 3-3 试件相关数据

试件数据及有关参数	数　值
等强度梁厚度	$h = 9.3$ mm
三点挠度仪长度	$a = 200$ mm
电阻应变仪灵敏系数(设置值)	$K_0 = 2.00$
弹性模量	$E = 206$ GPa
泊松比	$\mu = 0.26$

（2）安装三点挠度仪。三点挠度仪为机械装置，其上的测量仪表为千分表，精度比电测实验要低几个数量级，本次实验结果的最终精度，取决于千分表的测量精度，因此，安装三点挠度仪的工作是实验成功的关键步骤。安装的要点主要集中在两个方面，一是在加载过程中挠度仪与等强度梁的接触点要保证稳定，必要时可使用快干胶将其接触点固定；二是千分表的测杆上下活动灵活，没有摩擦力，安装后用手轻轻提起千分表测杆，上下活动几次，必要时要在测杆壁内加注润滑油。常规的做法是试样变形前将千分表预压到一个足够的初值，试件受载过程中，读数从初值逐渐减小。

（3）自行拟定加载方案。选取适当的初载荷 P_0（一般取 $P_0 = 10\% P_{max}$），确定三点挠度仪上千分表的初读数，估算最大载荷 P_{max}（该实验载荷范围 $\leqslant 200$ N），确定三点挠度仪上千分表的读数增量，一般分 4~6 级加载。

（4）实验采用多点测量中半桥单臂公共补偿接线法。将等强度梁上各点应变片按序号接到电阻应变仪测试通道上，温度补偿片接电阻应变仪公共补偿端，调节好电阻应变仪的灵敏系数，使 $K_0 = 2.00$。

（5）按自行设计的桥路接好导线，调整好仪器，检查整个测试系统是否处于正常工作状态。

（6）实验加载。用均匀慢速加载至初载荷 P_0，记下各点应变片和三点挠度仪的初读数，然后逐级加载，每增加一级载荷，依次记录各点应变仪及三点挠度仪的读数，直至最终载荷。实验至少重复三次，将实验数据填入表 3-4 中。

表 3-4 实验数据

载荷/N		P	0	40	80	120	160	200
		ΔP	40		40	40	40	40	40
应变仪读数 $\mu\varepsilon$	R_1	ε_1						
		$\Delta\varepsilon_1$						
		平均值 $\overline{\Delta\varepsilon_1}$						
	R_2	ε_2						
		$\Delta\varepsilon_2$						
		平均值 $\overline{\Delta\varepsilon_2}$						
	R_3	ε_3						
		$\Delta\varepsilon_3$						
		平均值 $\overline{\Delta\varepsilon_3}$						
	R_4	ε_4						
		$\Delta\varepsilon_4$						
		平均值 $\overline{\Delta\varepsilon_4}$						
挠度值		f						
		Δf						
		平均值 $\overline{\Delta f}$						

(7) 做完实验后,卸掉载荷,关闭电源,整理好所用仪器设备,清理实验现场,将所用仪器设备复原,实验资料交指导教师检查签字。

(三) 实验结果与数据处理

(1) 取应变仪读数应变增量的平均值,计算每个应变片的灵敏系数 K_i。

$$K_i = \frac{\Delta R/R}{\varepsilon} = \frac{K_0 \, \varepsilon_d}{hf}\left(\frac{a^2}{4} + f^2 + hf\right) \qquad (i = 1, 2, \cdots, n)$$

(2) 计算应变片的平均灵敏系数 K。

$$K = \frac{\sum K_i}{n} \qquad (i = 1, 2, \cdots, n)$$

(3) 计算应变片灵敏系数的标准差 S。

$$S = \sqrt{\frac{1}{n-1}\sum (K_i - K)^2} \qquad (i = 1, 2, \cdots, n)$$

四、注意事项

(1) 正确安装三点挠度仪,保证挠度仪与梁接触点接触稳定。
(2) 拟定方案后,缓慢加载。

五、思考题

(1) 为什么用纯弯曲梁或者等强度梁来标定电阻应变片灵敏系数 K?
(2) 试分析本实验误差原因。

实验 3-5 材料弹性模量 E 和泊松比 μ 的测定

一、实验目的

(1) 测定常用金属材料的弹性模量 E 和泊松比 μ。
(2) 验证胡克定律。

二、实验仪器

(1) 组合实验台中的拉伸装置(见图 3-9)。
(2) CML-1H 系列应力-应变综合参数测试仪。
(3) 游标卡尺、钢直尺。

三、实验内容

(一) 实验原理

试件采用矩形截面试件,电阻应变片分布方式如图 3-10 所示。在试件中央截面上,沿前后两面的轴线方向分别对称的贴一对轴向应变片 R_1、R_1' 和一对横向应变片 R_2、R_2',以测量轴向应变 ε_1 和横向应变 ε_2。

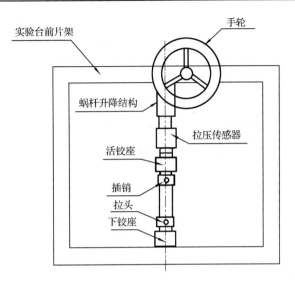

图 3-9 组合实验台中的拉伸装置

1. 弹性模量 E 的测定

由于实验装置和安装初始状态的不稳定性,拉伸曲线的初始阶段往往是非线性的。为了尽可能减小测量误差,实验宜从初载荷 $P_0(P_0 \neq 0)$ 开始,采用增量法,分级加载,分别测量在各相同载荷增量 ΔP 作用下,产生的应变增量 $\Delta \varepsilon$,并求出 $\Delta \varepsilon$ 的平均值。设试件初始横截面面积为 A_0,又因 $\varepsilon = \dfrac{\Delta l}{l}$,则有 $E = \dfrac{\Delta P}{\Delta \varepsilon A_0}$,即为增量法测 E 的计算公式。式中 A_0 为试件截面面积;$\Delta \varepsilon$ 为轴向应变增量的平均值。

用上述板试件测 E 时,合理地选择组桥方式可有效地提高测试灵敏度和实验效率。

补偿片及不同布片标识如图 3-11 和图 3-12 所示。

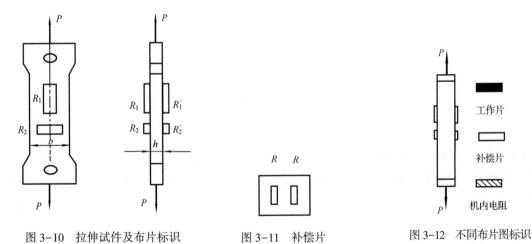

图 3-10 拉伸试件及布片标识   图 3-11 补偿片   图 3-12 不同布片图标识

下面讨论几种常见的组桥方式。

(1)单臂测量如图 3-13(a)所示。实验时,在一定载荷下,分别对前、后两片轴向应变片进行单片测量,并取其平均值 $\bar{\varepsilon} = \dfrac{\varepsilon_1 + \varepsilon'_1}{2}$。显然 $\bar{\varepsilon}$ 消除了偏心弯曲引起的测量误差。

（2）轴向应变片串联后的单臂测量如图 3-13（b）所示。为消除偏心弯曲引起的影响，可将前后两轴向应变片串联后接在同一桥臂（AB）上，而邻臂（BC）接相同阻值的补偿片。受拉时两片轴向应变片的电阻变化分别为

$$\Delta R = \Delta R_L + \Delta R_M$$

$$\Delta R = \Delta R'_L - \Delta R_M$$

ΔR_M 为偏心弯曲引起的电阻变化，拉、压两侧大小相等方向相反。根据桥路原理，AB 桥臂有

$$\frac{\Delta R}{R} = \frac{(\Delta R_L + \Delta R_M + \Delta R'_L - \Delta R_M)}{(R_1 + R'_L)} = \frac{\Delta R_L}{R_1}$$

因此轴向应变片串联后，偏心弯曲的影响自动消除，而应变仪的读数就等于试件的应变即 $\varepsilon_p = \varepsilon_d$，很显然这种测量方法没有提高测量灵敏度。

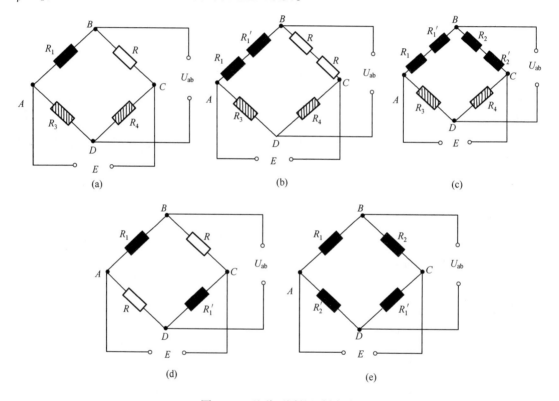

图 3-13　几种不同的组桥方式

（3）串联后的半桥测量如图 3-13（c）所示。将两轴向应变片串联后接 AB 桥臂；两横向应变片串联后接 BC 桥臂，偏心弯曲的影响可自动消除，而温度影响也可自动补偿。根据桥路原理

$$\varepsilon_d = \varepsilon_1 - \varepsilon_2 - \varepsilon_3 + \varepsilon_4$$

其中，$\varepsilon_1 = \varepsilon_p$；$\varepsilon_2 = -\mu\varepsilon_p$，$\varepsilon_p$ 代表轴向应变，μ 为材料的泊松比。由于 ε_3、ε_4 为零，故电阻应变仪的读数应为

$$\varepsilon_d = \varepsilon_p(1+\mu)$$

有

$$\varepsilon_p = \frac{\varepsilon_d}{(1+\mu)}$$

如果材料的泊松比已知,这种组桥方式使测量灵敏度提高$(1+\mu)$倍。

(4)相对桥臂的测量如图 3-13(d)所示。将两轴向应变片分别接在电桥的相对两臂$(AB、CD)$,两温度补偿片接在相对桥臂$(BC、DA)$,偏心弯曲的影响可自动消除。根据桥路原理

$$\varepsilon_d = 2\varepsilon_p$$

测量灵敏度提高两倍。

(5)全桥测量。按图 3-13(e)的方式组桥进行全桥测量,不仅消除偏心和温度的影响,而且测量灵敏度比单臂测量时提高$2(1+\mu)$倍,即

$$\varepsilon_d = 2\varepsilon_p(1+\mu)$$

2. 泊松比 μ 的测定

利用试件上的横向应变片和纵向应变片合理组桥。为了尽可能减小测量误差,实验宜从初载荷 $P_0(P_0 \neq 0)$ 开始,采用增量法,分级加载,分别测量在各相同载荷增量 ΔP 作用下,横向应变增量 $\Delta\varepsilon'$ 和纵向应变增量 $\Delta\varepsilon$。按下式求得泊松比 μ

$$\mu = \left| \frac{\Delta\overline{\varepsilon}'}{\Delta\overline{\varepsilon}} \right|$$

式中　$\Delta\overline{\varepsilon}'$——横向应变增量平均值;

　　　$\Delta\overline{\varepsilon}$——纵向应变增量平均值。

(二)实验方法与步骤

(1)测量试件尺寸。在试件标距范围内,测量试件三个横截面尺寸,取三处横截面面积的平均值作为试件的横截面面积 A_0,并将试件相关几何尺寸数据填入表 3-5 中。

(2)拟定加载方案。先选取适当的初载荷 P_0(一般取 $P_0 = 10\% P_{max}$),估算 P_{max}(该实验载荷范围 $P_{max} \leq 5\ 000$ N),分 4~6 级加载。

表 3-5　试件相关几何尺寸数据

试　　　件	厚度 h/mm	宽度 b/mm	横截面面积 $A_0 = bh/\mathrm{mm}^2$
截面Ⅰ			
截面Ⅱ			
截面Ⅲ			
平均			
弹性模量 E = 206 GPa			
泊松比 μ = 0.26			

(3)根据加载方案,调整好实验加载装置。

(4)按实验要求接好线。为提高测试精度,建议采用图 3-14(d)所示相对桥臂测量方法,分两个桥路测量(共需要 4 个温度补偿片),此时,纵向应变 $\varepsilon_d = 2\varepsilon_1$,横向应变 $\varepsilon_d = 2\varepsilon_2$,调整好仪器,检查整个测试系统是否处于正常工作状态。

(5)加载。均匀缓慢加载至初载荷 P_0,记录应变的初始读数,然后分级等量加载,每增加一级载荷,记录电阻应变片的应变值,直到最终载荷。实验至少重复两次。表 3-6 为相对桥臂测量数据表格,其他组桥方式实验表格可根据实际情况自行设计。

表 3-6　　相对桥臂测量实验数据

载荷/N	0	500	1 000	1 500	2 000	3 000	
	ΔP	500	500	500	500	500	
轴向应变读数 $\mu\varepsilon$	ε_1						
	$\Delta\varepsilon_1$						
	$\Delta\bar{\varepsilon}_1$						
横向应变读数 $\mu\varepsilon$	ε_2						
	$\Delta\varepsilon_2$						
	$\Delta\bar{\varepsilon}_2$						

（6）做完实验后，卸掉载荷，关闭电源，整理好所用仪器设备，清理实验现场，将所用仪器设备复原，实验资料交指导教员检查签字。

（三）实验结果与数据处理

可依据下列公式进行计算：

$$E = \frac{\Delta P}{\Delta\bar{\varepsilon}_1 A_0} \qquad \mu = \left| \frac{\Delta\bar{\varepsilon}_2}{\Delta\bar{\varepsilon}_1} \right|$$

四、注意事项

（1）切勿超载，否则将造成载荷传感器破坏。

（2）实验过程中，不要随意移动设备和导线，以免影响测试数据。

五、思考题

（1）为什么在试件两面对称位置上粘贴应变片，是否可以单面粘贴进行应变测量？

（2）实验中怎样验证胡克定律。

实验 3-6　条件屈服应力 $\sigma_{0.2}$ 的测定

低碳钢的拉伸曲线特征明显，弹性阶段、屈服阶段、强化阶段界限清晰，但是，由于强度较低、耐腐蚀性差等因素，低碳钢在实际场合应用的是很少的。工程中大量使用的金属如中碳钢、40Cr、16Mn 等钢材以及硬铝、黄铜等材料，在拉伸实验时并不存在明显的屈服平台，拉伸曲线从弹性变形到塑性变形是光滑过渡的。由于屈服不明显，对于这样的材料，工程上采用产生 0.2% 的残余应变时所对应的应力来定义屈服应力，称为条件屈服应力，用 $\sigma_{0.2}$ 来表示。$\sigma_{0.2}$ 与 σ_s 一样，用来限制材料在服役时可能产生的过量塑性变形，如果工作应力超过 $\sigma_{0.2}$，即认为构件失效。

一、实验目的

（1）测定给定材料的弹性模量 E 和条件屈服应力 $\sigma_{0.2}$。

（2）用数值法计算给定材料的弹性模量 E 和条件屈服应力 $\sigma_{0.2}$。

（3）学习引伸计的使用方法。

二、实验仪器

(1) DNS-100 型电子式万能试验机。

(2) 应变式引伸计(初始标距 $l_0 = 50$ mm),如图 3-14 所示。

(3) 游标卡尺。

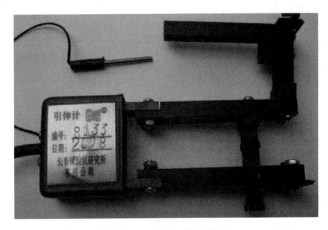

图 3-14　应变式引伸计

三、实验内容

(一) 实验原理

本实验在 DNS-100 型电子式万能试验机上进行,采用中碳钢制作圆棒试样,如图3-15 所示,试样的工作部分(指测量变形部分)均匀光滑以确保材料的单项应力状态, l_c 为整个均匀段的长度,有效工作长度称为标距 l_0,在本实验中即为引伸计两个刀口(如图 3-14 右边缘的薄片)之间的距离。初始标距 $l_0 = 50$ mm, d_0 和 A_0 分别为工作部分的初始直径和初始面积,试件的过渡部分以适当的圆角降低应力集中。

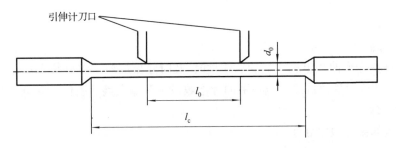

图 3-15　圆棒试样

拉伸实验的载荷-伸长记录曲线如图 3-16 所示,由单向拉伸时的胡克定律可得

$$E = \frac{Pl_0}{\Delta l A_0}$$

在拉伸曲线上选取 C、D 两点,选取的原则是 C、D 间包含的线段线性良好,使用 C、D 两点的 P 值和 Δl 值即可求得弹性模量 E。

从记录曲线的零点水平量取残余变形量 $0.2\% l_0$,做平行于弹性阶段的斜直线(割线),与

载荷-伸长记录曲线的交点 B 所对应的荷载为条件屈服荷载 $P_{0.2}$，则条件屈服应力为

$$\sigma_{0.2} = \frac{P_{0.2}}{A_0}$$

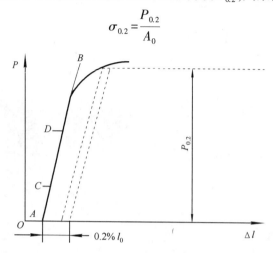

图 3-16　拉伸实验的载荷-伸长记录曲线

（二）实验方法与步骤

（1）原始尺寸测量。测量试件直径 d_0，在标距中央及两条标距线附近各取一截面进行测量，每截面沿互相垂直方向各测一次取平均值，d_0 采用三个平均值中的最小值。

（2）初始条件设定。包括输入试件尺寸参数；选定欲求力学性能指标弹性模量 E、条件屈服应力 $\sigma_{0.2}$；引伸计参数；实验速度等，方法同低碳钢拉伸实验，详细操作参阅本书附录 C。

（3）试件安装。方法同低碳钢拉伸实验。

（4）引伸计安装。应变式引伸计的固定依靠其两个刀口嵌入试件表面，由于中碳钢硬度较高，如果无专门措施，试验中刀口容易打滑，使变形输出不准确。比较简单的固定措施是：使用高硬度刀片在标距线处划出一微小凹槽，将刀口嵌入其中，或者用快干胶在刀口内侧试件上粘贴一微小阻挡块。

安装引伸计动作要轻，确信安装牢固后再抽下定位销。

（5）载荷清零，变形清零。

（6）进行加载实验。密切观察变形曲线。

（7）当载荷-变形曲线出现明显的非线性时，及时停止加载。注意整个加载范围的变形都不能超出引伸计最大量程；否则，应在引伸计参数设定时输入摘除引伸计时刻参数。

（8）保存数据。

（三）实验结果与数据处理

（1）DNS-100 型电子式万能试验机的软件程序中有弹性模量 E 和 $\sigma_{0.2}$ 的自动计算功能，如果在参数设定时已选定以上两者，实验结束，计算机将自动输出实验结果。

（2）如果作图分析，可在载荷-变形图上选定 C、D 两点，然后导出数据表，找到 C、D 两点对应的 P_C、P_D 和 Δl_C、Δl_D，代入下式：

$$E = \frac{(P_D - P_C) l_0}{(\Delta l_D - \Delta l_C) A_0}$$

求 $\sigma_{0.2}$ 的方法如下：

① 先计算 $\Delta l = 0.2\% \times l_0$。

② 在数据表上找到与 Δl 对应的 $P_{0.2}$。

③ 代入 $\sigma_{0.2} = \dfrac{P_{0.2}}{A_0}$。

四、注意事项

(1)严格按照试验机操作规程进行实验。

(2)将引伸计的刀口固定在试件标距线处,确保不能移动。

五、思考题

(1)测定材料的屈服应力有何实际意义?

(2)加载实验过程中,是否需要反复加、卸载来测定材料的屈服应力?

实验 3-7　真应力—真应变曲线测定

单向拉伸过程中试件的横截面积是不断变小的,因此在测定屈服极限与强度极限时,使用试件的原始横截面积 A_0 将会产生一定量的微变形,在弹性范围内,这种微变形的影响可以忽略,所以工程中的强度极限与屈服极限事实上都是名义应力。当研究断裂力学中裂纹前方的应力应变场、裂纹尖端的钝化特性及扩展规律、大变形条件下工作的构件与材料的变形与断裂行为等问题,以及材料的塑性成形加工工艺时,上述不符可能会带来重大误差,甚至是理论解释不通的,因此,通过单轴拉伸实验,确定材料塑性变形规律和强化特性参数,具有实用意义。

一、实验目的

(1)测定材料的真应力—真应变曲线,并与名义应力—名义应变曲线进行比较。

(2)采用一元线性回归方法,求出材料的形变强化指数。

二、实验仪器

(1)DNS 电子式万能试验机。

(2)应变式引伸计(初始标距 $l_0 = 50$ mm)。

(3)游标卡尺。

三、实验内容

材料塑性性能测试应便于与常规实验的性能参数比较,因此,真应力—真应变曲线测定采用国家标准规定的标准圆棒试样,其尺寸及加工要求均与普通拉伸实验一致,如图 3-17 所示。

(一)实验原理

1. 真应力—真应变曲线

在拉伸过程中由于试件任一瞬时的面积 A 和标距 $l(l_0 + \Delta l)$ 随时都在变化,而名义应力 σ 和名义应变 ε 是按初始面积 A_0 和标距 l_0 计算的,因此,任一瞬时的真实应力 s 和真实应变 e

与相应的 σ 和 ε 之间都存在着差异,进入塑性变形阶段这种差异逐渐加大,在均匀变形阶段,真实应力 s 的定义为

$$s = \frac{P}{A}$$

根据塑性变形体积不变的假设 $(V = A_0 l_0 = A l)$ 有

$$s = \frac{P l}{A_0 l_0} = \sigma(1 + \varepsilon)$$

真实应变 e(也叫对数应变) 的定义为

$$e = \int_{l_0}^{l} \frac{\mathrm{d}l}{l} = \ln \frac{l}{l_0} = \ln(1 + \varepsilon)$$

将上式展开

$$e = \varepsilon - \frac{\varepsilon_2}{2} + \frac{\varepsilon_3}{3} - \cdots$$

这说明在均匀变形阶段,真应力恒大于名义应力,而真应变恒小于名义应变。在弹性阶段由于应变值很小,两者的差异很小,没有必要加以区分。

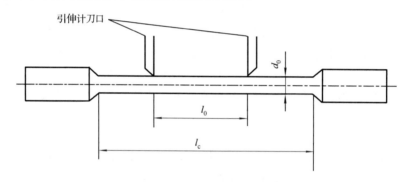

图 3-17　真应力-真应变曲线测定采用的试件

2. 变形强化指数

实验表明,大多数金属材料的真应力-真应变关系可以近似用 Hollomon 公式(即幂强化关系) 描述:

$$s = K e^n$$

式中,n 即为形变强化指数,是表征材料形变强化能力的一个指标,也是断裂力学塑性力学分析计算的重要材料参数;K 为另一个参数。

将 Hollomon 公式两端取对数后得

$$\ln s = \ln K + n \ln e$$

说明幂强化关系在双对数坐标下为一直线,其斜率即为材料的形变强化指数,用一元线性回归对均匀变形阶段的一组数据进行直线拟合,即可求得 n 值。

3. 最大均匀变形与颈缩分析

拉伸实验时,试件处在均匀变形阶段的前提是,材料具有足够的形变强化能力,在最大载荷 $(P = sA)$ 处,有 $\mathrm{d}P = A\mathrm{d}s + s\mathrm{d}A = 0$,即

$$-\frac{\mathrm{d}A}{A} = \frac{\mathrm{d}s}{s}$$

另外,按塑性变形体积不变($\mathrm{d}V = A\mathrm{d}l + l\mathrm{d}A = 0$)的假设可以写出:

$$-\frac{\mathrm{d}A}{A} = \frac{\mathrm{d}l}{l} = \mathrm{d}e$$

结合以上两式,有 $s = \mathrm{d}s/\mathrm{d}e$,代入 Hollomon 公式求导以后的关系式 $\mathrm{d}s/\mathrm{d}e = nKe^{n-1}$ 可得 $e = n$。

这个关系式说明,对于真应力-真应变关系符合 Hollomon 关系的材料,其最大均匀变形在数值上等于形变强化指数。

在颈缩阶段,虽然荷载下降了,但颈缩区的材料仍在继续强化,换而言之,真应力必须不断提高变形才有可能继续增加,颈缩区的形状类似于一个环形的缺口,颈缩区中心材料的横向收缩,受到周围部分的约束,从而产生三向拉应力状态,使得应力提高,颈缩区的应力可采用 Hollomon 公式进行修正:

$$s = \frac{s'}{\left(1 + \dfrac{2R}{a}\right)\ln\left(1 + \dfrac{a}{2R}\right)}$$

式中 $s' = P/\pi a^2$;

   a——颈缩区最小截面的半径;

   R——颈缩区轮廓线的曲率半径,如图 3-18 所示。

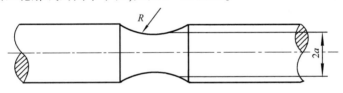

图 3-18 颈缩区轮廓线的图示

(二) 实验方法与步骤

(1)原始尺寸测量。测量试件直径,在标距中央及两条标距线附近各取一截面进行测量,每截面沿互相垂直方向各测一次取平均值,采用三个截面平均值中的最小值。

(2)初始条件设定。包括输入试件尺寸参数,选择合适的变形量程,设定实验速度,设定引伸计摘取时间。

(3)安装试件,安装引伸计。

(4)进行加载实验。注意观察试件,观察曲线与变形显示值。

(5)及时摘取引伸计。引伸计量程有限,应按照计算机提示及时摘取,以免造成损坏,摘取引伸计之前先单击"摘取引伸计"按钮,单击后计算机显示的是载荷位移曲线,试样断裂后自动停止。

(6)保存数据,取下试件,实验结束。

(三) 实验结果与数据处理

(1)在记录曲线的均匀变形阶段按一定的间隔取点,从导出数据表上找到相应的 P 值和 Δl 值,总点数不少于 10 个。

(2)计算各点的 σ、ε、e、s。

(3)在同一坐标纸上画出 σ-ε 和 s-e 曲线。

(4)用一元线性回归公式,求出材料的形变强化指数 n 以及 K ,并给出标准差和相关系数。

四、注意事项

(1)确保引伸计刀口不能随意移动,严格按照试验机操作规程进行实验。
(2)密切注意试件截面变化,观察力与变形曲线。

五、思考题

(1)比较真应力-应变曲线与名义应力-应变曲线;
(2)通过计算验证是否满足颈缩开始条件。

实验 3-8 刚架综合实验

一、实验目的

(1)了解综合实验平台的作用,掌握平台的使用方法。
(2)用电测法测定超静定结构受力时引起的各测点处的线应变(正应力)。
(3)测定超静定结构受力时的线应变(正应力)分布规律。

二、实验仪器

(1)NHLX-GⅡ刚架综合实验装置。
(2)静态数字应变仪、测力仪。
(3)温度补偿块、砝码、导线等。

三、实验内容

(一) 实验原理

刚架综合实验装置如图 3-19 所示,它由支撑刚架、定位板、支座、加载手轮、加载杆等组成。

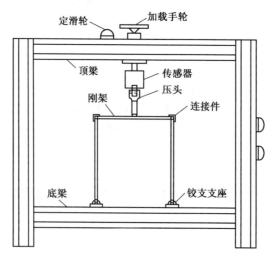

图 3-19 刚架综合实验装置

刚架的材料均为铝合金,其弹性模量 $E = 72$ GPa。通过加载手轮和载荷传感器,可以实现对刚架的拉压加载。

两端简支对称超静定刚架如图 3-20(a)所示,两端固支对称超静定刚架如图 3-20(b)所示它们的截面尺寸如图 3-20(c)所示。实验时,通过加载手轮改变刚架受力,通过载荷传感器可以得到所加的拉压力值。刚架上的应变可以通过粘贴应变片测得,如图 3-21 所示。

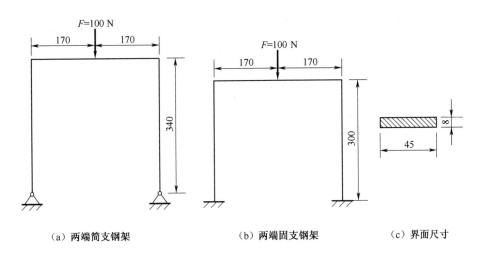

(a) 两端简支钢架　　　　　(b) 两端固支钢架　　　　　(c) 界面尺寸

图 3-20　实验加载示意图

利用结构上载荷的对称或反对称性质,可以使正则方程得到一些简化。由于结构是一次静不定的,所以可以通过能量法得到两端简支对称超静定刚架在垂直集中载荷下的弯矩图(图 3-23)和两端固支对称超静定刚架在垂直集中载荷下的弯矩图(图 3-24)。

根据设计的布片方案在对应位置粘贴应变片,两种刚架的布片图分别如图 3-21 和图 3-22 所示,在 1~13 的位置内外两侧对应位置粘贴应变片,将对应位置的应变片组成桥路,当刚架受载后,可由应变仪测得每组应变片的应变,即得到实测的每个位置的应变状态。

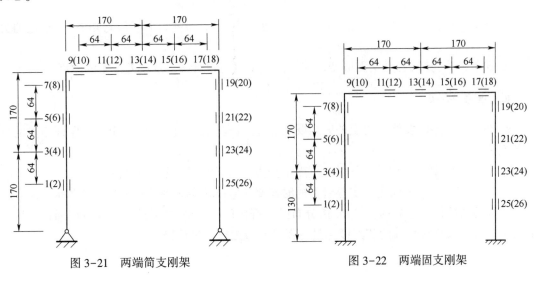

图 3-21　两端简支刚架　　　　　　　　　图 3-22　两端固支刚架

（二）实验方法与步骤

（1）在刚架上选取合适的点位，在内外两侧对应位置贴应变片；

（2）将导线与应变片连接，涂上焊锡；

（3）将对应位置的导线按照双臂半桥接线法连接到应变仪上组成电路；

（4）实验：

a. 取初始载荷 $F_0 = 0$，将应变仪调零；

b. 取 $\Delta F = 100\ \text{N}$，$F_{\max} = 550\ \text{N}$（极限不能超过 600 N），共分 5 次加载，记录下每次加载后各点的读数应变；

（5）对各点的读数进行分析处理，得出结论。

理论计算得到的弯矩图分别为图 2-23 和图 3-24。

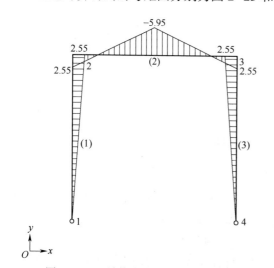

图 3-23　两端简支对称超静定刚架的
理论弯矩分布图

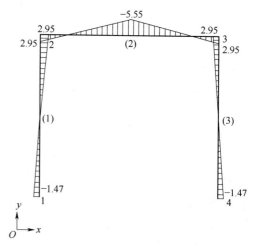

图 3-24　两端固支对称超静定刚架的
理论弯矩分布图

（三）实验结果与数据处理

a. 角点连续性分析：考核角点应变的连续性，并与理论值比较。

b. 弯矩图的分布规律：对各点实测应变值进行线性拟合，并得到各段弯矩图，与理论值分析对比。

c. 误差分析：分析各点实测应变值与理论应变值的相对误差及误差产生的原因。

四、注意事项

a. 在组装刚架时要注意角点的固结要充分，这样得到的实验结果才能尽量保证角点的弯矩值连续。

b. 在加载时要注意加载点尽量在刚架的中点位置，以保证载荷的对称性。

c. 在把刚架用支座固定到实验台上的时候要注意支座的调平，在分级加载之前可以先加一个较大的载荷读一组数据，看应变的分布是否符合理论结果，如果偏差过大可以通过慢慢调节支座的方位或连接角件的装配以尽量使得到的数据符合理论结果。

实验 3-9　不同截面杆件的扭转

工程中许多构件承受扭转变形,如机械工程中各种传动轴、方向盘的操纵杆、弹簧,土木工程的某些梁柱在受非对称惯性力时。为了减轻结构重量,许多杆件还常采用空心薄壁构件,如工字钢、槽钢空心圆钢。

一、实验目的

(1)测定不同截面杆见在扭矩作用下的切应力及扭转角。

(2) 理论计算扭转角,并与相应的实验结果进行比较。

(3)测定切变模量 G。

二、实验仪器

扭转实验装置如图 3-25 所示。它由座体、已粘好应变片的不同截面的杆(此图片为实心圆)、钢索、加载手轮、数字测力仪、静态数字电阻应变仪、磁性表座和百分表等组成。

图 3-25　实心圆截面杆扭转实验装置

三、实验内容

(一)实验原理

实验时,转动加载手轮,加载臂受力(数字测力仪显示的数即为作用在加载臂上的载荷值,记为 F),通过加载臂将力转化为杆所受到的扭矩。此时,杆将产生扭转变形,将应变片受到的应变信号传给静态数字电阻应变仪。

受扭杆件材料均为铝合金,其切变模量为 28.18 GPa。每种形状截面尺寸如图 3-26 所示,受力形式均为不受限制的自由扭转 I—I 截面为被测截面,由材料力学可知,该截面上的内力有扭矩。取 I—I 截面的 2 至 4 个测点,沿特定方向粘贴一枚单向应变片,具体见表 3-7,应变片粘贴方式如图 3-27 所示。

记:加载臂的长度为 L,百分表的测点距管中心轴的垂直距离为 L_V,放置百分表的构架沿管轴向的长度为 L_H,实验前后百分表测点所在位置的挠度变化为 w,扭矩 T 所引起的管中部长 L_H 两端的相对扭转角为 θ。则

$$\theta \approx \tan\theta = \frac{w}{L_V}$$

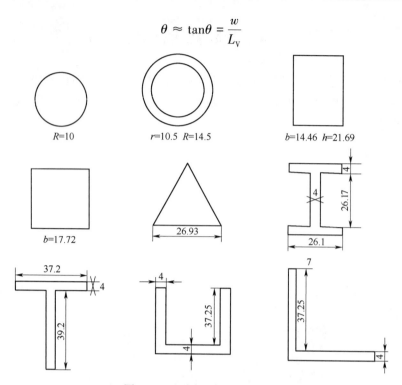

图 3-26　不同形式的截面尺寸

表 3-7　应变片粘贴位置及方向

$G = 29.34 \text{ GPa}, L = 20.0 \text{ cm}, L_V = L_H = 12.0 \text{ cm}$

序号	截面形状	尺寸	应变片布设	应变片组桥方式
1	实心圆截面	$D = 20.00 \text{ mm}$,	上、下、左、右四个被测点,各点按 $+45°$、$+45°$、$-45°$、$-45°$ 方向粘贴	全桥
2	空心薄壁圆环	$D = 29.0 \text{ mm}$, $d = 21.0 \text{ mm}$,		全桥
3	矩形截面	$b = 14.46 \text{ mm}$, $h = 21.69 \text{ mm}$	上、下、左、右四个被测点,每一处按 $45°$ 或 $-45°$ 方向粘贴一枚单向应变片,	上下、左右分别组成双臂半桥
4	正方形截面	$b = 17.72 \text{ mm}$	上、下、左、右四个被测点,每一处按 $-45°$、$45°$、$45°$、$-45°$ 方向粘贴一枚单向应变片	上下、左右分别组成双臂半桥
5	等边三角形	$b = 26.93$	上、左、右面三个被测点,分别按 $-45°$、$45°$ 方向粘贴一枚单向应变片	左右组成双臂半桥
6	工字型	$b = 26.1 \text{ mm}$, $h = 26.1 \text{ mm}$ $\delta = 4.0 \text{ mm}$	分别取截面上的上下面和前后面的两个被测点,分别按 $-45°$、$45°$ 方向粘贴一枚单向应变片 上、下面组成双臂半桥,B——前、后面组成双臂半桥	上下、前后分别组成双臂半桥

续表

序号	截面形状	尺寸	应变片布设	应变片组桥方式
7	T 字型	$b=37.2$ mm, $h=39.2$ mm $\delta=4.0$ mm	取上、左、右面上的三个被测点,分别按$-45°$、$45°$方向粘贴一枚单向应变前、后被测点的应变片	前后组成双臂半桥
8	槽型	$b=37.2$ mm, $h=37.25$ mm $\delta=4.0$ mm	取上、下、前、后面上的四个被测点,分别按$-45°$、$45°$方向粘贴一枚单向应变前、后被测点的应变片	上下、前后分别组成双臂半桥
9	L 型	$b=37.25$ mm, $h=37.25$ mm $\delta=4.0$ mm	取截面上的两个被测点,分别按$-45°$、$45°$方向粘贴一枚单向应变片上面、后面被测点	上、侧边组成双臂半桥

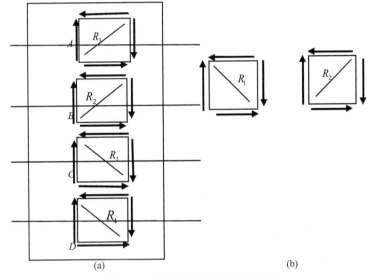

图 3-27　不同形状截面杆展开图

(a)对应四个应变片的情况　(b)对应两个应变片情况

(二)实验方法与步骤

1. 扭矩 T 所引起的 $-45°$ 方向的线应变的测定

a. 四个被测点时,杆件受扭转作用,其表面任意点处的应力状态与悬臂梁受横力弯曲时轴线上某点处的应力状态相同(即纯剪切状态)。将四个被测点的应变片组成如图 3-28(a)所示的全桥线路,可测得扭矩 T 所引起的应变为

$$\varepsilon_1 = \varepsilon_T + \varepsilon_t, \quad \varepsilon_2 = -\varepsilon_T + \varepsilon_t, \quad \varepsilon_3 = -\varepsilon_T + \varepsilon_t, \quad \varepsilon_4 = \varepsilon_T + \varepsilon_t$$

读数应变:$\varepsilon_d = \varepsilon_1 - \varepsilon_2 - \varepsilon_3 + \varepsilon_4 = 4\varepsilon_T$

得圆轴表面与轴线成$-45°$方向的线应变为

$$\varepsilon_T = \frac{\varepsilon_d}{4}$$

b. 两个被测点时,用两个被测点的应变片组成如图 3-28(b)所示的双臂半桥线路,可测得扭矩 T 所引起的应变为

$$\varepsilon_1 = \varepsilon_T + \varepsilon_t, \quad \varepsilon_2 = -\varepsilon_T + \varepsilon_t$$

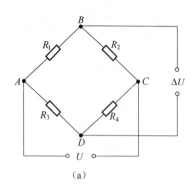 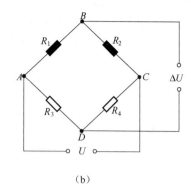

图 3-28 测量电路

(a)四个应变片组成全桥   (b)两个应变片组成双臂半桥

读数应变：$\varepsilon_d = \varepsilon_1 - \varepsilon_2 = 2\varepsilon_T$

得杆表面与轴线成 45°方向的线应变为

$$\varepsilon_T = \frac{\varepsilon_d}{2}$$

因为 45°方向的 σ_1、σ_3 大小分别为 τ、$-\tau$，所以由广义胡克定律可得

$$\varepsilon_T = \frac{1}{E}[\sigma_1 - \mu\sigma_3] = \frac{1+\mu}{E}\tau$$

得扭矩 T 引起的切应力为

$$\tau = G\varepsilon_d$$

同理，将 R_3、R_4 组成双臂半桥线路，同时测得另一组数据，通过比较从而得到矩形截面的最大切应力及位置。

2. 扭矩 T 所引起的扭转角的测定

扭矩 T 所引起的杆中部长 L_H 两端的相对扭转角为

$$\theta \approx \tan\theta = \frac{w}{L_V}$$

3. 实心圆截面杆情况下，求切变模量 G

(1)切应力

$$\tau = \frac{T}{W_t} = \frac{16F \cdot L}{\pi D^3}$$

(2)切应变

$$\varepsilon_\alpha = \frac{\varepsilon_x + \varepsilon_y}{2} + \frac{\varepsilon_x - \varepsilon_y}{2}\cos 2\alpha - \frac{\gamma_{xy}}{2}\sin 2\alpha$$

纯剪切情况下，有

$$\varepsilon_x = \varepsilon_y = 0$$

进而得

$$\varepsilon_{-45°} = -\frac{\gamma_{xy}}{2}\sin[2 \times (-45°)] = \frac{\gamma_{xy}}{2}$$

即

$$\varepsilon_T = \frac{\varepsilon_\rho}{2}$$

因此

$$\varepsilon_\rho = 2\varepsilon_T = 2 \times \frac{\varepsilon_d}{4} = \frac{\varepsilon_d}{2}$$

(3)切变模量 G

$$G = \frac{\tau}{\varepsilon_\rho} = \frac{\tau}{\dfrac{\varepsilon_d}{2}} = \frac{2\tau}{\varepsilon_d}$$

(三)实验步骤

(1)检查实验装置,将实验装置接通电源;

(2)将矩形截面杆上连接 A、B 两点应变片的导线按双臂半桥测量方法接到应变仪测量通道上;

(3)逆时针旋转手轮,预加 30 N 初始载荷,将应变仪对应测量通道置零;

(4)分级加载,每级 20 N,加至 130 N,记录各级载荷作用下的应变仪读数及百分表读数;

(5)卸尽载荷;

(6)如需要,将另外 C、D 点应变片接成双臂半桥,重复第 2 步到第 5 步。

(四)实验结果与数据处理

(1)已知数据: $G = 29.34$ GPa, $L = 20.0$ cm, $L_V = L_H = 12.0$ cm。

(2)实验数据见表 3-8,理论结果与实验结果的对比分析数据见表 3-9。

表 3-8　实验数据

截面形状		组桥方式			
载荷		应变		百分表读数	
$F(\text{N})$	$\Delta F(\text{N})$	$\varepsilon_d(\mu\varepsilon)$	$\Delta\varepsilon_d(\mu\varepsilon)$	$w(\text{mm})$	$\Delta w(\text{mm})$
$\Delta F_{均}(\text{N})$		$\Delta\varepsilon_{d均}(\mu\varepsilon)$		$\Delta w_{均}(\text{mm})$	

表 3-9　理论结果与实验结果对比分析

截面形状		理论结果	实验结果	相对误差(%)
切应力(MPa)	$\Delta\tau_h$			
	$\Delta\tau_v$			
扭转角	$\Delta\theta_h$			
$(10^{-3}\ \text{rad})$	$\Delta\theta_v$			

四、注意事项

(1)严格按照试验机、应变仪操作规程进行实验。

(2)实验过程中,转动加载手轮要均匀、平稳、缓慢。

五、思考题

(1)当圆环截面试件为开口时,确定其载荷-应力关系,计算与对应闭合截面的最大应力比。

(2)根据实验结果,说明上述等截面面积各个试件的承载能力,试排定顺序。

第三部分

振动实验(自主性实验)

第四章　自主性实验一

实验 4-1　简谐振动幅值与频率的测量

一、实验目的

(1)了解简单振动测试系统的组成。
(2)掌握激振器、加速度传感器、电荷放大器等常用仪器的使用方法。
(3)掌握测试简谐振动系统振幅及振动频率的基本方法。

二、实验仪器

XH1008 型振动综合教学试验台。

三、实验内容

(一)实验原理

XH1008 型振动综合教学试验台由激振系统(信号发生器、功率放大器、激振器)、测试系统(电荷放大器、数据采集仪)和分析系统(信号分析软件)组成。激振系统是激发被测结构或机械的振动。测试系统是将振动量加以转换、放大、显示或记录。分析系统是将测得的结果加以处理,根据研究的目的求得各种曲线和振动参数。

本次实验采用简支梁承受周期循环外载的强迫振动,在时域上采集到波形信号,通过快速傅里叶变换算法(FFT),转换为频域上的频谱,从而在频谱中测得振动的幅值和频率。

(二)实验方法与步骤

(1)正确连接激振器、加速度传感器、采集仪等输入输出接口,如图 4-1 所示。需要注意的是,加速度传感器为磁吸固定,放置时,要倾斜一定角度缓慢地将磁性底座吸附于简支梁上,不可瞬间垂直吸附,否则额外的冲击会造成仪器设备的使用寿命减小。

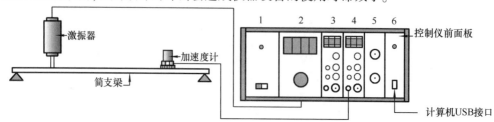

图 4-1　实验设备连接及原理图

1—电源(220 V);2—功率放大器;3—电荷放大器 1;4—电荷放大器 2;5—应变仪(选配);6—数据采集仪。

（2）将采集仪前面板功率放大器调节旋钮逆时针旋到最小；在接电荷传感器时，一定把输入选择开关拨向"电压"端，以防电荷变换击穿。接好电荷传感器后，把输入选择开关拨向"电荷"端，预热 5 min 后开始正常测试，如图 4-2 所示。

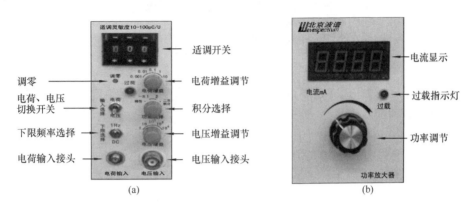

图 4-2　电荷放大器和功率放大器

（3）启动计算机桌面上的 Vib'EDU 程序（见图 4-3），单击"实验 5.2　简谐振动幅值与频率的测量"按钮，进入实验项目。

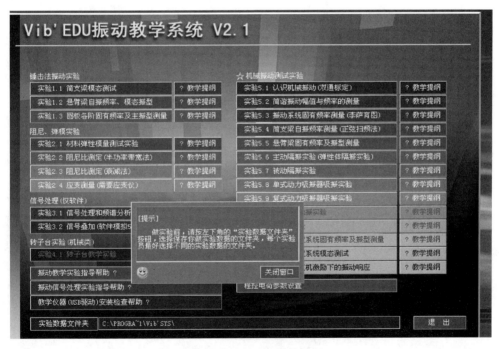

图 4-3　Vib'EDU 软件界面

（4）利用"程控信号发生器（信号源）"对话框调节控制输出的频率。单击"开始测试"按钮▷，如图 4-4 所示。

（5）顺时针旋转"功率调节"旋钮，观察电流显示表指示，调节到适当的电流，注意过载指示灯亮，如图 4-2(b) 所示。

（6）逐渐增大其输出功率直至从数据采集软件的显示窗口能观察到光滑的正弦波。若功率放大器输出功率已较大仍得不到光滑的正弦波，应改变信号发生器的频率。

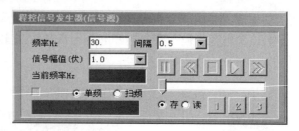

图 4-4　程控信号发生器界面

　　需要注意的是,采样通道一定要设置到 16 通道(加速度传感器的信号采集通道);加大采样频率可以使幅频曲线更加密集,数据误差更小。

　　(7)用数据采集软件采集 10 个周期正弦波。

　　(8)把在时域采集的信号转换为频域内,在频响曲线上标出每个谱线的幅值和频率,如图 4-5 所示。

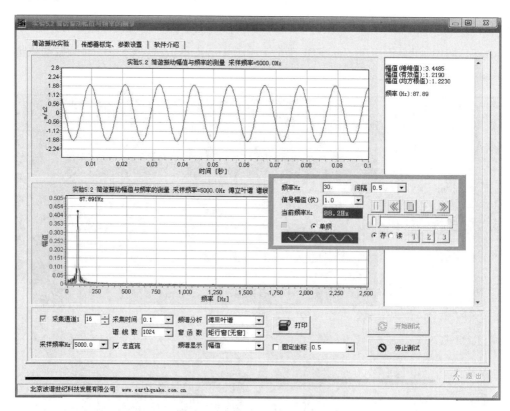

图 4-5　实验进行时的软件界面

四、注意事项

　　(1)严格按照振动综合试验台操作规程进行实验。

　　(2)实验过程中,正确设置设备各项参数。

五、思考题

　　(1)简谐振动和一般振动有哪些不同?

（2）从软件界面上观察到的是什么量的幅值、频率？

（3）借助于本套实验仪器还可以进行哪些振动实验？

实验 4-2　简支梁固有频率测量

一、实验目的

（1）进一步了解简单振动测试系统使用方法。

（2）以简支梁为例，了解和掌握如何由幅频特性曲线得到系统的固有频率。

二、实验仪器

XH1008 型振动综合教学试验台。

三、实验内容

（一）实验原理

简支梁系统在周期干扰力作用下，以干扰力的频率作受迫振动。振幅随着振动频率的改变而变化。由此，通过改变干扰力（激振力）的频率，以频率为横坐标，以振幅为纵坐标，得到的曲线即为幅频特性曲线，测试框图如图 4-1 所示。

（二）实验方法与步骤

（1）同第四章实验一的步骤（1）。

（2）同第四章实验一的步骤（2）。

（3）启动计算机桌面上的 Vib'EDU 软件，单击"实验 5.4　简支梁自振频率测量（正弦扫频法）"按钮，进入实验项目（图 4-3）。

（4）用程控信号发生器调节控制输出的频率。选择扫频，而不是单频，扫频范围为 20～1 000 Hz，扫频间隔频率可选择 2 Hz；单击"开始测试"按钮▷。需要注意的是，采样通道一定要设置到 16 通道（加速度传感器的信号采集通道）；加大采样频率可以使幅频曲线更加密集，数据误差更小。

（5）顺时针旋转"功率调节"旋钮，观察电流显示表指示，调节到适当的电流，逐渐增大其输出功率直至从数据采集软件的显示窗口能观察到光滑的正弦波，注意过载指示灯亮。观察简支梁的振动情况，若振动过大则减小功率放大器的输出功率。

（6）保持功率放大器的输出功率恒定，用软件采集扫频加速度响应，软件能自动记录梁的频响曲线，如图 4-6 所示。

（7）单击曲线的共振峰，程序能显示出曲线对应点的频率值；右击，软件能弹出"图形复制到剪切板"菜单，按这个菜单可把曲线剪切到 Windows 的剪切板内，这样可把曲线粘贴到其他软件内（如 Word 等），用于编写实验报告。

本试验的另一种做法是李萨育图形法，在步骤（3）中单击"实验 5.3　振动系统固有频率测量（李萨育图形法）"按钮即可进行。

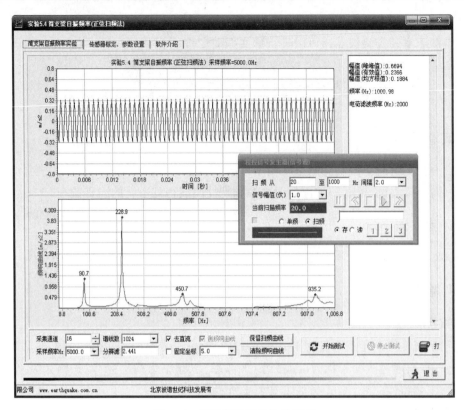

图 4-6　实验完毕后的软件界面

四、注意事项

(1) 严格按照振动综合试验台的操作规程进行实验。

(2) 安放传感器时,保证其缓慢的接触。

(3) 在实验过程中,尽量不人为触动振动试验台,减小外界干扰。

五、思考题

(1) 什么是共振? 什么是共振发生的条件?

(2) 简支梁有多少固有频率?

实验 4-3　油阻尼减振器实验

一、实验目的

(1) 建立阻尼减振的概念,了解阻尼器对结构自振频率的影响。

(2) 掌握油阻尼减振器的性能、应用及其安装调整方法,验证阻尼减振理论。

二、实验仪器

XH1008 型振动综合教学试验台、油阻尼减振器。

三、实验内容

(一) 实验原理

机械系统中,结构的自振频率与结构本身和支撑结构有关,增加阻尼器能改变系统的自振频率,起到减振效果。

所谓减振就是设法消耗系统的振动能量,阻尼减振器是利用阻尼材料来消耗振动能量,实现减振,油阻尼减振器是靠流体的粘性阻尼来消耗振动能量实现减振。油阻尼减振器的结构及原理:油缸中装入润滑或硅油,用固定杆固定到梁上,利用调整油缸体内的活塞的高度来实现阻尼作用,如图4-7所示。阻尼器本身也有工作频率范围,在工作范围内系统的自振频率会降低,振动幅值也会降低,而在阻尼工作范围以外,阻尼器可能产生共振现象,在该范围内阻尼器就不能起作用了。当油缸产生高频振动时,油也不起作用了。

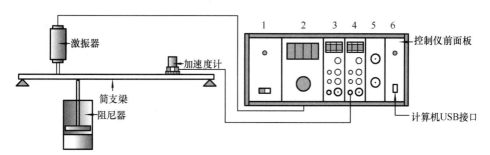

图4-7　阻尼减振实验设备连接和实验原理图
1—电源(220 V);2—功率放大器;3—电荷放大器1;
4—电荷放大器2;5—应变仪(选配);6—数据采集仪。

(二) 实验方法与步骤

按照实验4-2的实验方法和步骤进行步骤(1)~(7),然后单击"保留频响曲线"按钮,保留频响曲线。

最后将油阻尼器安装到梁上(旋紧油阻尼器上的蝶形扣,保证传感器、激振器的位置和设置不变),重复上次相同的扫频过程,从曲线图观察,油阻尼器对简支梁的各阶固有频率的影响。得到的两种情况对比大致如图4-8所示。

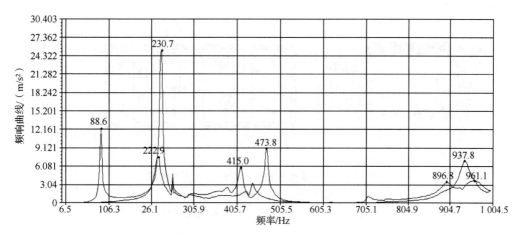

图4-8　油阻尼和无阻尼情况下简支梁的固有频率和幅值比较

四、注意事项

(1)严格按照振动综合试验台操作规程进行实验。
(2)确保正确安装油阻尼减振器。
(3)在实验过程中,尽量不人为触动振动试验台,减小外界干扰。

五、思考题

(1)油阻尼减振的原理是什么?
(2)除油阻尼之外还有什么办法能达到减振目的?
(3)在结构上加装油阻尼器后对其固有频率和振幅有哪些影响?

实验4-4　主动隔振实验

一、实验目的

了解机械振动系统中主动隔振的基本原理。

二、实验仪器

(1)XH1008 型振动综合教学试验台。
(2)主动隔振器。

三、实验内容

(一)实验原理

生产实践中,机器设备运转时经常发生剧烈振动,此类振动不但引起机器本身结构或部件损坏,降低使用寿命,而且也会影响周围精密仪器设备的正常工作。如果将其与地基或机座隔离开来,以减少它对周围的影响,则称主动隔振,通常采用增加弹性介质缓冲的办法来达到隔振目的,如图4-9所示。在电动机的机座下装置弹性减振器以隔离地基。

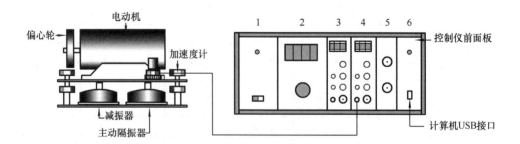

图 4-9　主动隔振实验设备连接和实验原理图
1—电源(220 V);2—功率放大器;3—电荷放大器 1;
4—电荷放大器 2;5—应变仪(选配);6—数据采集仪。

(二)实验方法与步骤

(1)按示图 4-9 连接好实验主动隔振器、传感器和实验仪器。

(2)先把主动隔振器四角上的固定螺母松开,使电动机处于四个减振器的减振状态。把传感器安放到电动机平台上。

(3)启动计算机桌面上的 Vib' EDU 软件,单击"实验 5.6 主动隔振实验(弹性体隔振实验)"按钮,进入实验项目,如图 4-3 所示。

(4)打开偏心电动机电源,调节电压挡位至屏幕上出现平稳光滑的振动曲线为止,用软件测量振动的加速度有效值 A_1,如图 4-10 所示。

(5)再把主动隔振器四角上的固定螺母拧紧,使电动机处于无减振状态。把传感器安放到基础机座上,用软件测量振动的加速度有效值 A_2。

(6)用 A_1 和 A_2 计算减振系数。

操作时需要注意以下两点:

(1)主动隔振器的电机配有偏心旋转轮,实验前要仔细检查偏心旋转轮是否固定好,避免高速旋转时飞出。

(2)电动机转速调节器供电电压是 220 V,输出电压能调节到 280 V,实验时切不要接触电源,避免触电。

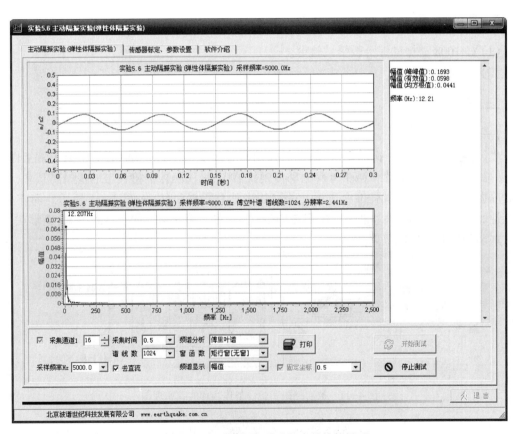

图 4-10 主动隔振实验进行中的软件界面

四、注意事项

(1)严格按照振动综合试验台操作规程进行实验。
(2)确保正确安装主动隔振器,注意偏心旋转轮的固定。
(3)在实验过程中尽量不人为触动振动试验台,以减小外界干扰。

五、思考题

(1)主动隔振原理是什么?
(2)工程上主动隔振有哪些应用?
(3)主动隔振对哪些频率振动能起到隔振作用?

实验 4-5　被动隔振实验

一、实验目的

了解机械振动系统中被动隔振的基本原理。

二、实验仪器

(1)XH1008 型振动综合教学试验台。
(2)被动隔振器。

三、实验内容

(一)实验原理

生产实践中,有时由于机座或者地基的振动而导致置于其上的精密仪器不能正常工作,此时,振源来自地基运动,为了减少外界振动传到仪器中,采用隔振器将其与地基隔离开来,称为被动隔振。通常采用增加弹性介质缓冲的办法来达到隔振目的,如图 4-11 所示。简支梁在周期性的激振力作用下发生振动,为了减少激振力对置于简支梁上的仪器的影响,通常在仪器下方加装弹性减振器以隔离振动。

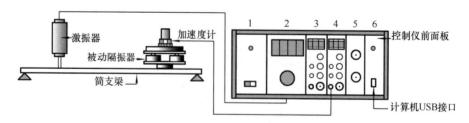

图 4-11　被动隔振实验设备连接和实验原理图
1—电源(220 V);2—功率放大器;3—电荷放大器 1;
4—电荷放大器 2;5—应变仪(选配);6—数据采集仪。

(二)实验方法和步骤

(1)按图 4-11 连接传感器、仪器和实验装置。

（2）调整程控信号源，给出正弦波，选用扫频方式，扫频范围为 20~1 000 Hz，扫频间隔频率可选择 2 Hz。

（3）由小到大调整功率放大器输出电流，一般在 100 mA 左右。

（4）先把加速度传感器安放到隔振器上，用软件采集扫频加速度响应，自动记录梁的频响曲线，单击"保留频响曲线"按钮，保留频响曲线。

（5）再把加速度传感器安放到梁上（在隔振器的下面），重复测量频响曲线，显示出两条频响曲线，比较隔振效果。

（6）单击曲线的共振峰，程序能显示出曲线对应点的频率值；右击，软件能弹出"图形复制到剪切板"菜单，按这个菜单可把曲线剪切到 Windows 的剪切板内，这样可把曲线粘贴到其他软件内（如 Word 等），用于编写实验报告。

四、注意事项

（1）严格按照振动综合试验台操作规程进行实验。

（2）正确安装被动隔振器。

（3）在实验过程中，尽量不人为触动振动试验台，以减小外界干扰。

五、思考题

（1）被动隔振对哪些频率振动能起到隔振作用？

（2）工程上被动隔振有哪些应用？

实验4-6　多自由度系统固有频率及振型测量

一、实验目的

了解振型的概念，观察多自由度系统的各阶振型。

二、实验仪器

（1）XH1008 型振动综合教学试验台。

（2）非接触激振器。

三、实验内容

（一）实验原理

振动系统的固有频率阶数与其自由度数是对应的。调整程控信号源的正弦波的频率，信号经功率放大器放大后推动非接触激振器，在非接触激振器的前端产生交变磁场，该磁场作用到钢弦上的振块上（金属），使钢弦产生振动，调整正弦波的频率使钢弦产生一阶、二阶和三阶振动。

（二）实验方法与步骤

（1）按图 4-12 所示方法连接传感器、仪器和实验装置。与前面实验不同，本次实验中使用的是非接触式激振器，因此在连接线路时要用非接触式激振器的接线端代替接触式激振器的接线端插入相应插孔。

（2）打开程控信号发生器并调整信号源的单频正弦波的频率。

（3）调整功率放大器的输出电流,使钢弦振动明显,一般调到 100 mA 即可。

（4）手动改变程控信号源的频率,将信号发生器输出频率由低向高逐步调节,观察简钢弦的振动情况,若振动过大则减小功率放大器的输出功率。直至观察到钢弦出现一阶、二阶和三阶自振现象,如图 4-13 所示。钢弦的一阶、二阶、三阶自振频率都在 65 Hz 以内。

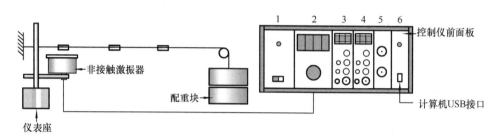

图 4-12　多自由度系统固有频率和振型测量的实验设备连接和实验原理图

1—电源（220 V）;2—功率放大器;3—电荷放大器 1;

4—电荷放大器 2;5—应变仪（选配）;6—数据采集仪。

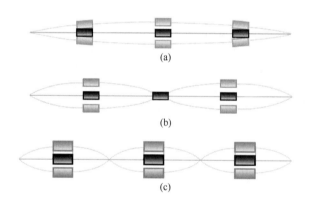

图 4-13　多自由度钢弦的前三阶振型

（5）保持功率放大器的输出功率恒定,将信号发生器的频率重新由低向高逐步调节,记录调整频率的变化情况,采集各个调整频率下响应信号振动幅值对应的电压数据。

钢弦拉力计算公式:

$$T = \frac{4ml^2 f_n^2}{n^2}$$

式中　f_n——钢弦第 n 阶固有振动频率;

　　　m——钢弦的单位长度质量;

　　　l——钢弦的长度。

四、注意事项

（1）严格按照振动综合试验台操作规程进行实验。

（2）正确安装非接触式隔振器。

（3）在实验过程中尽量不人为触动振动试验台，以减小外界干扰。

五、思考题

（1）两自由度系统有几阶固有频率？有几阶振型？

（2）本实验中钢弦的前三阶振型有什么特点？

（3）设想如何可以测得简支梁的振型？

第四部分

数值模拟实验(自主性实验)

第五章　自主性实验二

一、程序介绍

理论力学问题求解器是上海交通大学洪嘉振教授组织开发的软件,可以用计算机解决理论力学相关问题,特别是弥补了通常理论力学解题方法缺乏过程分析的不足,可用计算机数值模拟运动过程。

二、基本操作

该软件包含"运动学分析""动力学分析""静力学分析"三大模块,每一模块的用户界面为一可视图板,理论力学问题的力学模型以图形的形式定义在图板上。图板上的横向为 x 轴,向右为正;纵向为 y 轴,向上为正。图板上方为类似于 Windows 的常规菜单条与常用命令的工具条。求解器主菜单有"文件""图形操作""系统参数""仿真计算"与"帮助"等,具体操作方法将在下面实例中讲解。

三、实例示范

示例一:曲柄滑块机构的运动学分析,如图 5-1 所示。

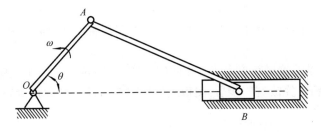

图 5-1　曲柄滑块机构

已知曲柄长 2 m,连杆长 4 m。初始时机构的曲柄与水平线夹角 θ 为 45°,曲柄的角速度为 2π rad/s。求 $t \in [0,2]$ s 的运动过程。

求解过程:

第一步:定义惯性基的原点。

启动"运动学分析"程序。选择"图形操作"命令,在弹出的"原点定义"对话框中输入原点坐标值 $a=200$,$b=200$,该坐标是相对于屏幕左上角而言的。

第二步:视图区的修改。

单击"图形操作"按钮,可以选择图形单位、定义图幅大小、控制图形比例。这一步采用默认值即可。

第三步:定义物体与支座。按照如下的次序定义物体与支座。

(1)定义第一个支座(支点),其中 $a_1 = a_2 = b_1 = b_2 = 20$,$x = y = \varphi = 0$。

(2)定义第一个物体(曲柄),其中 $a_1 = 0$,$a_2 = 200$,$b_1 = b_2 = 10$,$x = y = 0$,$\varphi = 45°$。

(3)定义第二个物体(连杆),其中 $a_1 = 0$,$a_2 = 400$,$b_1 = b_2 = 10$,$x = y = 141.42$,$\varphi = -20.705\,2°$。

(4)定义第三个物体(滑块),其中 $a_1 = a_2 = b_1 = b_2 = 15$,$x = 515.583$,$y = 0$,$\varphi = 0$。

(5)定义另一个支座(下气缸壁),其中 $a_1 = 330$,$a_2 = 100$,$b_1 = 0$,$b_2 = 5$,$x = 515.583$,$y = -15$,$\varphi = 0$。

(6)定义另一个支座(上气缸壁),其中 $a_1 = 330$,$a_2 = 100$,$b_1 = 5$,$b_2 = 0$,$x = 515.583$,$y = 15$,$\varphi = 0$。

(7)定义另一个支座(右气缸壁),其中 $a_1 = 0$,$a_2 = 5$,$b_1 = b_2 = 20$,$x = 615.583$,$y = 0$,$\varphi = 0$。

以上步骤中物体编号均采用程序默认值,即曲柄、连杆与滑块的编号分别为1、2与3。所有支座的编号为4。

第四步:定义铰。本例中有两种铰,滑移铰约束和旋转铰约束。

(1)定义一个旋转铰,铰号输入1。参考点在支座4上的连体基坐标值 $a = 0$,$b = 0$;在物体1上的连体基坐标值为 $a = 0$,$b = 0$。

具体操作:在"系统参数"中选定"旋转铰"后,选择"支座"选项,弹出对话框,输入数据后单击"确定"按钮;再单击"物体1"按钮,又出现对话框,输入数据后单击"确定"按钮。注意两次输入时铰号应相同。

(2)定义一个旋转铰,铰号输入2。参考点在物体1上的连体基坐标值 $a = 200$,$b = 0$;在物体2上的连体基坐标值为 $a = 0$,$b = 0$。

(3)定义一个旋转铰,铰号输入3。参考点在物体2上的连体基坐标 $a = 400$,$b = 0$;在物体3上的连体基坐标值为 $a = 0$,$b = 0$。

(4)定义一个滑移铰,铰号输入4。有两个参考点,在物体3上的参考点在其连体基坐标值 $a = 0$,$b = 0$,滑移的方向 $\theta = 0$;在支座4上的参考点在其连体基坐标值为 $a = 0$,$b = 15$,滑移的方向 $\theta = 0$。

需要注意的是,虽然这里有多个编号相同的支座,但在定义作用于支座上的滑移铰时,单击"第一个支座"按钮。完成这一步后,图板上呈现图5-2所示的曲柄滑块机构系统构形。

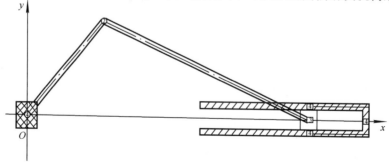

图5-2 曲柄滑块机构的系统构形

第五步:自由度分析和初始条件输入。

选择"仿真计算"菜单中的"自由度分析"命令,将弹出消息框告知系统自由度,单击"确认"按钮后将弹出"初始条件"对话框。考虑到曲柄的驱动规律为 $2\pi t$,这时需要输入的参数为选择绝对驱动,物体号为 1 号物体,作用规律的五个参数框内依次输入 45,6.283 ,0,0,0。

第六步:计算。

选择"仿真计算"菜单中的"参数设定"命令,在计算的"结束时间"文本框中输入2,其余可采用默认值。

选择"仿真计算"菜单中的"计算"命令,即自动进行计算。

第七步:结果输出。

选择"仿真计算"菜单中的"动画仿真""运动数据表格"或"运动数据曲线"等命令,可以以各种形式查看计算结果。

示例二:双摆杆的动力学分析。

图 5-3 所示为两摆杆,杆长均为 2 m,质量 1 kg,转动惯量为 1 kg·m²。设该机构的初始位置为 $\theta_1 = 30°$,$\theta_2 = 45°$。初始角速度均为 0,在重力下运动。求 $t \in [0,2]$ s的运动过程。

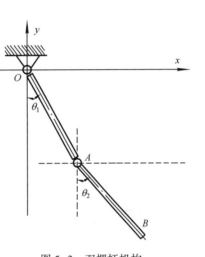

图 5-3　双摆杆机构

求解过程:

第一步:定义惯性基的原点。

启动"动力学分析"程序。选择"图形操作"命令,在弹出的"原点定义"对话框中输入原点坐标值 $a = 200$,$b = 200$,这个坐标是相对于屏幕左上角而言的。

第二步:视图区的修改。

单击"图形操作"按钮,可以选择图形单位、定义图幅大小、控制图形比例。这一步采用默认值即可。

第三步:定义物体与支座。按照如下的次序定义物体与支座:

(1)定义第一个支座(支点),其中 $a_1 = a_2 = b_1 = b_2 = 20$,$x = y = \varphi = 0$。

(2)定义第一个物体(摆杆 1),其中质量为 1 kg,转动惯量为 1,$a_1 = a_2 = 100$,$b_1 = b_2 = 10$,$x = 50$,$y = -86.6$,$\varphi = -60°$。

(3)定义第二个物体(摆杆 2),其中质量为 1 kg,转动惯量为 1,$a_1 = a_2 = 100$,$b_1 = b_2 = 10$,$x = 171$,$y = -244$,$\varphi = -45°$。

以上步骤中物体编号均采用程序默认值,即摆杆 1 与摆杆 2 的编号分别为 1 与 2。支座的编号为 3。

第四步:定义铰。本例中有两个旋转铰约束。

(1)定义一个旋转铰,铰号输入 1,参考点在支座 3 上的连体基坐标值为 $a = 0$,$b = 0$。在物体 1 上的连体基坐标值为 $a = -100$,$b = 0$。

(2)定义一个旋转铰,铰号输入 2,参考点在物体 1 上的连体基坐标值为 $a = 100$,$b = 0$。在物体 2 上的连体基坐标值为 $a = -100$,$b = 0$。

完成这一步后,图板上呈现图 5-4 所示的系统构形。

第五步：定义外载。

选择"系统参数"菜单中的"外载"命令，在弹出的子菜单中选择"重力"选项，将弹出"重力加速度参数"对话框，重力加速度的默认值方向为-90°，大小为9.8 m/s²。本例中只须采用默认值即可。

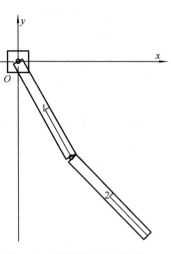

图5-4　双摆杆系统构形图

第六步：自由度分析和初始条件输入。

单击"仿真计算"菜单中的"自由度分析项"按钮，将弹出消息框告知系统自由度为2，单击"确认"按钮后将弹出"初始条件"对话框。考虑到系统以上述形位，从静止开始运动。这时需要输入的参数：对于物体1，下拉框取φ，初始角度为-60°，初始角速度为0；对于物体2，下拉框取φ，初始角度为-45°，初始角速度为0。

第七步：计算。

选择"仿真计算"菜单中的"参数设定项"按钮，在计算的结束时间栏中输入2，其余可采用默认值。

单击"仿真计算"菜单中的"计算项"按钮，即自动进行计算。

第八步：结果输出。

单击"仿真计算"菜单中的"动画仿真""运动数据表格"或"运动数据曲线"等按钮，可以以各种形式查看计算结果。单击"仿真计算"菜单中的"理想约束力数据表格"或"理想约束力数据曲线"按钮，可以查看理想约束力的计算结果。

示例三：吊灯的静平衡分析。

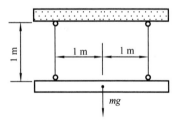

图5-5　吊灯图示

吊灯的质量为10 kg，转动惯量为1 kg·m²。由两系绳挂起，尺寸如图5-5所示。考虑系绳的弹性，此处作为弹簧处理。令其原长均为1 m，左绳刚度为500 N/m，右绳刚度为400 N/m。现初始位形如图5-5所示，求吊灯在重力作用下的平衡位置。

求解过程：

第一步：启动"静力学分析"程序。选择"图形操作"命令，在弹出的"原点定义"对话框中输入原点坐标值为$a=200$，$b=200$，这个坐标是相对于屏幕左上角而言的。

第二步：视图区的修改。

单击"图形操作"按钮，可以选择图形单位、定义图幅大小、控制图形比例。这一步采用默认值即可。

第三步：定义物体与支座。按照如下的次序定义物体与支座：

(1)定义一个支座(屋顶)，其中$a_1=a_2=100$，$b_1=b_2=20$，$x=y=\varphi=0$。

(2)定义一个物体(吊灯)，其中质量为10，转动惯量为1，$a_1=a_2=100$，$b_1=b_2=10$，$x=0$，$y=-100$，$\varphi=0$。

以上步骤中物体编号均采用程序默认值，即吊灯编号为1，支座的编号为2。

第四步：定义铰。本例没有铰，该步可跳过。

第五步:定义力元与外载。

(1)单击"系统参数"菜单力元中"弹簧项"按钮,再选择绘图板区域中的"支座"选项,在弹出的"弹簧参数"对话框中输入:内接物体2,弹簧接点在内接物体上的位置 $a=-100,b=0$;外接物体1,弹簧接点在外接物体上的位置 $a=-100,b=0$;弹簧原长为100。弹簧特性为线弹簧,刚度系数为500,故 $k_1=500,k_2=k_3=0$。

(2)单击"系统参数"菜单中"弹簧项"按钮,再选择绘图板区域中的"支座"选项,在弹出的"弹簧参数"对话框中输入:内接物体2,弹簧接点在内接物体上的位置 $a=100,b=0$;外接物体1,弹簧接点在外接物体上的位置 $a=100,b=0$;弹簧原长为100。弹簧特性为线弹簧,刚度系数为500,故 $k_1=400,k_2=k_3=0$。

(3)单击"系统参数"菜单中的"外载项"按钮,在弹出的子菜单中选择"重力"选项,重力加速度的默认值方向为 $-90°$,大小为 9.8 m/s^2。本例中只须采用默认值即可。到这一步,图板上呈现图5-6所示的系统构形。

第六步:自由度分析和初始条件输入。

单击"仿真计算"菜单中的"自由度分析项"按钮,将弹出消息框告知系统自由度为3,单击"确认"按钮后将弹出初始条件对话框。考虑到系统以上述形位,从静止开始运动。这时需要输入的参数有:对于物体1,下拉框取 x,初始位置 $x=0$,初始 x 方向速度为0;下拉框取 y,初始位置 $y=-100$,初始 y 方向速度为0;下拉框取 φ,初始姿态 $\varphi=0$,初始角速度为0。

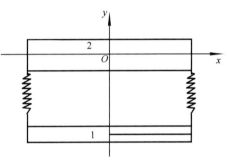

图5-6　系统构形图

第七步:计算。

单击"仿真计算"菜单中的"参数设定项"按钮,本例采用默认值。

单击"仿真计算"菜单中的"平衡位置分析项"按钮,即可进行计算。

第八步:结果输出。

单击"仿真计算"菜单中的"平衡位置构形"按钮,图板上给出系统平衡时的整体构形,可选择绘图板区域中的"物体",将弹出参数对话框,即可了解此时该物体的平衡位形。

单击"仿真计算"菜单中的"理想约束力数据表格"按钮,可以查看理想约束力的计算结果。

实验5-2　材料力学问题求解器

一、程序介绍

材料力学问题求解器是由清华大学范钦珊教授主持开发的软件,可以完成材料力学课程中比较烦琐的部分计算,也可用来探讨一些手工计算不易进行的问题。

二、基本操作

启动程序前将计算机屏幕分辨率暂时调整为800×600像素。

启动程序后先为一些工程应用图片,直到出现图 5-7 所示的主界面。

图 5-7　材料力学问题求解器主界面图

该画面显示了材料力学问题求解器可以解决的各类问题。单击相应选项,即可进入程序解题。

完成退出后,将屏幕分辨率恢复到原设置。

三、实例示范

示例一:复杂组合截面几何性质计算。

如图 5-8 所示:求由两种槽钢组合成的非对称截面的形心主惯性轴位置及形心主惯性矩数值。由型钢表可知,8 号槽钢高为 80 mm,翼缘宽 43 mm;20 号槽钢高为 200 mm,翼缘宽为 75 mm。

求解过程:

第一步:单击主界面中"截面几何性质"按钮,出现新界面后单击"确定组合截面"按钮。

第二步:单击"尺寸条件"按钮,输入组合图形的最大宽度 118 mm 和最大高度 200 mm,如图 5-9 所示。

第三步:输入 8 号槽钢,单击"型钢"按钮,选择"槽钢",在弹出的对话框下方单击箭头按钮,直到上方槽钢型号框内显示型号为 8;输入腹板外缘中点坐标值,横坐标 43 mm,纵坐标 160 mm;开口方向与横坐标夹角为 180°。

第四步:输入 20 号槽钢,单击"型钢"按钮,选择"槽钢",在弹出的对话框下方单击"箭头"按钮,直到上方槽钢型号框内显示型号为 20;输入腹板外缘中点坐标,横坐标 43 mm,纵坐标

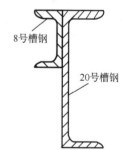

图 5-8　槽钢组合体

100 mm;开口方向与横坐标夹角为 0°。

第五步:单击"求解"按钮,即可显示计算结果。

示例二:三向应力状态下的应力圆。

已知点的应力状态为:$\sigma_x = -100$ MPa,$\sigma_y = 150$ MPa,$\sigma_z = 200$ MPa,$\tau_{xy} = 50$ MPa,$\tau_{yz} = 80$ MPa,$\tau_{zx} = 100$ MPa。求主应力、最大切应力,并画出应力圆。

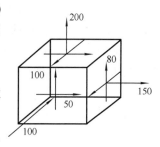

图 5-9 组合图

求解过程:

第一步:单击主界面中"应力状态"按钮,选择"三向应力状态"。

第二步:单击"应力状态"按钮,依次将光标放入各输入框内,输入各应力分量,完成后单击"确定"按钮。

第三步:单击"求解"按钮,即可显示初始应力分量以及计算结果和应力圆。

示例三:压杆的截面设计。

一端自由、一端固定矩形截面压杆,材料为 Q235 钢,长为 2.5 m,高宽比为 1.5,稳定安全因数为 4.5,所承受压力为 250 kN。试设计压杆截面。

求解过程:

第一步:单击主界面中"压杆稳定"按钮,选择"截面设计"。

第二步:单击"压杆类型"按钮,此处,A 类为一端自由、一端固定;B 类为两端铰支;C 类为一端铰支、一端固定;D 类为两端固定。此例选 A 类。弹出压杆长度输入框,输入 2 500 mm 并按【Enter】键。

第三步:单击"截面类型"按钮,选择"矩形"选项,弹出高宽比输入框,输入 1.5 并按【Enter】键。

第四步:单击"材料参数"按钮,在压杆材料中选择"Q235 钢"选项,其弹性模量等参数将自动填入相应框内。在许用稳定安全因数中填入 4.5 并确定。

第五步:单击"压杆载荷"按钮,输入 250 kN 后,按【Enter】键。

第六步:单击"设计"按钮,即可显示计算结果。

注意,本程序编制时间较早,输入数据时要特别认真,出现错误后改动较困难。

实验 5-3　结构力学求解器

一、程序介绍

结构力学求解器是由清华大学袁驷教授主持开发的计算机辅助分析软件,其求解内容包括了二维平面杆系的几何组成、静定、超静定、位移、内力、影响线、包络图、自由振动、弹性稳定、极限载荷等经典结构力学课程中所涉及的所有问题,全部采用精确算法给出精确解答。该软件界面友好方便、内容体系完整、功能完备通用。不仅可供教师、学生在结构力学教学中使用,也是工程技术人员的得力工具。

该软件为"绿色软件",安装中不对系统作任何改动,不在"注册表"中写入任何参数,只要将程序文件复制到计算机就可运行。将程序文件删除后,不留任何垃圾文件。

二、基本操作

首次启动程序后出现图 5-10 所示的界面,例如,选择"不再显示"则下次启动不再出现。单击界面后,进入工作界面,如图 5-11 所示。

屏幕右方为编辑器,用于输入各种参数与命令,左方为观览器,显示输入的杆系以及计算结果中的图形部分。计算结果中的文字部分另外显示。两个分区的大小可任意调整。

观览器的初始设置为黑色底板,红色线条。也可单击"查看""颜色""暂时采用黑白色""确定"按钮,将其设置为白底黑线条。

使用编辑器输入时,可以用常用的菜单,对于结点、单元、约束、荷载以及材料参数,也可单击第二行的快捷键输入。输入结果在命令区有显示。可以直接在显示区修改和输入参数和命令。

可以在所输入的图像上任意标注尺寸线和增加文字。也可将输出的图形复制到剪贴板,供其他程序使用。

程序中不仅有一般的帮助文档,还配有使用介绍视频,方便大家使用。

 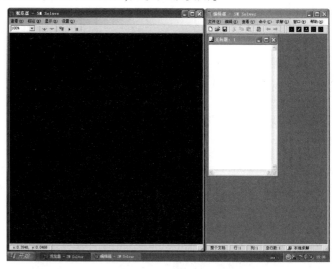

图 5-10　启动程序后主页面　　　　　图 5-11　工作画面显示

三、实例示范

示例一:画出图示刚架的内力图。

求解过程:

第一步:数据准备,建立总体坐标,各杆的端点、杆件的交汇点取为结点,确定其在总体坐标系中的坐标值。确定各单元的结点。单击编辑器文件中"新建"按钮,开始输入新问题。

第二步:单击编辑器中的"命令"按钮,选择"结点"选项,依次输入各结点坐标值。每输完一个后单击"应用"按钮,可在观览器中查看结点。观览器的显示比例会自动调节。全部输入完后单击"关闭"按钮。

第三步:单击编辑器中的"命令"按钮,选择"单元"选项,依次输入杆端 1、杆端 2 的结点号与连接方式。每输完一个后单击"应用"按钮,可在观览器中查看单元显示。全部输入完后单击"关闭"按钮。此时观览器显示如图 5-12 所示。

第四步:单击编辑器中的"命令"按钮,选择"位移约束"选项,1、8、10 号结点有"支杆(类型 1)"约束,4 号结点有"铰支 2(类型 3)"约束。其余用默认值。

第五步:单击编辑器"命令"按钮,选"荷载条件"项,(1)、(8)号单元有均布荷载,指向(1)、(8)号单元,方向分别垂直于(1)、(8)单元,数值分别为 10、20。5 号结点有结点荷载,为集中力矩(顺时针),数值为 20。结构及受力情况在观览器显示如图 5-13所示。

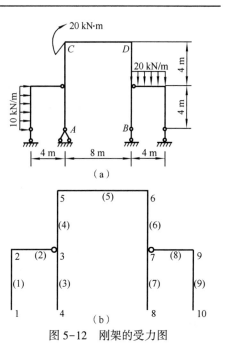

图 5-12　刚架的受力图

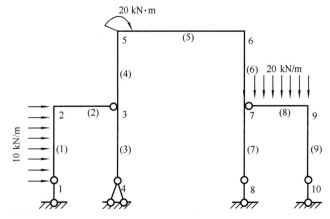

图 5-13　结构受力图

第六步:单击编辑器中的"求解"按钮,选择"内力计算",出现"计算结果"对话框。在"内力显示"中选择"结构"选项,在"内力类型"中分别选择"轴力"、"剪力"和"弯矩"选项,在观览器上即可显示内力图。在"计算结果"框中选中"杆端内力值"复选框,即可显示各单元杆端内力数值列表。单击"内力输出"按钮,即显示一反映内力值的文本文件,可进行保存。其弯矩如图 5-14(a)所示。

示例二:将上例支座均改为固定端,成为超静定刚架。各杆 *EI* 相同,不考虑拉压变形。求刚架内力图。

求解过程:

第一步:分别将光标移至编辑器显示的输入命令中各"结点支承"行,单击"命令"中的"修改命令"按钮,将约束修改为"固定(类型 6)",单击"应用"按钮即完成修改。修改结果在观览器上立即显示。

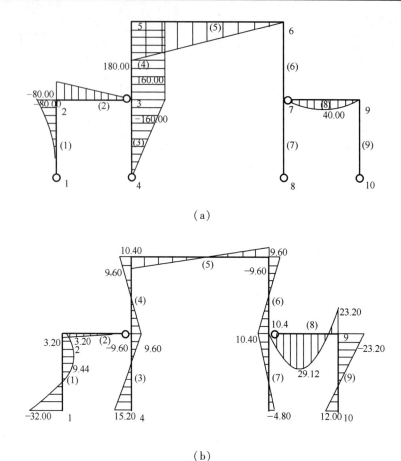

（a）

（b）

图 5-14   弯矩图

第二步：单击编辑器中的"命令"按钮，选择"材料性质"项，在抗拉刚度项中选择"无穷大"选项。在"抗弯刚度"中选择100（也可任意输入一个非0常数），其余默认。单击"应用"和"关闭"按钮。

第三步：单击编辑器中的"求解"按钮，选择"内力计算"项，出现"计算结果"框。在"内力显示"菜单中选"结构"，在"内力类型"菜单中分别选择"轴力"、"剪力"和"弯矩"，在观览器上即可显示内力图。其弯矩图如图5-14（b）所示。

示例三：求图5-15所示梁的自振频率和主振型。梁的自重不计，EI 为常数。

求解过程：

第一步：单击编辑器中的"命令"按钮，选择"变量定义"，"新变量名"项分别 m 和 a，"数学表达式"均为1。单击"应用"按钮，最后单击"关闭"按钮。

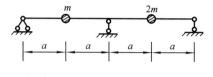

图 5-15   简支梁的示意图

第二步：单击编辑器中的"结点"按钮，输入结点1坐标值为 $x=0$, $y=0$，单击"应用"按钮；输入结点2坐标为 $x=a$, $y=0$，单击"应用"按钮；输入结点3坐标值为 $x=2×a$, $y=0$，单击"应用"按钮；输入结点4坐标值为 $x=3×a$, $y=0$，单击"应用"按钮；输入结点5坐标值为 $x=4×a$, $y=0$，单击"应用"和"关闭"按钮。需要注意的是，集中质量处必须作为结点。

第三步:单击编辑器中的"单元"按钮,依次输入杆端 1、杆端 2 的结点号,连接方式均为"固定"。

第四步:单击编辑器中的"材料性质"按钮,在"单元材料性质"栏中,单元(1)~(4)的抗拉刚度均为"无穷大","抗弯刚度"均选为 1。在"结点集中质量"栏中,结点 2 的质量为 m,结点 4 的质量为 $2 \times m$。

第五步:单击编辑器中的"命令"按钮,选择"其他参数"中的"自振频率"项,在"求解数目"中填 2,其余默认。

第六步:单击编辑器中的"求解"按钮,选择"自由振动"项,计算开始。结束后显示"振动分析"框。在振型项中选动态,将以动画形式显示第一阶主振型,阶数下数值显示第一阶固有角频率。此例第一阶固有角频率显示 1.927 968 019 977 66,取四位有效数字,即 $\omega_1 = 1.928\sqrt{\dfrac{EI}{ma^3}}$。将阶数选为 2,则以动画形式显示第二阶主振型,阶数下数值显示第二阶固有频率。选中"振型为"复选框,则以数值形式显示振型。

第五部分

动载荷实验

第六章 动载荷实验

实验 6-1 摆锤冲击实验

在实际工程机械中,有许多构件常受到冲击载荷的作用,机器设计中应力求避免冲击载荷,但由于结构或运行的特点,冲击载荷难以完全避免,例如,内燃机膨胀冲程中气体爆炸推动活塞和连杆,使活塞和连杆之间发生冲击;火车开车、停车时,车辆之间的挂钩也会产生冲击;在一些工具机中,利用冲击载荷实现静载荷无法或很难达到的效果,例如,锻锤、冲击钻、凿岩机等。为了了解材料在冲击载荷下的性能,必须进行冲击实验。

一、实验目的

(1)了解冲击实验的意义,观察材料在冲击载荷作用下所表现的性能。
(2)测定低碳钢和铸铁的冲击韧度值 α_k。

二、实验仪器

摆式冲击试验机、游标卡尺等。

三、实验内容

(一)实验原理

冲击实验是研究材料对于动载荷抗力的一种实验,和静载荷作用不同,由于加载速度快,使材料内的应力骤然提高,变形速度影响了材料的机械性质,所以材料对动载荷作用表现出另一种反应。往往在静载荷下具有很好塑性性能材料,在冲击载荷下会呈现出脆性的性质。

此外在金属材料的冲击实验中,还可以揭示出静载荷时,不易发现的某些结构特点和工作条件对力学性能的影响(例如应力集中,材料内部缺陷,化学成分和加荷时温度、受力状态以及热处理情况等),因此冲击韧度值 α_k 在工艺分析比较和科学研究中都具有一定的意义。

(二)冲击试样

工程上常用金属材料的冲击试样一般是带缺口槽的矩形标准试样,做成制式试样的目的是为了便于揭示各因素对材料在高速变形时的冲击抗力的影响,并方便了解试样的破坏方式是塑性滑移还是脆性断裂。但缺口形状和试样尺寸以及冲击试样的制成方式对材料的冲击韧度值的影响极大,要保证实验结果能正确反映材料抵抗冲击的能力,并能对实验结果进行比较,试样必须按照统一标准制作,目前国家标准(GB/T 229—2007)规定试样有两种形式,如图 6-1 所示,工程中应用冲击韧度值 α_k 时,应分清所用试样的缺口形式。

本实验室的冲击试样为 V 形缺口,具体尺寸如图 6-2 所示。

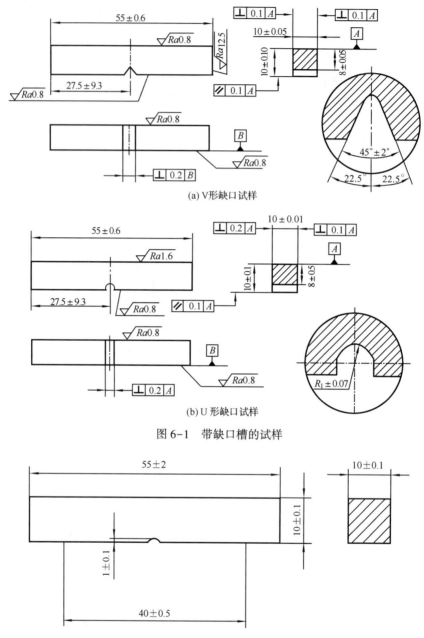

(a) V 形缺口试样

(b) U 形缺口试样

图 6-1　带缺口槽的试样

图 6-2　V 形缺口试样的标准尺寸

(三) 冲击实验形式

(1) 简梁式弯曲冲击实验。

(2) 肱梁式弯曲冲击实验。

(3) 拉伸冲击实验。

其中简梁式弯曲冲击实验工程中最常用。

(四) 实验方法与步骤

测量试样尺寸,要测量缺口处的试样尺寸。

首先了解摆锤冲击试验机(见图6-3)的构造原理和操作方法,掌握冲击试验机的操作规程,操作过程中一定要注意安全。

冲击实验可以通过计算机程序控制,此时只需要按照屏幕上的提示操作即可;也可以手动操作控制盒,具体步骤如下:

(1)将控制盒开关拨到"开"的位置,若摆锤在铅垂位置,将刻度盘上的指针拨至刻度盘的零刻度(计算机操作时可省略该步骤)。

(2)单击"起摆"按钮,接通电动机及电磁离合器,摆锤逆时针扬起,扬至最高位置后,电动机自动停止,保险销伸出。摆锤运动的轨迹图如图6-4所示。

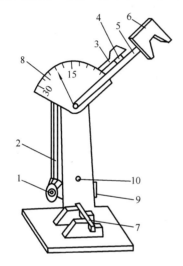

图6-3　摆锤冲击试验机

1—电动机;2—皮带轮;3—摆臂;4—杆销;

5—摆杆;6—摆锤;7—试样;8—指示器;

9—电源开关;10—指示灯。

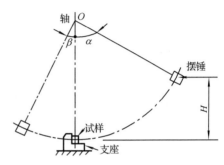

图6-4　摆锤运动轨迹图

(3)根据试样材料估计需要的破坏能量。先空打一次,测定机件间的摩擦消耗功(单击"退销"按钮,保险销退回,再单击"冲击"按钮,摆锤顺时针下落又逆时针扬起,并自动停在最高位置,保险销伸出,读出空摆时消耗的功 m)。

(4)将试样安放在冲击试验机上(见图6-5)。简梁式冲击实验应使没有缺口的面朝向摆锤冲击的一边,缺口的位置应在两支座中间,要使缺口和摆锤冲刃对准。

(5)单击"退销"按钮,保险销退回。

(6)单击"冲击"按钮,摆锤下落冲击试样,冲断试样,以(6-1)式可计算出材料的冲击韧度值 α_k ,即

$$\alpha_k = \frac{W - m}{A} \qquad (6-1)$$

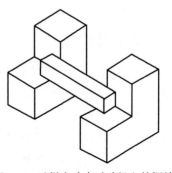

图6-5　试样在冲击试验机上的摆放

式中　W——冲断试样时所消耗的功,单位为J;

　　　A——试样缺口横截面积,单位为 mm^2。

(7)在摆锤扬起后,若欲将摆锤空放下,按住"放摆"按钮,直到摆锤落至铅垂位置,松开按钮。

(五)实验结果与数据处理

记录实验数据填入表6-1,计算冲击韧度。

表6-1 实验数据

材料	截面尺寸		试件缺口处横截面积 $A(\mathrm{mm}^2)$	空摆吸收功 $M(\mathrm{J})$	冲击吸收功 W	冲击韧度 $(\mathrm{N \cdot m/cm}^2)$
	长 $a(\mathrm{mm})$	宽 $b(\mathrm{mm})$				
低碳钢						
铸铁						

四、注意事项

在实验过程中要特别注意安全。把摆锤举高后安放试样时,应确保此时其他人没有进行计算机操作和手控操作,试样安装完毕后,操作人员应离开摆锤摆动的范围,在放下摆锤实行冲击之前,应先检查一下有没有人还未离开,以免发生危险。

五、思考题

(1)低碳钢和铸铁在冲击作用下所呈现的性能是怎样的?

(2)举例说明几种材料承受冲击载荷的工程实际构件?

实验6-2 落锤冲击试验

落锤冲击试验,又称落重试验,是一种广泛应用于材料检测和研究的冲击试验方法。相比摆锤冲击试验,落锤冲击试验更接近实际情况,是一种简便又实用的方法。

一、实验目的

(1)学习落锤机的使用;

(2)使用梯度法(变换冲击高度或落锤质量冲击试件的方法),获得硬质塑料管试件的冲击破坏能。

二、实验仪器

落锤试验机:符合 ZBN72026《落锤式冲击试验机技术条件》要求的落锤试验机一台,本书以英斯特朗 CEAST9350 型落锤试验机为例进行说明。

试验机如图6-6所示,下部为底座与支架;机架上部配有可调换的不同质量的重锤,图中所示为标准配重,可选质量为 0.5 kg、1 kg、2 kg、3 kg、5 kg、6 kg、8 kg、10 kg、15 kg;锤头可根据试验选择,本试验选用图6-7所示锤头,半径 10 mm。

三、实验内容

(一)实验原理与试件

如图6-7所示,试件为外径小于或等于 75 mm、长度为 150 mm 的硬质塑料管。试件使用

V 形夹具固定,夹具夹角为 120°,长度 200 m。在实际工程检测中,每组试件为 20 个,作为课程试验试件数量以 5~8 个为宜。

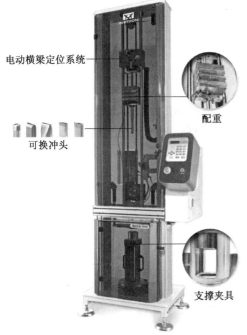

电动横梁定位系统

配重

可换冲头

支撑夹具

图 6-6　落锤试验机

图 6-7　试件及夹具

落锤冲击实验

(二)实验方法与步骤

(1)将试件水平放置在夹具上。

(2)确定落锤质量,并安装配重。

(3)对落锤试验机控制端进行试验参数设定,并确定落锤下落高度 $H_1(\mathrm{m})$。

(4)对第一个试件进行冲击,观察试件损伤情况并记录。

(5)若第一个试件未被破坏,测第二个试件时,落锤下落高度增加一个增量 $d(\mathrm{m})$;若第一个试件出现肉眼可见裂痕时,落锤下落高度降低一个增量 $d(\mathrm{m})$。

(6)重复步骤(3)~(5),直到试件达到 50% 破坏时停止试验。

(三)实验结果与数据处理

(1)中值破坏高度,即一定质量的落锤落到试件上,造成 50% 试件破坏时的高度,按式(6-2)计算:

$$H_{50} = H_1 + d\left[\frac{\sum (i \cdot n_i)}{N} \pm 0.5\right] \qquad (6\text{-}2)$$

式中　H_{50}——中值破坏高度,m;

H_1——试验初始高度,m;

d——每次冲击升降高度,m;

n_i——各次冲击已破坏(或未破坏)的试件数;

i——假设 H_1 为 0 时,每次冲击增减的高度水准($i=\cdots-3,\ -2,\ -1,\ 0,\ 1,\ 2,\ 3,\cdots$);

N——已破坏(或未破坏)试件总数;

±0.5——使用已破坏数据时取负号,使用未破坏数据时取正号。

(2)中值破坏能量,即造成50%试件破坏的能量,按式(6-3)计算:

$$E_{50} = mgH_{50} \tag{6-3}$$

式中　E_{50}——中值破坏能量,J;

　　　m——落锤质量, kg。

四、注意事项

(1)对管型试件,沿圆周方向冲击,冲击点选在垂直直径的顶部;

(2)每个试件只允许冲击一次,在光照条件下,试件出现肉眼可见的裂痕或试件破碎均为试件破坏;

(3)冲击高度为落锤锤头的顶端到试件上表面的距离。

五、思考题

(1)摆锤冲击与落锤冲击的优缺点分别是什么?

(2)如何理解落锤冲击中重锤对试件的二次冲击?

实验6-3　MTS疲劳加载实验

MTS高载荷液压伺服测试系统用于各类金属、非金属、复合材料以及结构件的静、动态力学性能测试。该疲劳系统能够实现构件和材料的轴向压缩、拉伸疲劳测试、构件和材料拉压过零点疲劳测试、构件和材料的三、四点弯曲疲劳测试。

一、实验目的

(1)了解MTS试验机的操作规程,掌握试验机的使用;

(2)掌握MTS疲劳模块操作及试验编程;

二、实验仪器

MTS高载荷液压伺服测试系统如图6-8所示,主要由高刚性加载框架、伺服控制器、液压动力系统、各类高载荷夹具、压盘和夹具工装以及多功能MTS应用软件组成。其主要性能指标为:工作温度范围-18~65℃,最大夹持能力静态2 750 kN、动态2 500 kN,工作频率范围0.01~20 Hz,棒材试样夹持直径范围ϕ30~ϕ104 mm,板形试样夹持厚度范围:27 mm~104 mm,最大压力70 MPa,压力稳定性+/-100PSI,连续工作时间8 000 h;控制软件:各种疲劳力的波形控制,支持正弦波、三角波、方波、斜波和各种力学测试曲线的显示。

三、实验内容

(一)实验原理与试件

节理岩体试件,试件模型如图6-9所示,试件节理倾角、节理密度、节理间距等几何参数如表6-2所示,对于课程试验试件取两块相同节理密度,不同节理倾角30°、75°的节理岩体试件。

图 6-8　MTS 高载荷液压伺服测试系统

表 6-2　试件几何参数

倾角 θ（°）	密度（排）	节理间距 d（mm）	连通率 k	节理长度 a（mm）	岩桥长度 b（mm）
30°、75°	3	12	0.424	15	20

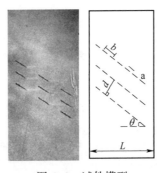

图 6-9　试件模型

(二)实验方法与步骤

实验步骤如下：

(1)在确认无异常情况下,按以下顺序接通各电源总开关:ⓐ开启油源总开关;ⓑ开启UPS 电源;ⓒ 开启控制器开关;ⓓ开启计算机;ⓔ开启循环冷却塔的开关,确保水流畅通,水压正常。

(2)点击 MTS 专用试验平台站 Station Manager,进入 MTS 操作主站台窗口 793 MPT,如图 6-10 所示。

(3)检查和设置所用的站台参数是否符合试验要求。包括力的量程、位移量程、传感器的型号、规格等。

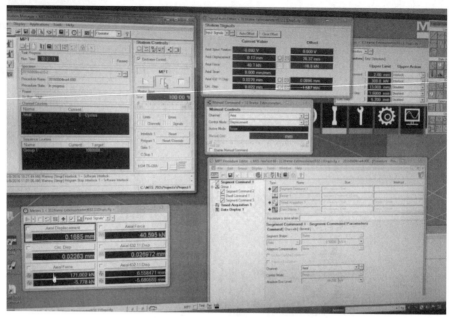

图 6-10　MTS 试验操作软件

（4）点击 Function Generator 函数发生器检查作动器动态性能，提高伺服阀内油温。

（5）进入试验程序窗口 Basic TestWare／Multipurpose TestWare，创建测试程序，定义测试过程参数，如图 6-11 所示。

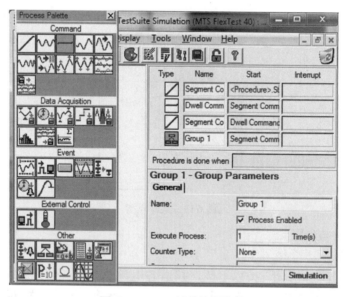

图 6-11　MPT 试验编程软件

（6）安装试样。开动机架升降开关，根据试样尺寸，调整机架横梁高度到合适位置，通过 Manual Control 手动控制，调节上、下夹具间的接触，安装试样。

（7）进行调零设置、试验过程力保护、位移保护设置等操作。

（8）在 Station Controls 主控制面板上：点击程序控制按钮，绿灯亮，试验正式开始。

（9）监控实验过程：在工具栏里点击 Meters 指示器，输出所要观测实时试验数据；点击

Scope 示波器显示命令和反馈的波形。

（10）实验结束后，取下试样，取数据、打印结果。

（11）所有试样试验完毕后，依次关闭油源、冷却塔、控制器、计算机、UPS 电源、总电源。

（12）完成试样碎屑、MTS 试验机的清理、检查工作。

节理岩体试件在 MTS 试验机上进行疲劳试验如图 6-12 所示，加载波形及正弦波荷载特征参数分别如图 6-13、表 6-3 所示，得到试件应力-应变曲线如图 6-14 所示。

图 6-12　MTS 试验机示意图

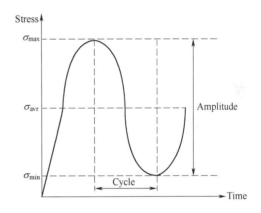

图 6-13　加载波形示意图

表 6-3　正弦波荷载特征参数

上限应力比	下限应力比	振幅比	频率（Hz）
0.85	0.35	0.5	1

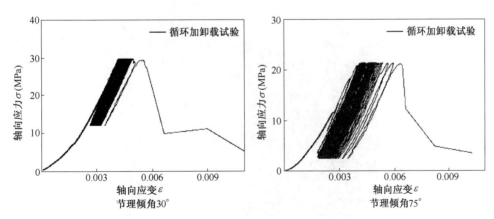

图 6-14　不同节理倾角岩体应力-应变曲线

四、注意事项

（1）在实验过程中，密切注意试件是否有过大振动或反常现象，必要时中断实验。
（2）输入加载波形与输出加载波形会存在振幅差，可选择补偿。
（3）实验结束后，取回破坏试件，保护断口位置防止损坏。

五、思考题

（1）MTS 试验机与其他万能试验机相比较有何优势？
（2）在试件疲劳试验中如何合理设置加载波形振幅上、下限？

实验 6-4　霍普金森压杆实验

霍普金森压杆（SHPB）试验主要用来测试材料在高应变率下的力学性能。

一、实验目的

（1）了解霍普金森压杆测试的实验原理、掌握试验的基本操作步骤。
（2）获取泡沫铝（或其他材料）的动态应力-应变曲线。

二、实验仪器

霍普金森压杆实验装置如图 6-15 所示，主要由压杆系统、测量系统、数据采集与处理系统三部分组成。系统主要部件及组成方式见 SHPB 实验装置示意图（图 6-16）。其中，压杆系统由撞击杆（也称之为子弹）、入射杆、透射杆和吸收杆四部分组成，所采用的截面尺寸及材料均相同，本试验系统杆件直径为 $\phi100$，撞击杆长 500 mm，入射杆长 4 000 mm，透射杆长 3 000 mm。

图 6-15　$\phi100$ SHPB 装置实物图

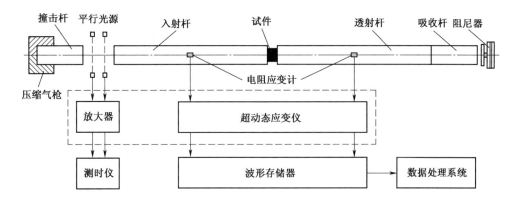

图 6-16　SHPB 试验装置及数据采集系统示意图

如图 6-17 所示,测量系统可以分为两个部分,一是撞击杆速度的测量系统,通常采用激光测速法;另一个是压杆上传感器测量系统,即在压杆处粘贴电阻应变片,经动态应变测试仪测出压杆中的应变。数据采集和处理系统主要由数字示波器、超动态电阻应变仪,以及电脑等组成。其作用是完成对信号的采集、处理和显示。

（a）激光测速仪　　　　　　　　　（b）动态应变仪

图 6-17　测量系统

三、实验内容

(一) 实验原理与试件

子弹撞击压杆所产生的应力波(弹性波)先后被应变片 1 和应变片 2 所记录。鉴于弹性波在线弹性细长杆中的传播很少有衰减、不弥散、基本不失真,因此可根据两个应变片之间的距离及所记录信号的时间差确定波在细长杆中的传播速度。该方法基于一维假定(弹性杆中每个横截面始终保持平面状态)和应力均匀假定(试件中的应力处处相等)。可直接利用一维应力波理论确定试件材料的应变率、应变、应力:

$$\dot{\varepsilon}(t) = \frac{C_0}{L}(\varepsilon_i - \varepsilon_r - \varepsilon_t) \tag{6-4}$$

$$\varepsilon(t) = \frac{C_0}{L}\int_0^t (\varepsilon_i - \varepsilon_r - \varepsilon_t)\,\mathrm{d}t \tag{6-5}$$

$$\sigma(t) = \frac{A}{2A_0} E_0(\varepsilon_i + \varepsilon_r + \varepsilon_t) \tag{6-6}$$

式中,A_0、L 分别为试件的面积与厚度;A、C_0、E_0 分别为弹性压杆的横截面积、波速、弹性模量(210 GPa);ε_i、ε_r、ε_t分别为应变计记录的入射波、反射波、透射波(福特)。

当撞击杆与入射杆发生碰撞时,两个杆中将会有压力脉冲产生并向各自杆的另一端传播,这样就形成了入射波,当入射波经过应变片1时便得到入射波的波形;当入射杆中的应力脉冲到达试件的接触面时,由于波阻抗的不匹配,一部分脉冲被反射,在入射杆中形成反射波,当反射波经过应变片1时便得到反射波的波形;另一部分则通过试件透射入透射杆中,形成透射波,当透射波经过应变片2时便得到了透射波的波形。

(二)实验方法和步骤

对于给定的压杆,试件为圆柱体,直径一般为压杆直径的0.8倍,这里取80 mm,长径比0.5,取40 mm。泡沫铝试件实物如图6-18所示。具体试验步骤如下:

(1)清理干净架台、试件及压杆等试验器材进行;

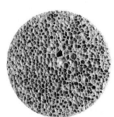

图6-18 泡沫铝试件

(2)测量试件及压杆的尺寸并记录;

(3)分别在入射杆和透射杆上贴应变片;

(4)将入射杆和透射杆的应变片分别通过导线连接到桥盒上,便于超动态应变仪采集信号;

(5)调整压杆支座,使撞击杆、入射杆、透射杆处于同一水平线上;

(6)调试超动态应变仪;

(7)检查压气枪的驱动装置是否正常;

(8)从压气枪口部塞入撞击杆到所选择的深度位置;

(9)检查激光测速装置、安装泡沫铝试件;

(10)所有试验前准备确定无误后进行撞击。

(三)实验结果与数据处理

(1)原始波形图:设置采样频率为2 MHz,采样点数为10 000,得到的入射波、反射波和透射波的波形如图6-19和图6-20所示。其中图6-19中波峰为入射波,波谷为反射波,图6-20为透射波波形。

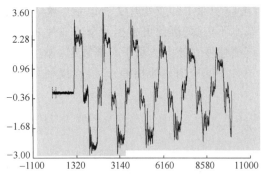

图6-19 入射波和反射波波形

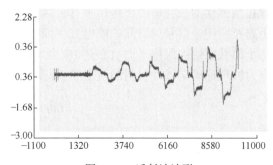

图6-20 透射波波形

(2)试件应力-应变曲线:由入射波、反射波及透射波的波形图,根据公式(6-4)~式(6-6)得到试件材料的应力、应变、应变率时程曲线,如图6-21~图6-23所示。

（3）根据材料应变、应力数据,绘出试件材料的动态应力-应变曲线,如图6-24所示。

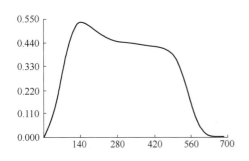

图6-21 试件的应力时程曲线

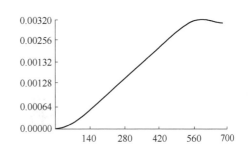

图6-22 试件的应变时程曲线

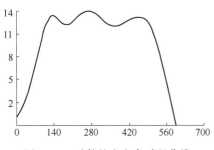

图6-23 试件的应变率时程曲线

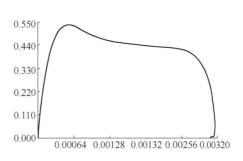

图6-24 试件动态应力-应变曲线

四、注意事项

在试验步骤(7)中,检查压气枪的驱动装置时应注意以下几点:

（1）打开控制箱的电源开关,此时左边红灯亮。

（2）打开控制箱的起源开关。

（3）按下充气按钮,此时右边红灯亮,充气开始,气压表黑色指针转动,当它与红色指针接触时,即气室内的压气自动快速释放,完成一次冲击过程,此为正常情况。

（4）若发生异常现象,例如气路漏气或黑色指针与红色指针相遇后气体不能自动释放,可按动放弃按钮强制放气,并进行检修。

（5）只有在情况正常时才可进入下一程序。

五、思考题

（1）实验时调整杆系在同一水平线有何操作技巧?

（2）简述缓冲装置在实验中的作用。

第六部分

制作加载实验

第七章　创新型实验一

根据工程力学原理,借助常用工程工具进行创新模型制作。学生针对不同工况,分析模型受力特点,根据工程力学原理设计合理的结构或机构,选用不同截面形状和连接方式的工程构件,利用计算分析软件进行力学分析,改进或优化模型设计,培养学生工程意识、实践思维和创新能力,引导学生带着问题和兴趣展开专业阶段学习,为以后专业学习打下良好的基础。

实验 7-1　压杆设计与制作

一、实验目的

(1)掌握常见工程结构(机构)中拉、压杆的受力特点。

(2)掌握竹皮材料的力学性质。

(3)掌握竹皮材料的选择、下料、粘结技巧。

二、工具和设备

(1)三种厚度竹皮材料(顺纹抗拉强度 60 MPa,抗压强度 30 MPa,弹性模量 6 GPa)。

(2)502 胶水、热熔胶。

(3)刀片、锯条、直尺。

(4)LY-5 拉压实验装置、电子秤。

三、设计要求与制作

(1)要求:设计长度为 30 cm 的受压杆件,对截面形状进行合理设计,压杆约束形式为一端固定,一端自由,如图 7-1 所示。指标:杆件的最大承载力与所耗材料质量之比以大为佳,即杆件用材少而受荷载大,同时造型美观。

(2)不同截面形状压杆示例,如图 7-2 所示。

图 7-1　轴向压杆约束形式

图 7-2　不同截面形状压杆

四、实验内容(视频扫二维码)

(1)称重,记录压杆质量。

(2)将压杆一端用热熔胶固定于木板上,形成固定端约束。

(3)用 LY-5 拉压实验装置进行加载,如图 7-3 所示,直到结构破坏,记录最大承载力。

压杆设计与制作实验

五、实验报告

(1)设计构思与计算简图。

(2)理论计算与预估结果。计算出压杆能承受的最大荷载,预测结构破坏位置。

(3)介绍压杆制作过程。

(4)实验数据与理论计算结果比较。

(5)加载破坏现象分析。

六、思考题

(1)压杆最大承载力的影响因素有哪些?

(2)压杆真实破坏形式有哪些?

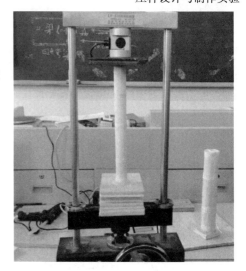

图 7-3　压杆加载图

七、相关理论知识点

(1)轴向受压杆件强度计算:

$$\sigma_{max}^{c} = -\frac{F}{A}$$

(2)压杆加载过程容易发生偏心载荷,产生轴向压缩与弯曲的组合变形,强度计算公式:

$$\sigma_{max}^{t} = -\frac{F}{A} + \frac{M_{zmax}y_{max}}{I_z} + \frac{M_{ymax}z_{max}}{I_y} = -\frac{F}{A} + \frac{M_{zmax}}{W_z} + \frac{M_{ymax}}{W_y}$$

$$\sigma_{max}^{c} = \frac{F}{A} + \frac{M_{zmax}y_{max}}{I_z} + \frac{M_{ymax}z_{max}}{I_y} = \frac{F}{A} + \frac{M_{zmax}}{W_z} + \frac{M_{ymax}}{W_y}$$

$$\sigma_{max} \leqslant [\sigma]$$

(3)细长压杆加载过程中失稳,约束(一端固定,一端自由),临界力计算:

$$F_{cr} = \frac{\pi^2 EI}{(2l)^2}$$

实验 7-2　四点弯曲梁的设计与制作

一、实验目的

(1)掌握常见工程结构(机构)中梁的受力特点。

(2)掌握梁在不同形式荷载下的受力分析。

（3）掌握梁截面几何参数对承载力的影响。

（4）掌握竹皮材料的力学性质。

（5）掌握竹皮材料的选择、下料、粘结技巧。

二、工具和设备

（1）三种厚度竹皮材料（顺纹抗拉强度 60 MPa，抗压强度 30 MPa，弹性模量 6 GPa）。

（2）502 胶水、热熔胶。

（3）刀片、锯条、直尺。

（4）LY-5 拉压实验装置、电子秤。

三、设计要求与制作

（1）要求：设计跨长为 40 cm 的梁，对其进行合理设计，梁约束形式为简支梁，加载时可作用一集中力形成三点弯曲或通过加辅梁结构形成四点弯曲，如图 7-4 所示。指标：梁的最大承载力与所耗材料质量之比以大为佳，即梁用材少而受荷载大，同时考虑梁的刚度问题与造型美观性。

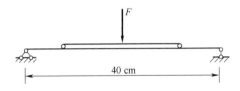

图 7-4　简支梁受力形式

（2）不同梁结构示例，如图 7-5 所示。

图 7-5　不同梁结构

四、实验内容（视频扫二维码）

（1）称重，记录梁的重量；

（2）将梁放置在铰支座约束上，形成简支梁结构；

（3）用 LY-5 拉压实验装置通过辅梁结构进行加载，如图 7-6 所示，直到结构破坏，记录最大承载力。

四点弯曲梁的设计与制作

图 7-6　四点弯曲梁加载图

五、实验报告

(1) 梁的设计构思与计算简图。

(2) 理论计算与预估结果。计算出梁的最大承载力,预测梁的破坏位置。

(3) 介绍梁的制作过程。

(4) 实验数据与理论计算结果比较。

(5) 加载破坏现象分析。

六、思考题

在设计过程中,如何考虑梁承载力的关键影响因素(包括梁的截面形状、约束形式、危机截面的加固方式等)? 通过哪些手段实现设计构想?

七、相关理论知识点

梁的强度主要考虑正应力,但在下列情况下,也校核切应力强度:

(1) 梁跨度较小,或支座附近有较大载荷;

(2) T 形、工字形等薄壁截面梁;

(3) 焊接、铆接、胶合而成的梁,要对焊缝、胶合面等进行剪切强度计算。

正应力强度条件:

$$\sigma_{max} = \frac{M_{max}}{W_z} \leqslant [\sigma]$$

切应力强度条件:

$$\tau_{max} = \frac{F_S S_{zmax}^*}{b I_z} \leqslant [\tau]$$

实验 7-3　曲拐的设计与制作

一、实验目的

(1)掌握常见工程结构曲拐构件的受力特点。

(2)掌握连接处的受力特点及制作要点。

(3)掌握截面几何参数对曲拐承载力的影响。

(4)掌握竹皮材料的力学性质。

(5)掌握竹皮材料的选择、下料、粘结技巧。

二、工具和设备

(1)三种厚度竹皮材料(顺纹抗拉强度 60 MPa,抗压强度 30 MPa,弹性模量 6 GPa);

(2)502 胶水、热熔胶。

(3)刀片、锯条、直尺、工具箱、大小铅块。

(4)BDCL 多功能试验台、电子秤。

三、设计要求与制作

(1)要求:设计一曲拐,拐轴长为 30 cm,拐臂长为 20 cm。对其进行合理设计,约束形式为一端固定端,一端自由。加载时在曲拐自由端作用一集中力,形成弯扭组合,如图 7-7 所示。指标:曲拐最大承载力与所耗材料质量之比以大为佳,即曲拐用材少而受荷载大,同时考虑曲拐的刚度问题与造型美观性。

(2)不同曲拐结构示例,如图 7-8 所示。

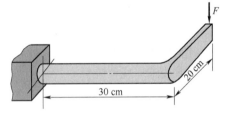

图 7-7　曲拐受力形式

图 7-8　不同曲拐结构

四、实验内容(视频扫二维码)

(1)称重,记录曲拐的质量。

(2)将曲拐固定在多功能试验台上,形成悬臂结构。

(3)在曲拐自由端通过一挂有铅块的工具箱进行加载,如图 7-9 所示,直到结构破坏,记录最大承载力。

曲拐的设计与制作实验

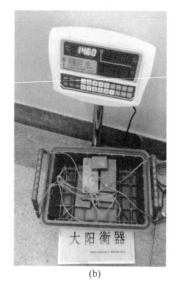

(a)　　　　　　　　　　　　　　　(b)

图 7-9　曲拐构件加载图

五、实验报告

(1)曲拐的设计构思与计算简图。

(2)理论计算与预估结果。计算出曲拐的最大承载力,预测曲拐的破坏位置。

(3)介绍曲拐的制作过程。

(4)实验数据与理论计算结果比较。

(5)加载破坏现象分析。

六、思考题

(1)曲拐轴、拐臂的截面形状设计、连接处连接方式对承载力的影响是什么? 在设计过程中如何实现?

(2)曲拐实际加载时的破坏位置在哪? 破坏原因是什么? 如何改进加固?

七、相关理论知识点

曲拐结构加载,对于曲拐轴发生扭转与弯曲组合变形,受扭构件考虑圆截面、非圆截面受扭特点,应力分布,避免开口薄壁截面;曲拐臂发生弯曲变形,其与拐轴连接处为危险截面,重点考虑连接方式。

圆轴扭转强度:$\tau_{\max} = \dfrac{T}{W_P} \leqslant [\tau]$

实心圆截面极惯性矩:$W_P = \dfrac{I_P}{D/2} = \dfrac{\pi D^3}{16}$

空心圆截面极惯性矩:$W_P = \dfrac{\pi}{16} D^3 \left[1 - \left(\dfrac{d}{D} \right)^4 \right]$

实验 7-4 桁架桥梁设计与制作

一、实验目的

（1）掌握常见工程结构桁架桥的受力特点。

（2）掌握拉、压杆的受力特点及连接处的制作要点。

（3）掌握轻质巴沙木材料的力学性质。

（4）掌握巴沙木条的选择、下料、粘结技巧。

二、工具和设备

（1）两种正方形横截面尺寸（3 mm×3 mm、6 mm×6 mm）的巴沙木条（弹性模量为 460 MPa，拉应力为 20 MPa，压应力为 12 MPa）。

（2）胶水、热熔胶。

（3）刀片、锯条、直尺。

（4）LY-5 拉压实验装置、电子秤。

三、设计要求与制作

（1）要求：设计一上行桁架桥，桥的高度为 10 cm，宽度为 7 cm，能够实现 30 cm 的跨度。对其结构进行合理设计，加载时在上桥面作用一长度为 12 cm，宽度为 7 cm 的面荷载，如图 7-10 所示。指标：桁架桥最大承载力与所耗材料重量之比以大为佳，即结构用材少而受荷载大，同时考虑造型美观性。

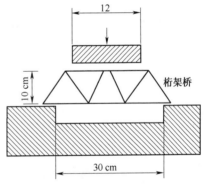

图 7-10 桁架桥受力形式

（2）桁架桥需要满足：①结构中木条只能受拉或压，不能受弯；②结构中的木条需使用单根，不可叠加受力；③胶水只可用于桥的节点处；④桁架结构允许两副及以上构架。

（3）不同桁架桥结构示例如图 7-11 所示。

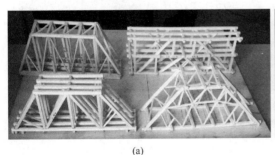

(a)

(b)

图 7-11 几种结构桁架桥

四、实验内容（视频扫二维码）

（1）称重，记录桁架桥质量。

（2）在桁架桥上桥面用 LY-5 拉压实验装置施加面载荷，如图 7-12所示，直到结构破坏，记录最大承载力。

桁架桥梁设计与制作实验

五、实验报告

（1）桁架桥的设计构思与计算简图。

（2）理论计算与预估结果。计算出桁架桥的最大承载力，预测破坏位置。

（3）介绍桁架桥的制作过程。

（4）实验数据与理论计算结果比较。

（5）加载破坏现象分析。

六、思考题

（1）桁架桥在加载过程中所受载荷如何在杆件中传递？

（2）桁架桥中压杆失稳如何改善才能提高其稳定性？

（3）桁架桥实际加载时的破坏位置在哪？破坏原因是什么？如何改进加固？

七、相关理论知识点

桁架桥是桥梁的一种形式，可分为上弦

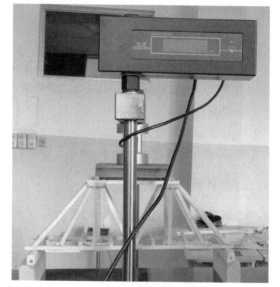

图 7-12　桁架桥结构加载图

受力和下弦受力两种。桁架由上弦、下弦、腹杆组成，由于杆件本身的长细比较大，杆件之间的连接可能是固接、铰接等形式，实际杆端弯矩一般都很小，在工程简化计算中，杆件都是"二力杆"，承受轴向拉力或压力。

轴向拉（压）杆强度：$\sigma_{\max} = \dfrac{F_{\text{Nmax}}}{A} \leqslant [\sigma]$

细长压杆，约束：两端固定，临界力计算为 $F_{\text{cr}} = \dfrac{\pi^2 EI}{(0.5l)^2}$；两端铰接，临界力计算 $F_{\text{cr}} = \dfrac{\pi^2 EI}{l^2}$。

正方形截面惯性矩：$I = a^4/12$（a 为截面边长）

第八章 创新型实验二

实验 8-1 鸡蛋保护装置制作

一、实验内容

制作一生鸡蛋保护装置,材料不限,装置结构形式不限,使之能从 8 楼坠落,而鸡蛋保持完好。

二、制作要求

(1)比赛开始前,鸡蛋由组委会统一提供,在评委的监视下,各参赛队将鸡蛋放入保护装置。

(2)比赛前,抽签决定先后顺序,鸡蛋保护装置由参赛队员自己抛掷。

(3)比赛结束后,参赛队需将鸡蛋取出,由评委鉴定鸡蛋完好情况。

(4)要用到工程力学原理。

三、评分细则(满分 100 分)

(1)装置着地后,鸡蛋完好无损,得 60 分;鸡蛋有裂痕但蛋清还未流出,得 30 分;鸡蛋破裂,不得分。

(2)赛前称得各队装置质量(精确到克),按照质量排名,质量最小者为第一名,第一名得 40 分,第二名得 39 分,即得分=40-(名次-1)。

(3)组委会有权对比赛中提出的异议作最终解释;裁判员有权对参赛队比赛过程中的违规操作提醒、警告,参赛人员应尊重裁判员,否则取消比赛资格。

实验 8-2 牙签发射装置制作

一、实验内容

制作一装置,使之能发射牙签;制作材料不限,装置结构形式不限。

二、制作要求

(1)射击时,发射装置不能超过射击基准线;射击结束后,装置应仍在射击基准线后方。

(2)发射时装置必须置于固定平台上。

（3）发射时不得将牙签与其他物体捆绑发射。

（4）不能简单用手抛射。

（5）要用到工程力学原理。

（6）提倡创新,作品必须是学员亲自制作,请自己保证安全。

三、评分细则（满分 100 分）

（1）比赛时,由组委会统一提供牙签,每参赛队 5 支牙签。

（2）牙签着地点与射击基准线的垂直距离为本次发射的成绩。

（3）取五次成绩的平均值为本参赛队的最终成绩。

（4）作品满足"制作要求"的 6 点要求,得 20 分;出现一点不满足,扣 3 分,依此类推。

（5）按照各队的平均成绩作出排名,第一名得 80 分,第二名得 78 分,即得分 = 80-2*（名次-1）。

（6）组委会有权对比赛中提出的异议作最终解释;裁判员有权对参赛队比赛过程中的违规操作提醒、警告,参赛人员应尊重裁判员,否则取消比赛资格。

实验 8-3　简易器材桥梁制作

一、实验内容

某部队正在遂行军事任务,侦察分队行进至某山区 A 处,前方突现一河流,经初步勘测,不满足部队武装泅渡的条件,该山区道路崎岖,地质条件复杂,该部队现有制式器材（如:GQL321 山地伴随桥、GQL111 重型机械化桥）无法通行,要求你所在桥梁分队迅速利用就便材料架设一就便材料桥,保障部队行军。在架设之前需建立一模型来验证其施工可行性,模型克服障碍宽度为 0.8 m。

制作材料:一次性筷子 3 包、麻绳 1 卷、橡皮筋 1 袋（该作品不得使用该题目规定材料之外的其他材料）。

制作工具:剪刀 1 把、钳子 1 把、尺子 1 把。

二、制作要求

（1）桥梁结构形式不限,使用组委会统一发放的材料,参赛队不得使用组委会提供材料以外的其他材料。

（2）比赛时参赛队将所建模型至于两平台（课桌）上,两平台边缘垂直距离为 0.8 m,平台高 1.2 m。

（3）加载方案:在跨中加集中载,采取悬挂加载的方式;加载所需悬索、容器、重物等器材由组委会统一提供,参赛队不需制作。

（4）加载前,参赛队将模型放在平台上,允许简短调试;加载过程中,由参赛队员自行加载,但不允许参赛队接触模型。

（5）制作过程中,参赛人员未经允许,不得离开教室;作品上应标有参赛队的编号、队员姓名。

三、评分细则(满分 100 分)

(1)桥梁要有基本承载力,基本承载量为 3 kg,达到者得 20 分,否则不合格,不得分,且不能参加接下来的评分;基本承载力须在容许挠度范围之内,否则按不合格处理。

(2)加载过程由挠度控制,挠度达到 20 mm 即停止加载;未达到 20 mm 桥梁就毁坏者,已加载质量视为有效质量;加载质量由参赛队员自行控制,但不得使桥梁毁坏,否者扣 10 分。

(3)加载结束后,称量加载质量和装置质量(精确到克),计算加载质量与装置质量的比值 x,得分为 $\left[\dfrac{x-1}{0.5}\right]\times 1$(其中 $\left[\dfrac{x-1}{0.5}\right]$ 表示取整),$x<1$ 则得 0 分。

(4)评委根据装置制作工艺、造型、创新性并结合作品简介等综合评分,满足 30 分;其中作品简介满分 10 分。

注:制作、比赛过程中,裁判员全程监督,裁判员有权对参赛队制作过程中的违规操作作出警告,对比赛过程中的异议作出裁决,参赛队员应尊重裁判员的判决,否则取消比赛资格。

实验 8-4 自动行驶装置制作

一、实验内容

利用组委会提供的材料制作一自动行驶装置。

制作材料:木板 1 块、铁丝 1 米、双面胶 1 卷、棉线 1 卷、橡胶软管 0.5 m、透明胶带 2 卷、502 胶水 2 瓶、气球 5 个、矿泉水 5 瓶、铁钉 10 颗、大头钉 10 颗、图钉 10 颗、橡皮筋 10 根、筷子 10 双、A4 纸 10 张、细木条 1 根

(该作品不得使用该题目规定材料之外的其他材料)。

制作工具:剪刀 1 把、钳子 1 把、尺子 1 把、锯子 1 把、锤子 1 把、裁纸刀 1 把。

二、制作要求

(1)装置结构形式不限。

(2)材料自选,但不得使用组委会提供材料以外的材料。

(3)装置出发前,在出发地线前准备好,允许简短调试。

(4)装置出发时,不得借助装置以外的推力,且装置行驶过程中,参赛队员不得触碰装置。

(5)每队装置只有一次行驶机会。

(6)制作过程中,参赛人员未经允许,不得离开教室;作品上应标有参赛队的编号、队员姓名。

三、评分细则(满分 100 分)

(1)满足以上制作要求且装置在行驶过程中保持完好,得基本分 10 分。

(2)装置的最终停止点至出发地线的"垂直距离"为装置的行驶距离 $S(\text{cm})$,得分为 $\left[\dfrac{s}{30}\right]$,($\left[\dfrac{s}{30}\right]$ 表示取整)。

（3）评委根据装置制作工艺、造型、创新性并结合作品简介等综合评分,满分 30 分,其中作品简介满分 10 分。

注:制作、比赛过程中,裁判员全程监督,裁判员有权对参赛队制作过程中的违规操作作出警告,对比赛过程中的异议作出裁决,参赛队员应尊重裁判员的判决,否则取消比赛资格。

实验 8-5　　楼房模型定向爆破

一、实验内容

"陆军工程大学"曾创造过"亚洲第一爆"的美名,近年来,无论是参加地方建设、拆除高危建筑还是抢险救灾、排除障碍,都发挥了巨大的作用,创造了巨大的社会效益与经济效益,为军民建设做出了不可磨灭的贡献。近日,某地一高危楼房需爆破拆除,楼房的东、西、北向分别为居民区和商业街,只有南向部分区域有一定空地(如图 8-1)。现要求你所在团队建立一模型,验证其施工可行性。楼房模型由积木制成,用麻绳拉动模型某处,模拟爆破过程,使模型定向倒塌。

该比赛项目分为两部分,第一部分在教室内搭建楼房模型,试验并熟悉模型;第二部分为比赛部分,届时在 30 min 内把模型在指定位置现场搭出,并在确定的位置系好绳,等待裁判的指示,进行比赛打分。

提供材料:积木两盒、麻绳 1 卷(该作品不得使用该题目规定材料之外的其他材料)。

二、制作要求

（1）模型形状不限,底面积大小不限,但基座不得超出半径为 $r=8$ cm 的圆形区域。

（2）模型高度不得小于 85 cm。

（3）整个模型由积木堆积而成,模型中不得使用其他材料,麻绳不得用于积木间连接。

（4）比赛时,经得裁判许可后方能进行爆破,可选择拉一个位置,也可拉两个位置;若为后者,其先后次序,时间间隔不受限制。

（5）试验过程中,参赛人员未经允许,不得离开教室;提交作品时,一并提交作品简介(电子稿)。

三、评分细则（满分 100 分）

（1）满足上述（1）、（3）、（5）条得基本分 10 分;1、3 条只要有一条不满足,该项比赛判为 0 分,第 5 条不满足扣 5 分。

（2）模型高度不得小于 85 cm,每高出 1 cm 加 1 分,每低 1 cm 扣 5 分。

（3）模型倒塌后,残存高度不得高于 10 cm,每高出 1 cm 扣 1 分。

（4）倒塌后按照积木分布区域判分:若积木全部落在南部空地且在半径为 $R=60$ cm 的范围内,不扣分;若落入南部但位于半径为 $R=60$ cm 的圆形区域外,每落入一块扣 1 分;若落入东、西部区域内,每落入一块扣 2

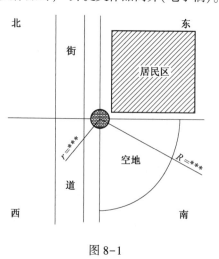

图 8-1

分;若落入北部区域,每落入一块扣 3 分;落入小圆区域内不扣分;若积木位于各区域分界线上,记入扣分多的区域。

（5）评委根据装置制作工艺、造型、创新性并结合作品简介等综合评分,满分 30 分。其中作品简介满分 10 分。

注:制作、比赛过程中,裁判员全程监督,裁判员有权对参赛队制作过程中的违规操作作出警告,对比赛过程中的异议作出裁决,参赛队员应尊重裁判员的判决,否则取消比赛资格。

附　　录

附录 A　误差分析及数据处理知识

力学实验是借助于各种仪器、设备，采用不同的实验方法对各种测试对象在实验过程中所呈现出的物理量进行测量。由于所使用的仪器设备的精度限制，测试方法不够完善，环境条件的影响和实验人员的技术素质的制约，所测物理量难免存在误差。因此，掌握一些误差分析和数据处理的知识，对实验数据进行合理分析和必要的处理，就可以减少误差，得到较好的反映客观存在的物理量。

A-1　误差的概念及分类

实验中的**误差**，是指某个物理量的测量值与其客观存在的真值的差值。力学实验中，主要涉及的测量数据包括力、位移、变形、应力、应变。这些数据一部分是依靠传感器测量的数据，是由计算机或装有单板机的专用测量仪器输出的，该类数据的精度较高；还有一部分数据是依靠各种仪表、量具测量某个物理量，由于主客观原因，不可能测得该物理量的真值，即在测量中存在着误差，正确地处理测量数据，目的是使误差控制在最小程度，最大限度地接近客观实际。

测量误差根据其产生原因和性质可以分为**系统误差**、**随机误差**和**过失误差**。实验时，必须明确自己所使用的仪器、量具本身的精度，创造好的环境条件，认真细致地工作，将误差减小到尽可能低的程度。

一、真值、实验值、理论值和误差的概念

（1）真值：客观上存在的某个物理量的真实的数值。例如，实际存在的力、位移、长度等数值。获得这些数值需要用实验方法测量，由于仪器、方法、环境和人的观察力都不能完美无缺，所以严格地说真值是无法测得的，只能测得真值的近似值。

①理论真值：如力学理论课程中对某些问题严格的理论解，数学、物理理论公式表达值等。

②相对真值（或约定真值）：高一档仪器的测量值是低一档仪器的相对真值或约定真值。

③最可信赖值：某物理量多次测量值的算术平均值。

（2）实验值：用实验方法测量得到的某个物理量的数值。例如，用测力计测量构件所受的力。

（3）理论值：用理论公式计算得到的某个物理量的数值。例如，用材料力学公式计算梁表面的应力。

（4）误差：实验误差是实验值与真值的差值；理论误差是理论值与真值的差值。

二、实验误差的分类

根据误差的性质及其产生的原因可分为以下三类：

（1）系统误差（又称恒定误差）。它是由某些固定不变的因素引起的非随机性误差，具有单向性、重复性、可测性。例如，用未经校正的偏重的砝码称重，所得质量数值总是偏小；又例如，用应变仪测应变时，仪器灵敏系数设置偏大（比应变计灵敏系数值），则所测应变值总是偏小。

系统误差有固定偏向和一定规律性，可根据具体原因采用校准法和对称法予以校正和消除。

（2）随机误差（又称偶然误差）。它是由不易控制的多种因素造成的误差，有时大、有时小，有时正、有时负，没有固定大小和偏向。随机误差的数值一般都不大，不可预测但服从统计规律。误差理论就是研究随机误差规律的理论。

（3）过失误差（又称错误）。它显然是与实际不相符的误差，无一定规律。误差值可以很大，主要由于实验人员粗心、操作不当或过度疲劳造成。例如，读错刻度，记录或计算差错。此类误差只能靠实验人员认真细致地操作和加强校对才能避免。

三、测量数据的精度

测量误差的大小可以由精度表示，精度分为如下三类：

（1）精密度：测量数据随机误差大小的程度，或表示测试结果相互接近的程度。精密度是衡量测试结果的重复性的尺度。

（2）正确度：测量结果中系统误差大小的程度。正确度是衡量测量值接近真值的尺度。

（3）精确度：综合衡量系统误差的随机误差的大小。精确度是测试结果中系统误差与偶然误差的综合值，即测试结果与真值的一致程度。精确度与精密度、正确度紧密相关。它们的关系可以用打靶的情况进行比喻。图 A-1（a）表示精密度高，即系统误差和随机误差都小，精密度和正确度都高；图 A-1（b）表示精确度高但正确度低，即系统误差大、随机误差小；图 A-1（c）表示正确度高但精确度低，即系统误差小、随机误差大。

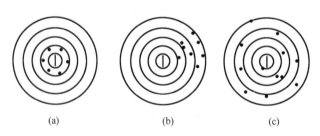

(a)　　　　　　(b)　　　　　　(c)

图 A-1　精密度和准确度的关系

四、误差的表示方法

测量的质量高低以测量精确度作指标，根据测量误差的大小来估计测量的精确度。测量结果的误差越小，则认为测量就越精确。

（1）绝对误差：测量值 X 和真值 A_0 之差称为**绝对误差**，通常称为**误差**。记为

$$D = X - A_0 \tag{A-1}$$

由于真值 A_0 一般无法求得,因而上式只有理论意义。常用高一级标准仪器的示值作为实际值 A 以代替真值 A_0。由于高一级标准仪器存在较小的误差,因而 A 不等于 A_0,但总比 X 更接近于 A_0。X 与 A 之差称为仪器的**示值绝对误差**。记为

$$d = X - A \tag{A-2}$$

与 d 相反的数称为**修正值**,记为

$$C = -d = A - X \tag{A-3}$$

通过检定,可以由高一级标准仪器给出被检仪器的修正值 C。利用修正值便可以求出该仪器的实际值 A。即

$$A = X + C \tag{A-4}$$

(2)相对误差:衡量某一测量值的准确程度,一般用相对误差来表示。示值绝对误差 d 与被测量的实际值 A 的百分比值称为**实际相对误差**。记为

$$\delta_A = \frac{d}{A} \times 100\% \tag{A-5}$$

以仪器的示值 X 代替实际值 A 的相对误差称为**示值相对误差**。记为

$$\delta_X = \frac{d}{X} \times 100\% \tag{A-6}$$

一般来说,除了某些理论分析外,用示值相对误差较为适宜。

(3)引用误差:为了计算和划分仪表精确度等级,提出引用误差概念。其定义为仪表值的绝对误差与量程范围之比。

$$\delta_A = \frac{示值绝对误差}{量程范围} \times 100\% = \frac{d}{X_n} \times 100\% \tag{A-7}$$

式中,d 为示值绝对误差;X_n=标尺上限值-标尺下限值。

(4)算术平均误差:算术平均误差是各个测量点的误差的平均值。

$$\delta_平 = \frac{\sum |d_i|}{n} \qquad (i = 1, 2, \cdots, n) \tag{A-8}$$

式中　n——测量次数;

d_i——为第 i 次测量的误差。

(5)标准误差:标准误差亦称为均方根误差。其定义为

$$\sigma = \sqrt{\frac{\sum d_i^2}{n}} \qquad (i = 1, 2, \cdots, n) \tag{A-9}$$

上式使用于无限测量的场合。实际测量工作中,测量次数是有限的,则改用下式

$$\sigma = \sqrt{\frac{\sum d_i^2}{n-1}} \qquad (i = 1, 2, \cdots, n) \tag{A-10}$$

标准误差不是一个具体的误差,σ 的大小只说明在一定条件下等精度测量集合所属的每一个观测值对其算术平均值的分散程度,如果 σ 的值越小则说明每一次测量值对其算术平均值分散度就小,测量的精度就高,反之精度就低。

在力学实验中最常用的各种表盘式或直尺式压力计、位移计、秒表、量筒、电表等仪表原则上均取其最小刻度值为最大误差,而取其最小刻度值的一半作为绝对误差计算值。

五、误差的基本性质

在力学实验中通常直接测量或间接测量得到有关的参数数据,这些参数数据的可靠程度如何? 如何提高其可靠性? 因此,必须研究在给定条件下误差的基本性质和变化规律。

1. 误差的正态分布

如果测量数列中不包括系统误差和过失误差,从大量的实验中发现偶然误差的大小有如下几个特征:

(1)绝对值小的误差比绝对值大的误差出现的机会多,即误差的概率与误差的大小有关。这是误差的**单峰性**。

(2)绝对值相等的正误差或负误差出现的次数相当,即误差的概率相同。这是误差的**对称性**。

(3)极大正误差或负误差出现的概率都非常小,极大的误差一般不会出现。这是误差的**有界性**。

(4)随着测量次数的增加,偶然误差的算术平均值趋近于零。这是误差的**抵偿性**。

根据上述的误差特征,可得出误差出现的概率分布图,如图 A-2 所示。图中横坐标表示偶然误差,纵坐标表示单个误差出现的概率,图中曲线称为**误差分布曲线**,以 $y=f(x)$ 表示。其数学表达式由高斯提出,具体形式为

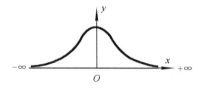

图 A-2　误差分布

$$y=\frac{1}{\sqrt{2\pi}\,\sigma}e^{-\frac{x^2}{2\sigma^2}} \qquad (A-11)$$

或

$$y=\frac{h}{\sqrt{\pi}}e^{-h^2x^2} \qquad (A-12)$$

式(A-12)称为**高斯误差分布定律**,亦称为**误差方程**。式中 σ 为标准误差;h 为精确度指数;σ 和 h 的关系为

$$y=\frac{1}{\sqrt{2}\,\sigma} \qquad (A-13)$$

若误差按函数关系[式(A-11)]分布,则称为**正态分布**。σ 越小,测量精度越高,分布曲线的峰越高且窄;σ 越大,分布曲线越平坦且越宽,如图 A-3所示。由此可知,σ 越小,小误差占的比重越大,测量精度越高;反之,则大误差占的比重越大,测量精度越低。

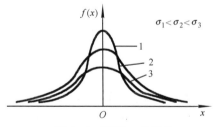

图 A-3　不同 σ 的误差

2. 测量集合的最佳值

在测量精度相同的情况下,测量一系列观测值 $M_1,M_2,M_3,\cdots,M_n$ 所组成的测量集合,假设其平均值为 M_m,则各次测量误差为

$$x_i=M_i-M_m \qquad (i=1,2,\cdots,n)$$

当采用不同的方法计算平均值时,所得到误差值不同,误差出现的概率亦不同。若选取适当的计算方法,使误差最小,而概率最大,由此计算的平均值为最佳值。根据高斯分布定律,只有各点误差平方和最小,才能实现概率最大。这就是最小乘法值。由此可见,对于一组精度相同的分布曲线观测值,采用算术平均得到的值是该组观测值的最佳值。

3. 有限测量次数中标准误差 σ 的计算

由误差基本概念知,误差是观测值和真值之差。在没有系统误差存在的情况下,以无限多次测量所得到的算术平均值为真值。当测量次数有限时,所得到的算术平均值近似于真值,称为**最佳值**。因此,观测值与真值之差不同于观测值与最佳值之差。

令真值为 A,计算平均值为 a,观测值为 M,并令 $d=M-a,D=M-A$,则

$$d_1=M_1-a, \qquad D_1=M_1-A$$
$$d_2=M_2-a, \qquad D_2=M_2-A$$
$$\vdots \qquad\qquad \vdots$$
$$d_n=M_n-a, \qquad D_n=M_n-A$$
$$\sum d_i=\sum M_i-na \qquad \sum D_i=\sum M_i-nA$$

因为 $\sum M_i-na=0$,$\sum M_i=na$,代入 $\sum D_i=\sum M_i-nA$ 中,即得

$$a=A+\frac{\sum D_i}{n} \tag{A-14}$$

将式(A-14)式代入 $d_i=M_i-a$ 中得

$$d_i=(M_i-A)-\frac{\sum D_i}{n}=D_i-\frac{\sum D_i}{n} \tag{A-15}$$

将式(A-15)两边各平方得

$$d_1^2=D_1^2-2D_1\frac{\sum D_i}{n}+\left(\frac{\sum D_i}{n}\right)^2$$

$$d_2^2=D_2^2-2D_2\frac{\sum D_i}{n}+\left(\frac{\sum D_i}{n}\right)^2$$

$$\vdots \qquad\qquad \vdots$$

$$d_n^2=D_n^2-2D_n\frac{\sum D_i}{n}+\left(\frac{\sum D_i}{n}\right)^2$$

对 i 求和得
$$\sum d_i^2=\sum D_i^2-2\frac{(\sum D_i)^2}{n}+n\left(\frac{\sum D_i}{n}\right)^2$$

因为在测量中正负误差出现的机会相等,故将 $(\sum D_i)^2$ 展开后,D_1 和 D_2、D_1 和 D_3……为正为负的数目相等,彼此相消,故得

$$\sum d_i^2=\sum D_i^2-2\frac{\sum D_i^{\ 2}}{n}+n\frac{\sum D_i^2}{n^2}$$

$$\sum d_i^2=\frac{n-1}{n}\sum D_i^2$$

从上式可以看出,在有限测量次数中,自算数平均值计算的误差平方和永远小于自真值计算的误差平方和。根据标准误差的定义

$$\sigma = \sqrt{\frac{\sum D_i^2}{n}}$$

式中，$\sum D_i^2$ 代表观测次数为无限多时误差的平方和，故当观测次数有限时可用下式计算：

$$\sigma = \sqrt{\frac{\sum d_i^2}{n-1}} \tag{A-16}$$

4. 可疑观测值的舍弃

由概率积分知，随机误差正态分布曲线下的全部积分，相当于全部误差同时出现的概率，即

$$P = \frac{1}{\sqrt{2\pi}\,\sigma} \int_{-\infty}^{+\infty} e^{-\frac{x^2}{2\sigma^2}} dx = 1 \tag{A-17}$$

若误差 x 以标准误差 σ 的倍数表示，即 $x = t\sigma$，则在 $\pm t\sigma$ 范围内出现的概率为 $2\phi(t)$，超出这个范围的概率为 $1 - 2\phi(t)$。$\phi(t)$ 称为概率函数，表示为

$$\phi(t) = \frac{1}{\sqrt{2\pi}} \int_0^t e^{-\frac{t^2}{2}} dt \tag{A-18}$$

$2\phi(t)$ 与 t 的对应值在数学手册或专著中均附有此类积分表，读者需要时可自行查取。在使用积分表时，需已知 t 值。由表 A-1 和图 A-4 给出几个典型及其相应的超出或不超出 $|x|$ 的概率。

表 A-1　误差概率和出现次数

t	$|x| = t\sigma$	不超出 $|x|$ 的概率 $2\phi/t$	超出 $|x|$ 的概率 $(1-2\phi)/t$	测量次数 n	超出 $|x|$ 的测量次数
0.67	0.67σ	0.497 14	0.502 86	2	1
1	1σ	0.682 69	0.317 31	3	1
2	2σ	0.954 50	0.045 50	22	1
3	3σ	0.997 30	0.002 70	370	1
4	4σ	0.999 91	0.000 09	11 111	1

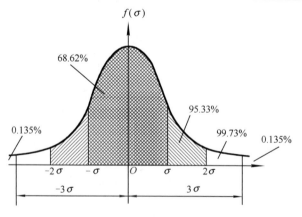

图 A-4　误差分布曲线的积分

由表 A-1 知，当 $t=3$，$|x|=3\sigma$ 时，在 370 次观测中只有一次测量的误差超过 3σ 范围。在有限次的观测中，一般测量次数不超过 10 次，可以认为误差大于 3σ，可能是由于过失误差

或实验条件变化未被发觉等原因引起的。因此，凡是误差大于 3σ 的数据点予以舍弃。这种判断可疑实验数据的原则称为 3σ 准则。

5. 函数误差

上述讨论的主要是直接测量的误差计算问题，但在许多场合下，往往涉及间接测量的变量，所谓间接测量是通过直接测量得到的量之间有一定的函数关系，根据函数关系导出新的物理量，例如，动力学实验问题中的应变速率。因此，间接测量值就是直接测量得到的各个测量值的函数。其测量误差是各个测量值误差的函数，下面讨论函数误差的一般形式。

在间接测量中，一般为多元函数，而多元函数可用下式表示：

$$y = f(x_1, x_2, \cdots, x_n) \tag{A-19}$$

式中　y——间接测量值；

　　　x_n——直接测量值。

由台劳级数展开得

$$\Delta y = \frac{\partial f}{\partial x_1}\Delta x_1 + \frac{\partial f}{\partial x_2}\Delta x_2 + \cdots + \frac{\partial f}{\partial x_n}\Delta x_n \tag{A-20}$$

或

$$\Delta y = \sum_{i=1}^{n} \frac{\partial f}{\partial x_i}\Delta x_i$$

它的最大绝对误差为

$$\Delta y = \left| \sum_{i=1}^{n} \frac{\partial f}{\partial x_i}\Delta x_i \right| \tag{A-21}$$

式中　$\dfrac{\partial f}{\partial x_i}$——误差传递系数；

　　　Δx_i——直接测量值的误差；

　　　Δy——间接测量值的最大绝对误差。

函数的相对误差 δ 为

$$\delta = \frac{\Delta y}{y} = \frac{\partial f \Delta x_1}{\partial x_1 y} + \frac{\partial f \Delta x_2}{\partial x_2 y} + \cdots + \frac{\partial f \Delta x_n}{\partial x_n y}$$

$$= \frac{\partial f}{\partial x_1}\delta_1 + \frac{\partial f}{\partial x_2}\delta_2 + \cdots + \frac{\partial f}{\partial x_n}\delta_n \tag{A-22}$$

某些典型函数误差的计算如下：

（1）函数 $y = x \pm z$ 绝对误差和相对误差。由于误差传递系数 $\dfrac{\partial f}{\partial x} = 1, \dfrac{\partial f}{\partial z} = \pm 1$，则函数最大绝对误差

$$\Delta y = \pm(|\Delta x| + |\Delta z|) \tag{A-23}$$

相对误差

$$\delta_r = \frac{\Delta y}{y} = \pm \frac{|\Delta x| + |\Delta z|}{x + z} \tag{A-24}$$

（2）函数形式为 $y = K\dfrac{xz}{w}$，x、z、w 为变量。误差传递系数为

$$\frac{\partial y}{\partial x} = \frac{Kz}{w}; \qquad \frac{\partial y}{\partial z} = \frac{Kx}{w}; \qquad \frac{\partial y}{\partial w} = -\frac{Kxz}{w^2}$$

函数的最大绝对误差为

$$\Delta y = \left| \frac{Kz}{w} \Delta x \right| + \left| \frac{Kx}{w} \Delta z \right| + \left| \frac{Kxz}{w^2} \Delta w \right| \tag{A-25}$$

函数的最大相对误差为

$$\delta_r = \frac{\Delta y}{y} = \left| \frac{\Delta x}{x} \right| + \left| \frac{\Delta z}{z} \right| + \left| \frac{\Delta w}{w} \right| \tag{A-26}$$

现将某些常用函数的最大绝对误差和相对误差列于表 A-2 中。

表 A-2 某些函数的误差传递公式

函数式	误差传递公式	
	最大绝对误差 Δy	最大相对误差 δ_r
$y = x_1 + x_2 + x_3$	$\Delta y = \pm(\|\Delta x_1\| + \|\Delta x_2\| + \|\Delta x_3\|)$	$\delta_r = \Delta y / y$
$y = x_1 + x_2$	$\Delta y = \pm(\|\Delta x_1\| + \|\Delta x_2\|)$	$\delta_r = \Delta y / y$
$y = x_1 x_2$	$\Delta y = \pm(\|x_1 \Delta x_2\| + \|x_2 \Delta x_1\|)$	$\delta_r = \pm\left(\left\| \frac{\Delta x_1}{x_1} + \frac{\Delta x_2}{x_2} \right\|\right)$
$y = x_1 x_2 x_3$	$\Delta y = \pm(\|x_1 x_2 \Delta x_3\| + \|x_1 x_3 \Delta x_2\| + \|x_2 x_3 \Delta x_1\|)$	$\delta_r = \pm\left(\left\| \frac{\Delta x_1}{x_1} + \frac{\Delta x_2}{x_2} + \frac{\Delta x_3}{x_3} \right\|\right)$
$y = x^n$	$\Delta y = \pm(n x^{n-1} \Delta x)$	$\delta_r = \pm\left(n \left\| \frac{\Delta x}{x} \right\|\right)$
$y = \sqrt[n]{x}$	$\Delta y = \pm\left(\frac{1}{n} x^{\frac{1}{n}-1} \Delta x\right)$	$\delta_r = \pm\left(\frac{1}{n} \left\| \frac{\Delta x}{x} \right\|\right)$
$y = x_1 / x_2$	$\Delta y = \pm\left(\frac{x_2 \Delta x_1 + x_1 \Delta x_2}{x_2^2}\right)$	$\delta_r = \pm\left(\left\| \frac{\Delta x_1}{x_1} + \frac{\Delta x_2}{x_2} \right\|\right)$
$y = cx$	$\Delta y = \pm\| c \Delta x \|$	$\delta_r = \pm\left(\left\| \frac{\Delta x}{x} \right\|\right)$
$y = \lg x$	$\Delta y = \pm\left\| 0.434\,3 \frac{\Delta x}{x} \right\|$	$\delta_r = \Delta y / y$
$y = \ln x$	$\Delta y = \pm\left\| \frac{\Delta x}{x} \right\|$	$\delta_r = \Delta y / y$

A-2 系统误差的消除

一、测量仪表精确度

测量仪表的精确等级是用最大引用误差（又称允许误差）来标明的。它等于仪表示值中的最大绝对误差与仪表的量程范围之比的百分数。

$$\delta_{n\max} = \frac{最大示值绝对误差}{量程范围} \times 100\% = \frac{d_{\max}}{X_n} \times 100\% \tag{A-27}$$

式中 $\delta_{n\max}$——仪表的最大测量引用误差；

d_{max}——仪表示值的最大绝对误差;X_n=标尺上限值=标尺下限值。

通常情况下是用标准仪表校验较低级的仪表。所以,最大示值绝对误差就是被校表与标准表之间的最大绝对误差。

测量仪表的精度等级是国家统一规定的,把允许误差中的百分号去掉,剩下的数字就称为仪表的**精度等级**。仪表的精度等级常以圆圈内的数字标明在仪表的面板上。例如某台压力计的允许误差为 1.5%,这台压力计电工仪表的精度等级就是 1.5,通常简称 **1.5 级仪表**。

某仪表的精度等级为 a,即表明仪表在正常工作条件下,其最大引用误差的绝对值 δ_{max} 不能超过的界限,即

$$\delta_{n max} = \frac{d_{max}}{X_n} \times 100\% \leqslant a\% \qquad (A-28)$$

由式(A-28)可知,在应用仪表进行测量时所能产生的最大绝对误差(简称**误差限**)为

$$d_{max} \leqslant a\% X_n \qquad (A-29)$$

而用仪表测量的最大值相对误差为

$$\delta_{n max} = \frac{d_{max}}{X_n} \leqslant a\% \frac{X_n}{X} \qquad (A-30)$$

由上式可以看出,用指示仪表测量某一被测量所能产生的最大示值相对误差,不会超过仪表允许误差 $a\%$ 乘以仪表测量上限 X_n 与测量值 X 的比。在实际测量中为可靠起见,可用下式对仪表的测量误差进行估计,即

$$\delta_n = a\% \frac{X_n}{X} \qquad (A-31)$$

二、系统误差的消除

实验中的系统误差又称为**错误**,应该尽可能地减小甚至消除。常用的方法有:

1. 对称法

力学实验中所采用的对称法包括两类:

(1)对称读数:例如拉伸试验中,试件两侧对称地测量变形,取其平均值就可消去加载偏心造成的影响,例如,使用蝶式引伸仪等双侧读数的仪表;又例如,为了达到同样目的,在试件对称部位分别粘贴应变片,取其平均应变值也可消去加载偏心造成的影响。

(2)加载对称:在加载和卸载时分别读数,这样可以发现可能出现的残余应力应变,并减小过失误差。

2. 校正法

经常对实验仪表进行校正,以减小因仪表不准所造成的系统误差。根据计量部门规定,材料试验机的测力度盘或传感器(相对误差不能大于 1%)必须每年用标准测力计(相对误差小于 0.5%)校准;又例如,电阻变应仪的灵敏系数设定,应定期用标准应变模拟仪进行校准。

3. 增量法(逐级加载法)

当需测量某些线性变形或应变时,在比例极限内,载荷由 P_1 增加到 $P_2,P_3,\cdots,P_i$。在测量仪表或传感器输出上,便可以读出各级载荷所对应的读数 $A_1,A_2,A_3,\cdots,A_i$,$\Delta A = A_i - A_{i-1}$ 称为**读数差**,各个读数的平均值就是当载荷增加 ΔP(一般载荷都是等量增减)时的平均变形或应变。

增量法可以避免某些系统误差的影响。例如,材料试验机如果有摩擦力 f(常量)存在,则

每次施加于试件上的真实力为 P_1+f，P_2+f… 再取其增量 $\Delta P=(P_2+f)-(P_1+f)=P_2-P_1$，摩擦力 f 便消去了。又例如，传感器初始输出不为零时，如果采用增量法，传感器所带来的系统误差也可以消除掉。

材料力学实验中的弹性变形测量，一般采用增量法。

A-3　实验数据处理

一、实验数据整理的几条规定

1. 读数规定

(1)试验的原始数据应真实记录，不得进行任何加工整理。

(2)传感器输出数据如实记录；表盘、量具读数一般读到最小分格的 1/2，其中最后一位有效数字是估读数字。

2. 数据取舍的规定

明显不合理的实验结果通常称为**异常数据**。例如，外载增加了，变形反而减小；理论上应为拉应力的区域测出为压应力等。这种异常数据往往由过失误差造成，发生这种情况时必须首先找出数据异常的原因，再重新进行测试。需要指出的是，对待实验中的异常数据，是剔除而不是将其修改为正常数据，对于明显不合理数据产生的原因也应在实验报告中进行分析讨论。

3. 多次重复试验的算术平均值

若在实验中，测量的次数无限多时，根据误差的分布定律，正负误差出现的几率相等。再经过细致地消除系统误差，将测量值加以平均，可以获得非常接近于真值的数值。但是实际上实验测量的次数总是有限的。用有限测量值求得的平均值只能是近似真值，常用的平均值有下列几种：

(1)算术平均值是最常见的一种平均值。设 $x_1,x_2,\cdots,x_n$ 为各次测量值，n 代表测量次数，则算术平均值为

$$\bar{x}=\frac{x_1+x_2+\cdots+x_n}{n}=\frac{\sum\limits_{i=1}^{n}x_i}{n} \qquad (A-32)$$

(2) 几何平均值。几何平均值是将一组 n 个测量值连乘并开 n 次方求得的平均值。即

$$\bar{x}_{几}=\sqrt[n]{x_1\cdot x_2\cdots x_n} \qquad (A-33)$$

(3)均方根平均值用下式表示：

$$\bar{x}_{均}=\sqrt{\frac{x_1^2+x_2^2+\cdots+x_n^2}{n}}=\sqrt{\frac{\sum\limits_{i=1}^{n}x_i^2}{n}} \qquad (A-34)$$

(4) 对数平均值。在结构振动实验、疲劳与断裂力学试验中，试验所得到的曲线有时会以指数或对数的形式表达，在这种情况下表征平均值常用对数平均值。

设两个量 x_1、x_2，其对数平均值

$$\bar{x}_{对} = \frac{x_1 - x_2}{\ln x_1 - \ln x_2} = \frac{x_1 - x_2}{\ln \dfrac{x_1}{x_2}} \tag{A-35}$$

应指出,变量的对数平均值总小于算术平均值。当 $x_1/x_2 \leqslant 2$ 时,可以用算术平均值代替对数平均值。

当 $x_1/x_2 = 2$,$\bar{x}_{对} = 1.443$,$\bar{x} = 1.50$,$(\bar{x}_{对} - \bar{x})/\bar{x}_{对} = 4.2\%$,即 $x_1/x_2 \leqslant 2$,引起的误差不超过 4.2%。

以上介绍各平均值的目的是要从一组测定值中找出最接近真值的那个值。在力学实验和多数科学研究中,数据的分布都属于正态分布,所以通常采用算术平均值。

4. 实验结果运算的规定

在科学与工程中,该用几位有效数字来表示测量或计算结果,总是以一定位数的数字来表示。不是说一个数值中小数点后面位数越多越准确。实验中从测量仪表上所读数值的位数是有限的,取决于测量仪表的精度,其最后一位数字往往是仪表精度所决定的估计数字。即一般应读到测量仪表最小刻度的十分之一位。数值准确度大小由有效数字位数来决定。

(1)有效数字。一个数据,其中除了起定位作用的"0"外,其他数都是有效数字。例如,0.0037 只有两位有效数字,而 370.0 则有四位有效数字。一般要求测试数据有效数字为 4 位。要注意有效数字不一定都是可靠数字,记录测量数值时只保留一位可疑数字。

保留有效数字位数的原则:

①1~9 均为有效数字,0 既可以是有效数字,也可以作定位用的无效数字;

②变换单位时,有效数字的位数不变;

③首位是 8 或 9 时,有效数字可多计一位;

④在以对数表达的实验数据值中,有效数字仅取决于小数部分数字的位数;

⑤常量分析一般要求四位有效数字,以表明分析结果的准确度为 1‰。

为了清楚地表示数值的精度,明确读出有效数字位数,常用指数的形式表示,即写成一个小数与相应 10 的整数幂的乘积。这种以 10 的整数幂来记数的方法称为**科学记数法**。

例如:752 000 　　有效数字为 4 位时,记为 7.520×10^5;

　　　　　　　有效数字为 3 位时,记为 7.52×10^5;

　　　　　　　有效数字为 2 位时,记为 7.5×10^5;

　　0.004 78 　　有效数字为 4 位时,记为 4.780×10^{-3};

　　　　　　　有效数字为 3 位时,记为 4.78×10^{-3};

　　　　　　　有效数字为 2 位时,记为 4.7×10^{-3}。

(2)有效数字运算规则:

①记录测量数值时,只保留一位可疑数字。

②当有效数字位数确定后,其余数字一律舍弃。舍弃办法是四舍六入,即末位有效数字后边第一位小于 5,则舍弃不计;大于 5 则在前一位数上增 1;等于 5 时,前一位为奇数,则进 1 为偶数,前一位为偶数,则舍弃不计。这种舍入原则可简述为"小则舍,大则入,正好等于奇变偶"。例如,保留四位有效数字:

$$3.717\,29 \longrightarrow 3.717;$$
$$5.142\,85 \longrightarrow 5.143$$
$$7.623\,56 \longrightarrow 7.624$$
$$9.376\,56 \longrightarrow 9.376$$

③ 在加减计算中,各数所保留的位数,应与各数中小数点后位数最少的相同。例如,将 24.65,0.0082,1.632 三个数字相加时,应写为 24.65 + 0.01 + 1.63 = 26.29。

④ 在乘除运算中,各数所保留的位数,以各数中有效数字位数最少的那个数为准;其结果的有效数字位数亦应与原来各数中有效数字最少的那个数相同。例如,0.012 1×25.64×1.057 82 应写成 0.012 1×25.64×1.06 = 0.328。上例说明,虽然这三个数的乘积为 0.328 182 3,但只应取其积为 0.328。

⑤ 在对数计算中,所取对数位数应与真数有效数字位数相同。

二、数据拟合常用方法简介

力学实验的常规成果是实验数据,为了简洁明了地表达两个或多个相关物理量之间的关系,有时需要将数据拟合成函数关系并画出相应的函数曲线,这样处理之后的实验成果不仅便于分析比较,也便于发现和归纳其中的规律,而且有利于成果的推广引用,必要时还可以根据函数关系进一步细化或推演实验数据。所以现代力学实验中许多带实验数据处理功能的程序,都包含有数据拟合软件程序。下面介绍工程力学实验中常见的数据拟合方法。

(一)一元线性回归方法简介

一元线性回归是实验数据处理和求经验公式最常用的方法之一,使用该方法,可以依据一组实验数据,确定线性方程 $y = a + bx$ 中的未知常数 a 和 b。具体来说,若两物理量满足线性相关关系,并由实验测得一组数据 x_k、y_k($k = 1, 2, 3, \cdots, n$),一元线性回归方法就是利用最小二乘法来确定最佳拟合直线,来反映两个变量的关系。已知样本的数据总数 n,线性回归的方程为

$$y = a + bx \pm \Delta y$$

式中,$a = \bar{y} - b\bar{x}$;回归系数 $b = l_{xy}/l_{xx}$,是回归直线的斜率;$\bar{x} = 1/n \sum x_k$;$\bar{y} = 1/n \sum y_k$;剩余标准差 Δy 是数据点偏离回归值或数据分散性的度量,也是回归效果好坏的一种度量,其计算公式为

$$\Delta y = \sqrt{\frac{(l_{yy} - bl_{xy})}{(n-2)}}$$

可以证明,$(\Delta y)^2$ 是总体方差 σ^2 的无偏估计,粗略地说,将有 68% 的数据点位于两条直线 $y = a + bx + \Delta y$ 和 $y = a + bx - \Delta y$ 之间的区域内。相关系数 r 的计算公式为

$$r = \frac{l_{xy}}{\sqrt{l_{xx}l_{yy}}}$$

在以上各式中,

$$l_{xx} = \sum x_k^2 - \frac{1}{n}\left(\sum x_k\right)^2$$

$$l_{yy} = \sum y_k^2 - \frac{1}{n}\left(\sum y_k\right)^2$$

$$l_{xy} = \sum x_k y_k - \frac{1}{n}\left(\sum x_k\right)\left(\sum y_k\right)$$

相关系数反映两个变量线性相关关系的密切程度,其绝对值越接近1,则两个变量线性相关的程度越高,可用相关系数的显著性检验来判别。

在实际工作中有许多复杂的函数形式,可以经过适当的变换将其变为线性关系,然后再进行一元线性回归分析。

(二) 曲线拟合的最小二乘法简介

线性关系是最简单的函数关系,大多数力学实验所得数据之间的联系都不是线性关系所能正确表达的。要拟合这样的离散实验数据,往往需要根据一组给定的实验数据$(x_i, y_i)(i = 0, 1, 2, \cdots, m)$,如图 A-5 所示,求出自变量 x 与因变量 y 的函数关系

$$y = s(x, a_0, a_1, \cdots, a_n) \qquad (n < m)$$

因为观测数据总有误差,且待定参数 a_i 的数量比给定数据点的数量少(即 $n < m$),所以这类问题不要求 $y = s(x) = s(x, a_0, a_1, \cdots, a_n)$ 通过点 $(x_i, y_i)(n = 0, 1, \cdots, m)$,而只要求在给定点 x_i 上的误差 $\delta_i = s(x) - y_i (i = 0, 1, \cdots, m)$ 的平方和

$$\sum_{i=0}^{m} \delta_i^2 \text{ 最小。}$$

当 $s(x) \in \text{span}\{\phi_0, \phi_1, \cdots, \phi_n\}$ 时,即有

$$s(x) = a_0 \varphi_0(x) + a_1 \phi_1(x) + \cdots + a_n \phi_n(x)$$
$$(\text{A-36})$$

向量 $\phi_0, \phi_1, \cdots, \phi_n$ 的所有线性组合构成的集合,称为 $\phi_0, \phi_1, \cdots, \phi_n$ 的张成(span)。向量 $\phi_0, \phi_1, \cdots, \phi_n$ 的张成记为 $\text{span}\{\phi_0, \phi_1, \cdots, \phi_n\}$。

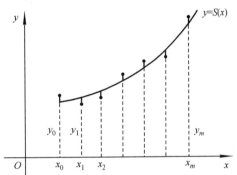

图 A-5　离散实验数据的分析图

$$\sum_{i=0}^{m} [s(x_i - y_i)]^2 = \Big[\sum_{i=1}^{m} \delta_i^2\Big]_{\min}$$

$$s(x) = a_0 \varphi_0(x) + a_1 \varphi_1(x) + \cdots$$
$$+ a_n \varphi_n(x) \qquad (n < m)$$

这里 $\phi_0(x), \phi_1(x), \cdots, \phi_n(x) \in [a, b]$ 是线性无关的函数族。

假定在 $[a, b]$ 上给出一组数据 $\{(x_i, y_i), i = 1, 2, \cdots, m\}, a \leqslant x_i \leqslant b$,以及对应的一组权,这里 $\rho_i > 0$ 为权系数,要求 $s(x) = \text{span}\{\phi_0, \phi_1, \cdots, \phi_n\}$ 使 $I(a_0, a_1, \cdots, a_n)$ 最小,其中

$$I(a_0, a_1, \cdots, a_n) = \sum_{i=0}^{m} \rho_i [s(x_i) - y_i]^2 \qquad (\text{A-37})$$

这就是最小二乘逼近,所得拟合曲线为 $y = s(x)$,这种方法称为**曲线拟合的最小二乘法**。

式(A-37)中 $I(a_0, a_1, \cdots, a_n)$ 实际上是关于 $a_0, a_1, \cdots, a_n$ 的多元函数,求 I 的最小值就是求多元函数 I 的极值,由极值必要条件,可得

$$\frac{\partial I}{\partial a_k} = 2 \sum_{i=1}^{m} \rho_i [a_0 \varphi_0(x_i) + a_1 \varphi_1(x_i) + \cdots + a_n \varphi_n(x_i) - y_i] \varphi_k(x_i) \quad (k = 0, 1, \cdots, n)$$
$$(\text{A-38})$$

根据内积定义引入相应带权内积记号

$$\begin{cases} (\varphi_j, \varphi_k) = \sum_{i=1}^{m} \rho_i \varphi_j(x_i) \varphi_k(x_i) \\ (y, \varphi_k) = \sum_{i=1}^{m} \rho_i y_i \varphi_k(x_i) \end{cases} \qquad (\text{A-39})$$

则式(A-38)可改写为

$$(\varphi_0,\varphi_k)a_0+(\varphi_1,\varphi_k)a_1+\cdots+(\varphi_n,\varphi_k)a_n=(y,\varphi_k) \quad (k=0,1,\cdots,n)$$

这是关于参数 $a_0,a_1\cdots a_n$ 的线性方程组,用矩阵表示为

$$\begin{pmatrix} (\varphi_0,\varphi_0) & (\varphi_0,\varphi_1) & \cdots & (\varphi_0,\varphi_n) \\ (\varphi_1,\varphi_0) & (\varphi_1,\varphi_1) & \cdots & (\varphi_1,\varphi_n) \\ \vdots & \vdots & & \vdots \\ (\varphi_n,\varphi_0) & (\varphi_n,\varphi_1) & \cdots & (\varphi_n,\varphi_n) \end{pmatrix} \begin{pmatrix} a_0 \\ a_1 \\ \vdots \\ a_n \end{pmatrix} = \begin{pmatrix} (y,\varphi_0) \\ (y,\varphi_1) \\ \vdots \\ (y,\varphi_n) \end{pmatrix} \tag{A-40}$$

式(A-40)称为**法方程**,当 $\{\varphi_j(x),j=1,2,\cdots,n\}$ 线性无关,且在点集 $X=\{x_0,x_1,\cdots,x_n\}$($m\geqslant n$)上至多只有 n 个不同零点,则称 $\varphi_0,\varphi_1,\cdots,\varphi_n$ 在 X 上满足 **Haar** 条件,此时(A-40)的解存在且唯一(证明略),即式(A-40)的解为

$$a_k=a_k^* \qquad (k=0,1,\cdots,n)$$

从而得到最小二乘拟合曲线

$$y=s^*(x)=a_0^*\varphi_0(x)+a_1^*\varphi_1(x)+\cdots+a_n^*\varphi_n(x) \tag{A-41}$$

可以证明对 $\forall (a_0,a_1,\cdots,a_n)^{\mathrm{T}}\in \mathbf{R}^{n+1}$,有

$$I(a_0^*,a_1^*,\cdots,a_n^*)\leqslant I(a_0,a_1,\cdots,a_n)$$

故(A-41)得到的 $s^*(x)$ 即为所求的最小二乘解,它的平方误差为

$$\|\delta\|_2^2=\sum_{i=1}^{m}\rho_i[s^*(x_i)-y_i]^2 \tag{A-42}$$

均方误差为

$$\|\delta\|_2=\sqrt{\sum_{i=1}^{m}\rho_i[s^*(x_i)-y_i]^2}$$

上节所述一元线性回归是 $n=1$ 的例子。

值得注意的是,在最小二乘逼近中,若取 $\varphi_k(x)=x^k(k=0,1,\cdots,n)$,则

$$s(x)\in \mathrm{span}\{1,x,x^2,\cdots,x^n\}$$

表示为

$$s(x)=a_0+a_1x+a_2x^2+\cdots+a_nx^n \tag{A-43}$$

此时关于系数 $a_0,a_1,\cdots,a_n$ 的法方程组(A-40)是病态方程,通常当 $n\geqslant 3$ 时不直接取 $\varphi_k(x)=x^k$ 作为基。

【例1】 设经实验取得一组数据如下:

$$x_i \quad 1 \quad 2 \quad 5 \quad 7$$
$$y_i \quad 9 \quad 4 \quad 2 \quad 1$$

试求它的最小二乘拟合曲线[取 $\rho(x)\equiv 1$]。

解   显然 $n=1,m=3$,且

$$x_0=1,\quad x_1=2,\quad x_2=5,\quad x_3=7$$
$$y_0=9,\quad y_1=4,\quad y_2=2,\quad y_3=1$$

在 Oxy 坐标系中画出散点图,可发现这些点基本位于一条双曲线附近,于是可取拟合函数类 $\phi=\mathrm{span}\{\phi_0(x),\phi_1(x)\}=\mathrm{span}\{1,1/x\}$,在其中选

$$\phi(x)=a_0\varphi_0(x)+a_1\varphi_1(x)=a_0+\frac{a_1}{x}$$

去拟合上述数据。

$$\left(\varphi_0,\varphi_0\right)=\sum_{i=0}^{3}1\times1=4 \qquad\qquad \left(\varphi_1,\varphi_0\right)=\sum_{i=0}^{3}\frac{1}{x_i}\times1=1.842\ 857$$

$$\left(\varphi_0,\varphi_1\right)=\sum_{i=0}^{4}1\times\frac{1}{x_i}=1.842\ 857 \qquad \left(\varphi_1,\varphi_1\right)=\sum_{i=0}^{4}\frac{1}{x_i}\times\frac{1}{x_i}=1.310\ 408$$

$$\left(f,\varphi_0\right)=\sum_{i=0}^{4}y_i\times1=16$$

$$\left(f,\varphi_1\right)=\sum_{i=0}^{4}y_i\times\frac{1}{x_i}=11.542\ 857$$

得法方程组：

$$\begin{pmatrix}\left(\varphi_0,\varphi_0\right)&\left(\varphi_1,\varphi_0\right)\\\left(\varphi_0,\varphi_1\right)&\left(\varphi_1,\varphi_1\right)\end{pmatrix}\begin{pmatrix}a_0\\a_1\end{pmatrix}=\begin{pmatrix}\left(f,\varphi_0\right)\\\left(f,\varphi_1\right)\end{pmatrix}$$

即

$$\begin{pmatrix}4&1.842\ 857\\1.842\ 857&1.310\ 408\end{pmatrix}\begin{pmatrix}a_0\\a_1\end{pmatrix}=\begin{pmatrix}16\\11.5428\ 57\end{pmatrix}$$

解得 $a_0=-0.165\ 432$，$a_1=9.041\ 247$，于是所求拟合函数为

$$\varphi^*(x)=-0.165\ 432+\frac{9.041\ 247}{x}$$

前面所讨论的最小二乘问题都是线性的，即 $\varphi(x)$ 关于待定系数 $a_0,a_1,\cdots,a_m$ 是线性的。若 $\varphi(x)$ 关于待定系数 $a_0,a_1,\cdots,a_m$ 是非线性的，则往往先用适当的变换把非线性问题线性化后，再求解。

例如，对 $y=\varphi(x)=a_0\mathrm{e}^{a_1x}$，取对数得 $\ln y=\ln a_0+a_1x$，

记 $A_0=\ln a_0$，$A_1=a_1$，$u=\ln y$，$x=x$，则有 $u=A_0+A_1x$，它是关于待定系数 A_0，A_1 是线性的，于是 A_0，A_1 所满足的法方程组是

$$\begin{pmatrix}\left(\varphi_0,\varphi_0\right)&\left(\varphi_1,\varphi_0\right)\\\left(\varphi_0,\varphi_1\right)&\left(\varphi_1,\varphi_1\right)\end{pmatrix}\begin{pmatrix}A_0\\A_1\end{pmatrix}=\begin{pmatrix}\left(u,\varphi_0\right)\\\left(u,\varphi_1\right)\end{pmatrix}$$

其中 $\varphi_0(x)=1$，$\varphi_1(x)=x$，由上述方程组解得 A_0，A_1 后，再由 $a_0=\mathrm{e}^{A_0}$，$a_1=A_1$，求得 $\varphi^*(x)=a_0\mathrm{e}^{a_1x}$。

【例 2】　由实验得到一组数据如下：

$$x_i\quad 0\quad 0.5\quad 1\quad 1.5\quad 2\quad 2.5$$
$$y_i\quad 2.0\quad 1.0\quad 0.9\quad 0.6\quad 0.4\quad 0.3$$

试求它的最小二乘拟合曲线 $\left[\,\text{取}\ \rho(x)=1\,\right]$。

解　显然 $m=5$，且

$$x_0=0,\quad x_1=0.5,\quad x_2=1,\quad x_3=1.5,\quad x_4=2,\quad x_5=2.5,$$
$$y_0=2.0,\quad y_1=1.0,\quad y_2=0.9,\quad y_3=0.6,\quad y_4=0.4,\quad y_5=0.3.$$

在 Oxy 坐标系中画出散点图，可见这些点近似于一条指数曲线 $y=a_0\mathrm{e}^{a_1x}$，记

$$A_0=\ln a_0,\quad A_1=a_1,\quad u=\ln y,\quad x=x$$

则有

$$u=A_0+A_1x$$

记 $\varphi_0(x) = 1, \varphi_1(x) = x$，则

$$(\varphi_0, \varphi_0) = \sum_{i=0}^{5} (1 \times 1) = 6, \qquad\qquad (\varphi_1, \varphi_0) = \sum_{i=0}^{5} (x_i) \times 1 = 7.5,$$

$$(\varphi_0, \varphi_1) = \sum_{i=0}^{4} (1 \times x_i) = 7.5, \qquad\qquad (\varphi_1, \varphi_1) = \sum_{i=0}^{4} (x_i \times x_i) = 13.75,$$

$$(u, \varphi_0) = \sum_{i=0}^{4} \ln (y_i \times 1) = -2.043\ 302,$$

$$(u, \varphi_1) = \sum_{i=0}^{4} \ln (y_i \times x_i) = -5.714\ 112,$$

得法方程组

$$\begin{pmatrix} (\varphi_0, \varphi_0) & (\varphi_1, \varphi_0) \\ (\varphi_0, \varphi_1) & (\varphi_1, \varphi_1) \end{pmatrix} \begin{pmatrix} A_0 \\ A_1 \end{pmatrix} = \begin{pmatrix} (u, \varphi_0) \\ (u, \varphi_1) \end{pmatrix}$$

即

$$\begin{pmatrix} 6 & 7.5 \\ 7.5 & 13.75 \end{pmatrix} \begin{pmatrix} A_0 \\ A_1 \end{pmatrix} = \begin{pmatrix} -2.043\ 302 \\ -5.714\ 112 \end{pmatrix}$$

解得 $A_0 = 0.562\ 302, A_1 = -0.722\ 282$，于是 $a_0 = \mathrm{e}^{A_0} = 1.754\ 708, a_1 = A_1 = -0.722\ 282$，故所求拟合函数为

$$\varphi^*(x) = 1.754\ 708\mathrm{e}^{-0.722\ 282}$$

附录 B 电测法的基本原理

应变电测法,简称**电测法**,是实验应力分析的重要方法之一。电测法就是将物理量、力学量、机械量等非电量通过敏感元件转换成电量来进行测量的一种实验方法,它的突出优点体现在被测信号易于放大,实验数据便于处理、存储、传输,该方法的原理框图如图 B-1 所示。

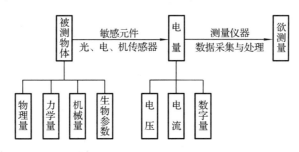

图 B-1 电测技术原理图

电测法以测量精度高、传感元件小和测量范围广等优点,在工程中得到广泛应用。现着重介绍以电阻应变片为敏感元件,通过电阻应变测试仪测定构件表面应变的电测实验方法。

一、电阻应变片的工作原理

敏感元件能感知外界的各种信息,按性质可分光敏、气敏、声敏、压敏等。按其工作原理则可分电阻式、电容式、电感式、电压式、电磁式及其他特殊形式等。其中以电阻式结构最简单,应用最广泛。

电阻应变式传感器简介

1. 电阻片的"应变-电阻"效应

在物理学中,金属丝的电阻值随机械变形而发生变化的现象称为"应变-电"效应。电阻式敏感元件本质上就是一段可变形的金属丝,称为**电阻应变片**或**电阻应变计**,简称**电阻片**或**应变片**(见图 B-2)。

(1) 应变片的构造。电阻应变片一般由敏感栅、黏结剂、覆盖层、基底和引出线五部分组成(见图 B-2),敏感栅由具有高电阻率的细金属丝或箔(如康铜、镍铬等)加工成栅状,用黏结剂牢固地将敏感栅固定在覆盖层与基底之间。在敏感栅的两端焊有用铜丝制成的引线,用于与测量导线连接。基底和覆盖层通常用胶膜制成,它们的作用是固定和保护敏感栅,当应变片被粘贴在试件表面之后,由基底将试件的变形传递给敏感栅,并在试件与敏感栅之间起绝缘作用。

(2) 应变片的种类。常用的常温应变片有金属丝式应变片、金属箔式应变片(见图 B-3)和半导体应变片,其中以箔式应变片应用最广。丝式应变片是用直径为 0.003～0.01 mm 的合金丝绕成栅状而制成;箔式应变片则是用 0.003～0.01 mm 厚的箔材经化学腐蚀成栅状;以上两种敏感栅做成栅状主要是保证要求的电阻值条件下,尽量减小尺寸以测量较小面积内的应变,半导体材料则由于阻值大,不需栅状即可满足阻值要求,可以做成任意小的尺寸,而且温变影响小,几乎可以不用补偿。

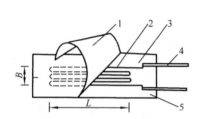

图 B-2　电阻片结构简图

1—覆盖层;2—敏感栅;3—黏结剂;
4—引出线;5—基底

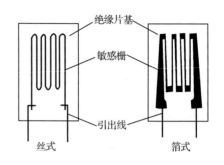

图 B-3　丝式应变片与箔式应变片

（3）电阻应变花。应变花是一种多轴式应变片,是由两片或三片单个的应变片按一定角度组合而成(见图 B-4),具体做法是在同一基底上,按特殊角度布置了几个敏感栅,可测量同一点几个方向的应变,它用于测定复杂应力状态下某点的主应变大小和方向。

(a)45°应变花　　　　(b)90°应变花　　　　(c)120°应变花

图 B-4　电阻应变花图示

另外,还有专门测量环形应变场的圆周应变花,用于测量应变梯度的并列应变片和测量微裂纹扩展的梯度应变片等。

将电阻片安装(如粘贴)在被测构件的表面,构件受力而变形时,电阻片的主体敏感栅随之产生相同应变,其电阻值发生变化,用仪器测量此电阻变化即可得到构件在电阻片粘贴表面沿敏感栅轴线方向的应变。实验表明,被测物体测量点沿电阻片敏感栅轴线方向的应变 $\Delta l/l$ 与电阻片的电阻变化率 $\Delta R/R$ 成正比关系,即

$$\frac{\Delta R}{R} = K \frac{\Delta l}{l} \tag{B-1}$$

上式关系称为电阻片的"**应变-电阻**"效应,式中 K 称为电阻片的**电阻应变灵敏系数**。

金属细丝的电阻值 R 与丝长度 l 及截面积 A 之间的关系由物理学公式得

$$R = \rho \frac{l}{A} \tag{B-2}$$

系数 ρ 为金属丝的**电阻率**,上式等号两边取对数再微分得

$$\frac{\Delta R}{R} = \frac{\Delta l}{l} - \frac{\Delta A}{A} + \frac{\Delta \rho}{\rho} \tag{B-3}$$

根据金属物理和材料力学理论得知,$\Delta A/A$、$\Delta \rho/\rho$ 也与 $\Delta l/l$ 成线性关系,由此得到

$$\frac{\Delta R}{R} = \left[(1+2\mu) + m(1-2\mu) \right] \frac{\Delta l}{l} = K_{\mathrm{s}} \frac{\Delta l}{l} \tag{B-4}$$

式中　μ——金属丝材料的泊松比；

　　　m——材料常数，与材料的种类有关；

　　　K_s——金属丝的电阻应变灵敏系数。

　　式(B-4)表示了金属丝的"应变-电阻"效应，电阻片就是利用这一效应制成的。制成电阻片的灵敏系数 K 与金属丝的灵敏系数 K_s 有关，但有差别。因为电阻片的敏感栅并不是一根直丝，另外还有基底尺寸和性能、制造工艺等因素，一般 $K \neq K_s$，所以电阻片的电阻应变灵敏系数 K 一般在标准应变梁上由抽样标定测得（标定梁为纯弯梁或等强度钢梁），而非理论计算。制造单位在出厂电阻片时把电阻片的灵敏系数、电阻值、敏感栅的长度和宽度等基本参数表明在产品的包装袋上。图 B-5 为工程中常用的各种应变片。

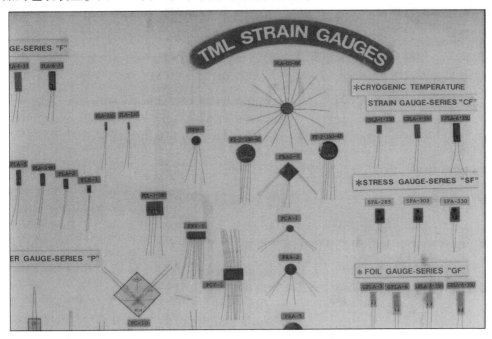

图 B-5　工程中常用的各种应变片

2. 电阻片的温度效应

　　温度变化时，金属丝的电阻值也随着产生变化，称之为 $(\Delta R/R)_T$。该电阻变化是由两部分引起的，一是电阻丝的电阻温度系数引起的

$$\left(\frac{\Delta R}{R}\right)_T' = \alpha_T \Delta T$$

另一部分是由于金属丝与构件的材料膨胀系数不同而引起的

$$\left(\frac{\Delta R}{R}\right)_T'' = K_s(\beta_2 - \beta_1)\Delta T$$

因而温度引起的电阻变化为

$$\left(\frac{\Delta R}{R}\right)_T = [\alpha_T + K_s(\beta_2 - \beta_1)]\Delta T \qquad (B-5)$$

式中　α_T——金属丝(箔)材料的电阻温度系数；

β_1——金属丝(箔)材料的热膨胀系数;

β_2——构件材料的热膨胀系数。

要想准确地测量构件的应变,就要克服温度对电阻变化的影响。一种方法是使电阻片的系数 $[\alpha_T + K_s(\beta_2 - \beta_1)]$ 等于零,这种电阻片称为**温度自补偿电阻片**;另一种方法是利用测量电路-电桥的特性来克服的,这将在下面阐述。

3. 电阻片的粘贴方法

粘贴电阻片是应变电测法的一个重要环节,它直接影响测量的精度。粘贴时,首先必须保证被测构件表面的清洁平整,无油污、无锈,其次要保证粘贴位置准确,第三要选用专用的黏结剂。粘贴的步骤如下:

(1)打磨。测量部位的表面,经打磨后应平整光滑,无锈点;打磨可使用砂轮、砂纸等。

(2)画线。测量点精确地用钢针画好十字交叉线以便定位。

(3)清洗。用浸有丙酮的脱脂棉清洗欲测部位表面,清除油污,保持清洁干净。

(4)粘贴。在电阻片底面均匀地涂上一层黏结剂,胶层厚度要适中,然后对准十字交叉线粘贴在欲测部位。黏结剂有 502 快干胶及其他常温及高温固化胶。再用同样的方法粘贴引线端子。

(5)焊线。将电阻片的两根引出线焊在引线端子上,再焊出两根导线。

二、测量电路-电桥的工作原理

测量电路的作用是将电阻片感受的电阻变化 $\Delta R/R$ 变换成电压变化输出,再经放大电路放大。

测量电路有多种,最常用的是桥式测量电路,它有四个桥臂 R_1、R_2、R_3、R_4 分别接在 A、B、C、D 之间,如图 B-6 所示。电桥的对角点 A、C 接电源 E。另一对角点 B、D 为电桥的输出端,其输出电压为 U_{DB}。可以证明输出电压

$$U_{DB} = \left(\frac{R_1}{R_1 + R_2} - \frac{R_4}{R_3 + R_4}\right)E \qquad (B-6)$$

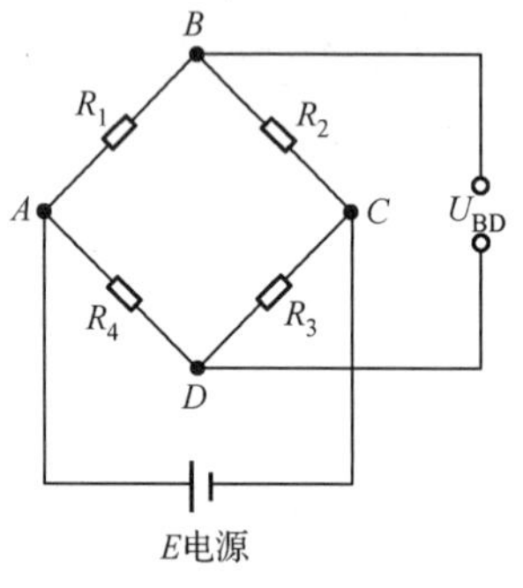

若电桥的四个桥臂分别接入四枚粘贴在构件上的电阻片。当构件变形时,其应变片电阻值的变化分别为 $R_1 + \Delta R_1$、$R_2 + \Delta R_2$、$R_3 + \Delta R_3$、$R_4 + \Delta R_4$,此时,电桥的输出电压即为

$$U_{DB} + \Delta U_{DB} = \left(\frac{R_1 + \Delta R_1}{R_1 + R_2 + \Delta R_1 + \Delta R_2}\right)E - \left(\frac{R_4 + \Delta R_4}{R_3 + R_4 + \Delta R_3 + \Delta R_4}\right)E$$

$$(B-7)$$

图 B-6　桥式测量电路

由式(B-7)和(B-6)可以解出电桥电压的变化量 ΔU_{DB}。当 $\Delta R/R \ll 1$,ΔU_{DB} 可以简化为

$$\Delta U_{DB} = \frac{a}{(1+a)^2}\left(\frac{\Delta R_1}{R_1} - \frac{\Delta R_2}{R_2}\right)E - \frac{b}{(1+b)^2}\left(\frac{\Delta R_4}{R_4} - \frac{\Delta R_3}{R_3}\right)E \qquad (B-8)$$

其中 $a = R_2/R_1$,$b = R_3/R_4$。当 $R_1 = R_2 = R_3 = R_4$ 时,式(附录 B-8)又可进一步简化成

$$\Delta U_{DB} = \frac{E}{4}\left(\frac{\Delta R_1}{R_1} - \frac{\Delta R_2}{R_2} + \frac{\Delta R_3}{R_3} - \frac{\Delta R_4}{R_4}\right) \qquad (B-9)$$

上式表明,电桥输出电压的变化量 ΔU_{DB} 与四个桥臂的电阻变化率成线性关系。需要注意

的是该式成立的必要条件是

（1）小应变，$\dfrac{\Delta R}{R} \leqslant 1$；

（2）等桥臂，即 $R_1 = R_2 = R_3 = R_4$。

当四枚电阻片的灵敏系数 K 相等时，式（B-9）可以写成

$$\Delta U_{DB} = \frac{EK}{4}(\varepsilon_1 - \varepsilon_2 + \varepsilon_3 - \varepsilon_4) \tag{B-10}$$

式（B-10）中，ε_1、ε_2、ε_3、ε_4 分别代表电阻片 R_1、R_2、R_3、R_4 感受的应变值，上式表明，电压变化量 ΔU_{DB} 与四个桥臂电阻片对应的应变值 ε_1、ε_2、ε_3、ε_4 成线性关系。应当注意，式中的 ε 是代数值，其符号由变形方向决定。通常拉应变为正，压应变为负。可以看出，相临两臂的 ε（例如，ε_1、ε_2 或 ε_3、ε_4）符号一致时，根据式（B-10），两式应变相抵消。如符号相反，则两应变绝对值相加。而相对两臂的 ε（例如 ε_1 和 ε_3）符号一致时，其绝对值相加，否则二者相互抵消。显然，不同符号的应变按照不同的顺序组桥，会产生不同的测量效果。因此，灵活地运用式（B-10），正确地布片和组桥，可提高测量的灵敏度并减少误差。这种作用称为**电桥的加减特性**。两相对桥臂上应变片的应变增量同号时（即同为拉应变或同为压应变），则输出应变为两者之和；异号时为两者之差。

利用上述特性，不仅可以进行温度补偿，增大读数应变，提高测量的灵敏度，还可以测出在复杂应力状态下单独由某种内力因素产生的应变（详见实验 2-7 主应力实验）。具体如何实现，请同学们在电测线路联接中实践，以加深印象。

三、温度补偿和温度补偿片

贴有应变片的构件总是处于某一温度场中，当温度变化时，应变片敏感栅的电阻会发生变化。另外，由于电阻丝栅的线膨胀系数与构件的线膨胀系数不一定相同，温度改变时，应变片也会产生附加应变。显然，这些都是虚假应变，应当排除。排除的措施叫温度补偿。补偿的办法是：

1. 补偿块补偿法

把粘贴在构件被测点处的应变片称为**工作片**，用另一片相同的应变片作为**补偿片**，把它贴在与被测构件材料相同但不受力的试件上。将该试件与被测构件放在一起，使它们处于同一温度场中。在电桥连接上，使工作片和补偿片处于相邻桥臂中，由于相邻桥臂应变读数为两者之差，这样温度的变化并不会造成电桥输出电压的变化，也就是不会造成读数应变的变化（因为相邻桥臂应变读数为两者之差）。这样便自动消除了温度效应的影响。应当注意的是，工作片和温度补偿片都是相同的应变片，它们的阻值、灵敏系数和电阻温度系数都应基本相同，也就是同一盒或同一批次的应变片，它们感应温度的效应基本相同，组成等臂电桥，这样才能达到消除温度应变的影响。当然，补偿片也可贴在受力构件上应变恒等于零的位置上。由式（B-10）电桥特性可知，只要将补偿片正确的接在桥路中即可消除温度变化所产生的影响。

2. 工作片补偿法

这种方法不需要补偿片和补偿块，而是在同一被测构件上利用对称性粘贴工作应变片，将两个应变绝对值相等、符号相反的工作片接入相邻桥臂，根据电桥的基本特性及式（B-10），即可消除温度变化所引起的应变，得到所需测量的应变。

以上两种补偿方法,除工作片和补偿片外,还需使用仪器中设有的内接标准电阻,内接标准电阻为精密无感电阻,阻值不随温度改变。

四、几种常用的组桥方式

(1)半桥单臂测量。俗称 1/4 桥,电桥中只有一个桥臂(例如 AB 臂)是参与机械变形的电阻片,其他三个桥臂的电阻片都不参与机械变形,如图 B-7(d)所示。此时须考虑温度补偿,一般将 R_2 设为温度补偿片(补偿块补偿法),R_3、R_4 为仪器内接标准电阻。这时,电桥的输出电压为

$$\Delta U_{DB} = \frac{E}{4}\Delta\frac{R_1}{R_1} = \frac{EK}{4}\varepsilon_1 \tag{B-11}$$

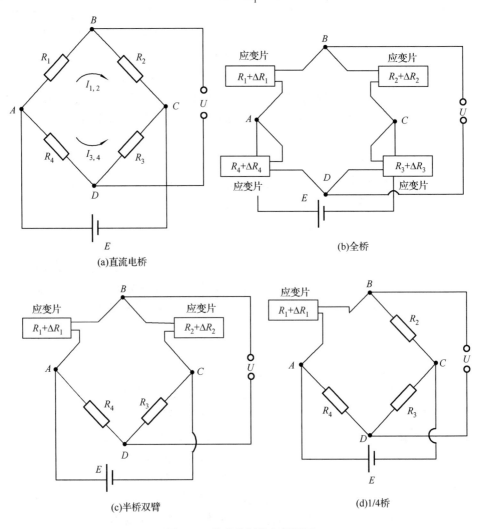

图 B-7　几种常用的组桥图示

(2)半桥双臂测量。电桥中相邻两个桥臂(如 AB,BC 桥臂)为参与机械变形的电阻片,此时两个工作片温度互补,其他两个桥臂是仪器内接标准电阻,如图 B-7(c)所示。这时电桥的输出电压为

$$\Delta U_{DB} = \frac{E}{4}\left(\frac{\Delta R_1}{R_1} - \frac{\Delta R_2}{R_2}\right) = \frac{EK}{4}(\varepsilon_1 - \varepsilon_2) \qquad (B-12)$$

（3）全桥测量。电桥中四个桥臂都是参与机械变形的电阻片，如图 B-7（b），四个桥臂的电阻都处于相同的温度条件下，相互抵消了温度的影响。这时电桥的输出电压与公式（B-9）及（B-10）相同。

（4）对臂测量（图 B-8）。其中两个对臂连接参加机械变形的工作片，另两个对臂接温度补偿片。这时四个桥臂的电阻都处于相同的温度条件下，相互抵消了温度的影响。图 B-8（a）的输出计算为

$$\Delta U_{DB} = \frac{E}{4}\left(\frac{\Delta R_1}{R_1} + \frac{\Delta R_3}{R_3}\right) = \frac{EK}{4}(\varepsilon_1 + \varepsilon_3) \qquad (B-13)$$

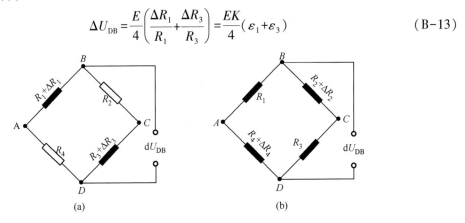

图 B-8　对臂接线

另外，还有串联组桥方式，即两枚参与机械变形的电阻片串联在同一桥臂中，其测量结果为两枚电阻片电阻变化率的平均值，在本书的自主性选择试验中，可找到串联接线的试验例题。

五、悬臂梁弯曲应变测量组桥方式举例

为了测量悬壁梁某一指定截面的弯曲应变，可在该截面上（或下）表面粘贴一枚电阻片，进行单臂测量（见图 B-9）。粘贴在悬臂梁受测点上的电阻片 R_1 接入电桥 A 结点与 B 结点之间，粘贴在与悬臂梁材质相同但不受力的温度补偿块上的同型号电阻片 R_2 接入 B 结点与 C 结点之间，R_3 与 R_4 使用应变仪内置的电阻片。加载前，将图示接线的电桥调整到 U_{DB} 等于零，称作电桥平衡状态，当悬臂梁承受荷载 P 作用时，U_{DB} 的输出即是 R_1 粘贴点的弯曲应变，如式（B-11）所示。

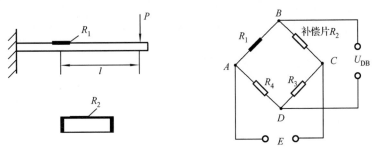

图 B-9　悬臂梁弯曲应变的单臂测量

为提高测量灵敏度,也可在该截面上、下表面各贴一枚电阻片,接成半桥测量(见图 B-10),测量结果是该截面弯曲应变的两倍。即

$$\Delta U_{DB} = \frac{EK}{4} 2\varepsilon_M \tag{B-14}$$

其灵敏度提高了一倍。

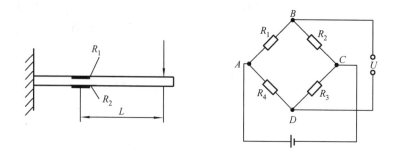

图 B-10　悬臂梁弯曲应变的半桥测量

六、思考题

如果采用对臂或全桥测量,应如何布置电阻片,如何组桥,其测量灵敏度提高了几倍?

应变片的衍生产品传感器

附录 C   DNS 电子万能试验机操作方法介绍

（1）打开计算机电源，双击桌面上的 TestExpert. NET1.0 图标启动实验程序，或从
WINDOWS 的开始菜单中依次单击"开始"、"程序"、Testexpert. NET 按钮。

（2）以合适的用户身份，输入密码登录程序，成功后进入主界面（见图 C-1）。

(a)

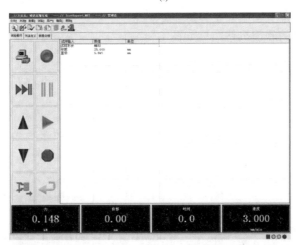

(b)

图 C-1   DNS 电子万能试验机主界面

（3）打开控制器电源，调整控制器状态使其进入可联机的状态。

（4）选择合适的负荷传感器连接到横梁（DNS 电子万能试验机做拉压弯曲试验时，所需要
的力传感器位移传感器已安装在主机内）。

（5）将夹具安装到横梁上（指在做拉伸实验时，根据试件形状和尺寸选择配套的夹板）。

（6）试验方法：如果你想做最近做过的试验，可以从方法主菜单下面的最近文件列表中选
择；否则，就单击工具条上的"查询方法"按钮，进入方法查询界面，在其中使用简单查询或复
合查询找到你想要的试验方法，用鼠标双击该方法即可打开，如图 C-2 所示。

（7）设置实验参数步骤如下：

①在"方法定义"菜单下的"基本方法"子界面上输入试件尺寸，选定欲测参数，如图 C-3 所示。该"基本方法"子界面上尚有六个数据处理及打印模式的输入按钮，在那里可以根据实验者的意愿规定数据处理公式和打印标题等注释性文字。

②在"控制与采集"子界面上输入实验速度，确定断裂阈值，设置显示窗口和实时曲线，如图 C-4 所示。

（8）单击程序左侧的"联机"按钮，联机大概需要十几秒钟，联机成功后，各通道值显示到下面的显示窗口中，如果联机不成功，将给出提示信息，这时请检查接线是否正确，控制系统是否有故障等。

（9）单击"启动"按钮，成功后，启动灯亮，程序左侧的大部分试验按钮处于可用状态。

（10）使用手控盒或屏幕软键移动横梁夹持试样，与横梁移动有关的软键按钮图标如图 C-5 所示。

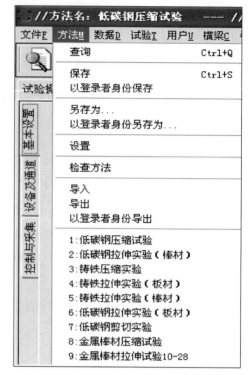

图 C-2　方法菜单图

(a)

(b)

图 C-3　实验参数的设置界面

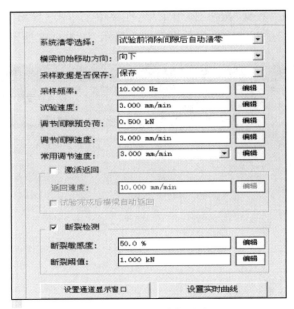

图 C-4　控制与采集子界面

（11）安装引伸计，夹持好试样后，如果有必要，安装引伸计。

（12）各通道清零（在各通道的显示表头上右击，弹出一个快捷菜单，单击"清零"选项即可，如图 C-6 所示。当快捷菜单上无清零项时，单击复原后再次右击）。

（13）单击"开始试验"按钮，该按钮位于主界面左侧（绿三角），如图 C-7 所示。注意如果无意中启动了一个没夹试件的实验，或实验过程中出现了其他错误，单击"结束试验"按钮图标（红六边形）。

图 C-5　软键按钮　　　　　图 C-6　单击"清零"选项　　　　　图 C-7　"开始试验"按钮

（14）如果方法中设置使用了引伸计，则在试验进行到某一时刻需要摘下引伸计，摘下引伸计前需要单击"摘引伸计"按钮，以通知软件程序结束变形采样。

（15）结束本试验时，程序会提示实验者输入数据文件名，输入后数据被存入数据库。如果实验者设置方法时定义无自动监测断裂，就需要动手结束实验（单击红色六边形按钮）。

（16）如果做非金属实验，实验者可能希望在卸除试样后让横梁恢复到实验前的位置，这需要在方法定义中的控制与采集项内激活返回功能，结束实验后就可以单击"返回"按钮（弯箭头）。

（17）如果继续做其他试件的实验（例如试件是相同条件的一组多根），请返回步骤（9），但在步骤（15）时，程序将不再提示输入实验名，而是自动将试件顺序编号。

（18）完成一组试验后，可以进入数据处理界面察看数据、实验结果和统计值，还可以修改试验结果，打印输出。查看数据的做法：在操作主界面上单击欲查看的"实验名"按钮，调出实验曲线和记录结果,单击"数据"按钮,拉出菜单,在菜单上单击"导出实验数据"按钮,将出现一个数据文件,该实验的全部设定采集数据都列表显示,如图 C-8 所示。

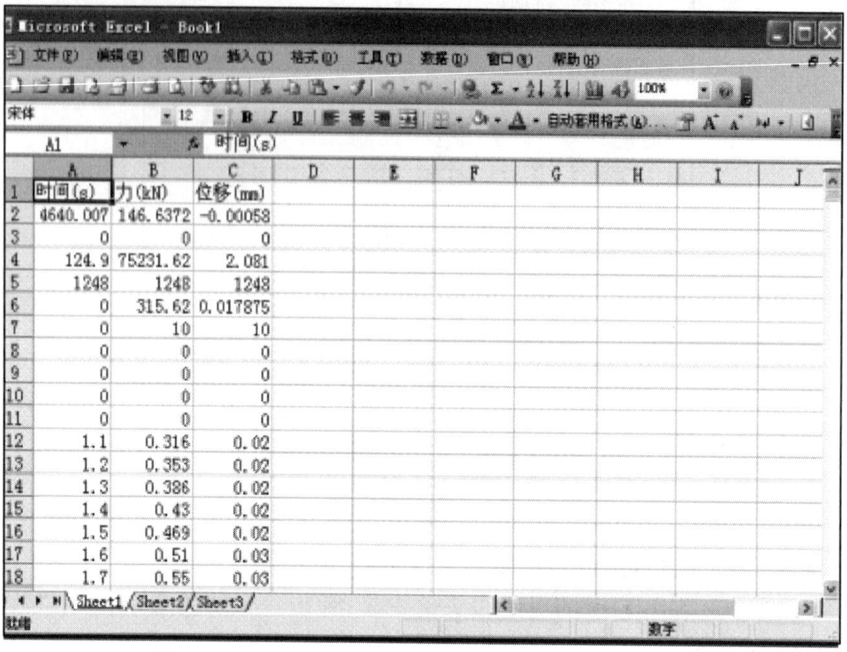

图 C-8　数据处理界面

附录 D　CML-1H 系列应力-应变综合测试仪

　　电阻应变仪是测量微小应变的精密仪器。电测法的工作原理是利用粘贴在构件上的电阻应变片随同构件一起变形而引起其电阻的改变,通过测量电阻的改变量得到粘贴部位的应变。一般构件的应变是很微小的,要直接测量相应的电阻改变量是很困难的。为此采取电桥电路把应变片感受到的微小电阻变化转换成电路的输出电压信号,然后将此信号输入放大器进行放大,再把放大后的信号标定为应变表示出来,将上述电桥电路与放大器集成在一起,便是电阻应变仪。

　　电阻应变仪的主要作用是配合电阻应变片组成电桥,并对电桥的输出信号进行放大、标定,以便直接读出应变数值。

　　大多数应变仪采用直流电桥,将输出电压的微弱信号进行放大处理,再经过 A/D 转换器转化为数字量,经过标定,直接由显示窗读出应变(注意,应变仪上读出的应变为微应变,即 $1\mu\varepsilon = 10^{-6}\varepsilon$)。其原理框图,如图 D-1 所示。

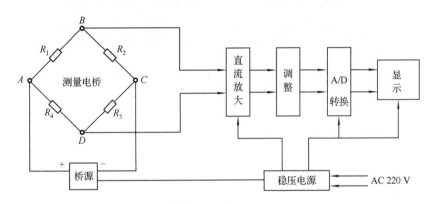

图 D-1　应变仪原理图

　　电阻应变仪的种类、型号很多,下面介绍 CML-1H 系列应力-应变综合测试仪(见图 D-2)。

一、面板功能

　　(1)接线柱。CML-1H 系列应力-应变综合测试仪面板上共设置 18 排接线柱,(其中最右边两排为温度补偿片专用接线柱),可同时接入 16 组工作片,或称有 16 个测量通道。

　　(2)应变显示窗(见图 D-3)。综合测试仪上设有 6 个应变值显示窗,若同时接入的测量通道多于 6 个,则通过翻页按钮实现通道转换,翻页的方法有两种:

　　①通过数字键实现测点切换。

　　键盘输入 1,窗口显示 1~6 测点应变。

键盘输入 2,窗口显示 7~12 测点应变。

键盘输入 3,窗口显示 13~16 测点应变。

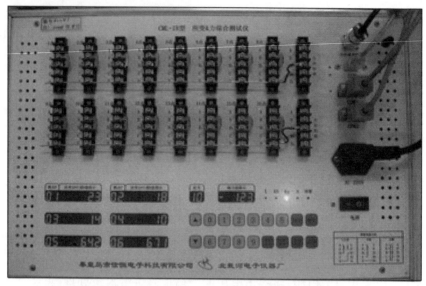

图 D-2　CML-1H 系列应变-应力综合测试仪

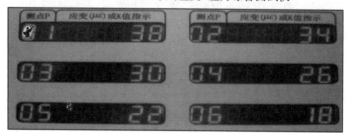

图 D-3　应变显示窗

②通过数字键边的黑三角键来实现测点的切换。

(3)测力值指示窗(见图 D-4)。指示作用在被测构件上的力值,其单位可通过在传感器标定状态下按窗口下的数字键来确定,分别如下所示。

按数字键 1,吨(t)指示灯亮;

按数字键 2,千牛(kN)指示灯亮;

按数字键 3,公斤(kg)指示灯亮;

按数字键 4,牛顿(N)指示灯亮。

图 D-4　测力值指示窗

（4）桥路连接方法如图 D-5 所示。

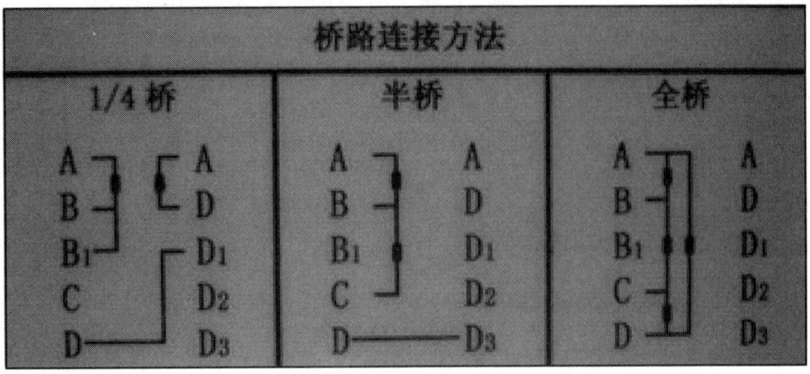

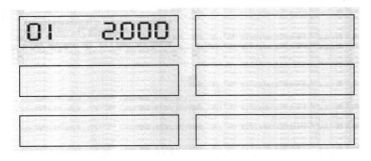

图 D-5 桥路连接方法图示

仪器面板上图示的各种桥路接线图,形象地指明了工作片和温度补偿片的接线位置。需要注意的是图 D-5 所示的三种接线方式,工作片的接线柱点 D 与补偿片接线柱的连接是各不相同的,当所有的测量通道都采用 1/4 桥路时,点 D 可以通过外连接线连为一体,共用一个温度补偿片,但是半桥双臂测量时,无须温度补偿片,工作片接线柱上点 D 与补偿片接线柱上 D_3 的连接是保证仪器内的 R_3、R_4 被接入桥路,全桥接线则不使用补偿片接线柱,因此,不同的测量通道采用不同桥路时,须充分注意到这一点。

（5）功能键含义如下:

【确定】键——当接通综合测试仪的电源后,首先是所有的显示窗闪烁接通,后机号显示窗连续闪烁,用数字键输入机号(两位数),按【确定】键,机号确定,该测试仪和讲台上的计算机联网,所测得的所有数据将自动传输到计算机上。

【确定】键的另一用途是后续的各种标定都须按【确定】键方能标定成功。

【K 值修正】键——即应变片的灵敏系数设定。

应变值显示界面称为测量界面,此时面板左侧六个应变显示窗口全部显示(图 D-2 左下部分);而 K 值显示界面则只有处于当前设置的通道有 K 值显示,其他窗口为关闭状态。如图 D-6 所示。

图 D-6 K 值显示界面

当应变窗口显示测量界面时,按【K 值设定】键切换为 K 值修正界面,察看 K 值或对 K 值进行修正,即由数字键的输入对当前通道 K 值进行修正,例如,当前 K 值为 2.000,若输入四位数 1 999,则表头 K 值修正为 1.999,按【确定】键保存该通道的 K 值修正,并自动切换到下一通道;若再按一次【K 值设定】键,则将 16 通道 K 值统一修正为与当前测点相同的 K 值 1.999,并自动保存退回到测量界面;按【返回】键则返回测量界面不对设置进行保存。

【标定】键——标定键的标定功能指传感器单位设定、传感器灵敏度设定、传感器量程设定和过载报警设定四步,具体操作步骤如下:

第一步(见图 D-7),设置传感器单位。按一下面板上的【标定】键,这时测力数字窗口左数第一位显示 L,在此种状态下面板上数字键与单位指示灯 t、kN、kg、N 顺序对应,根据传感器的单位按一下对应的数字键,面板上对应的单位指示灯点亮,按【确定】键,对设置保存,传感器单位设置完成,测力数字窗口左数第一位显示的 L 消失(常规试验的荷载单位应设为 N)。

图 D-7　单位的设置

第二步(见图 D-8),设置传感器的灵敏度。第一步完成后,数字窗口显示带小数点的四位数,输入传感器灵敏度(在传感器说明书上,每个传感器的灵敏度各不相同),例如 1.988 mV/V,方法是直接按数字键 1 988,(注意一定要输全四个数),按【确定】键保存进入下一步。

第三步(见图 D-9),设置传感器量程。第二步完成后测力数字窗口左数第一位显示 H,右侧四位显示满度值,输入传感器的满量程值(在传感器的标签上),本实验室弯曲正应力试验使用的传感器为满量程 9 800 N,注意,直接按数字键输入 9 800 即可,按【确定】键保存设置。

第四步(见图 D-10),过载设置。过载值是根据受试构件的强度确定的,第三步完成后数字窗口左数第一位显示 E,右侧四位显示过载报警值,例如,弯曲正应力测定的矩形截面梁最大允许荷载为 6 200 N,则过载报警值宜设为 6 100 N,(直接输入 6 100 四个数字即可)。当传感器加载到设置时,警报器会发出蜂鸣警报。完成输入后按【确定】键返回测量状态,全部标定设置工作完成。

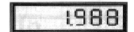　　　　　　　　

图 D-8　传感器的灵敏度　　　　图 D-9　传感器量程　　　　图 D-10　传感器过载
　　　　设置界面　　　　　　　　　　设置界面　　　　　　　　　　设置界面

以上四步标定过程的任何一步都可以按【返回】键,放弃标定工作,直接返回测量界面。

【应力清零】键——对传感器输入通道清零。

【应变清零】键——对所有应变通道清零。

二、仪器系统的性能特点

(1)CML-1H 型应变-应力综合测试仪经 USB 接口与计算机连接后,配合相应软件可组成仪器测试系统,通过串口 RS-485 扩展,系统可扩 256 台,即一台计算机最多可监控、记录 256 台应变仪的工作。连接方式为如下:

①用专用 USB 连机线把第一台 CML-1H 顶侧的 USB 接口与与计算机的 USB 接口连接,把连接计算机的 CML-1H 应变仪作为主机并设置站号为 NO.01(开机自检后机号显示位闪

烁,由数字键输入"01"后确定)为系统中的第一站点。

②用专用扩展电线把第二台 CML-1H 应变仪的"COM1"口与第一台的"COM2"口连接,此台设置站号为 NO.2(开机自检后机号显示位闪烁,由数字键输入"02"后确定,就成为系统中的第二站点。

③NO.02 的"COM1"口与下一台的"COM2"口连接,此台设置站号 NO.03,为系统中的第三站,依次类推连接其他仪器,即完成与微机连接准备工作。

注意在运行采集软件前,必须严格按要求设置系统仪器联机站号,从 01 顺序向下设置,不能有相同站号,如果不连接计算机,每台 CML-1H 都可单独使用,站号随便设置即可。

(2)计算机的软件对各测点的应变值及测力通道进行实时监测,2 s 完成对所有测点的采集,减初始应变的测值、含初始应变的测量值可自动转换,测量数据按命令进行多级存储,可绘制坐标图。

(3)配置的力传感器可测量拉力或压力,适于多种力学实验的加载模式。

(4)配置的静态测量软件可进行静态应变采集、分析,每个独立系统能对单台仪器的静态数据进行处理,数据可以转化为通用数据格式显示、存储或打印。

(5)软件可直接生成实验报告。

三、应变综合测试仪的技术指标

应变综合测试仪的技术指标如表 D-1 所示。

表 D-1　应变综合测试仪的技术指标

型　　号	CML-1H-16
测量点数	16 通道应变,1 通道测力
量程	$\pm 25\,000\ \mu\varepsilon$
初始不平衡值	$\pm 25\,000\ \mu\varepsilon$
测量精度	测量值的 0.2%$\pm 2\ \mu\varepsilon$
测量速度	$\leqslant 16$ 点/2 s
零点飘移 (室温,不考虑桥路影响)	$<3\ \mu\varepsilon/4$ h 温度漂移$<1\mu\varepsilon/℃$
灵敏度调节范围	0.001~9.999
试调电阻范围	120~1 000 Ω
桥压	DC 2 V
温、湿度条件	温度 5~40 ℃
工作电压	220 V±22 V,50 Hz
扩展数量	256 台

附录 E YJ-4501A 静态数字电阻应变仪使用说明

一、概述

YJ-4501A 静态数字电阻应变仪采用直流电桥、低漂移高精度放大器、大规模集成电路、A/D 转换器及微计算机技术并带有 RS-232 接口。具有 $4\frac{1}{2}$ 位数字显示,测量简便、精度高、准确可靠、稳定性好、易于组成测试网络、便于维修等优点。本机带有 12 个通道,并可扩展测量通道。

YJ-4501A 静态数字电阻应变仪适用于航空航天、机械制造、土木建筑、水力发电、机车车辆、铁路运输、汽车结构、矿井设备、船舶、桥梁等研究、制造机构中的应变测试。如配接相应的传感器,可测量重力、压力、扭矩、位移、温度等物理量。

二、主要技术指标

1. 应变测量范围	$-19999 \sim 19999$ $\mu\varepsilon$
2. 分辨率	1 $\mu\varepsilon$/ 每个字
3. 测量精度	小于测量值$\pm(0.2\% \pm 2$ 个字$)$
4. 稳定性	±2 $\mu\varepsilon$/H
5. 灵敏系数	$1.8 \sim 2.5$
6. 电阻平衡范围	0.6 Ω
7. 电桥电压	直流 2 V
8. 测量通道	12 个通道
9. 电源电压	交流 220 V 50 HZ
10. 外形尺寸	$370 \times 250 \times 90$
11. 重量	3 kg

三、基本工作原理

YJ-4501A 静态数字电阻应变仪的基本原理方框如图 E-1 所示。应变测量时,欲测试件或构件表面某点的相对变化量 $\Delta L/L$,即应变 ε,将阻值为 R 的电阻应变片粘贴在试件或构件被测处,当试件或构件受外力作用产生变形时,应变片将随之产生相应的变形,根据金属丝的应变-电阻效应,应变片阻值发生变化,在一定范围内,应变片电阻的相对变化量 $\Delta R/R$ 与试件或构件的相对变化量成线性关系,即

$$\frac{\Delta R}{R} = K \frac{\Delta L}{L} = K\varepsilon \tag{E-1}$$

式中 K 称为应变片的灵敏系数。

　　由于应变很小,很难直接测得,但由式(E-1)可知,只要测得 ΔR,就可求得应变 ε。为此,我们通常将电阻应变片(或电阻应变片和精密电阻)组成如图 E-2 所示的测量电桥。

　　图中 U_0 为供桥电压,U_i 为电桥输出电压,$R_1 \sim R_4$ 为电阻应变片(或电阻应变片和精密电阻),根据电桥原理可得

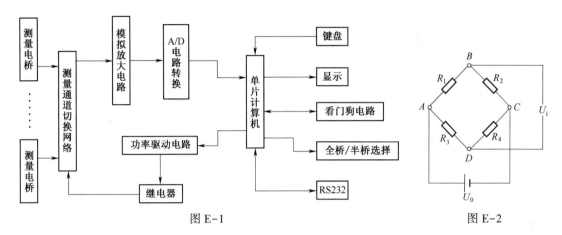

图 E-1　　　　　　　　　　　　　　　　　　　图 E-2

$$U_i = U_0 \frac{R_1 R_4 - R_2 R_3}{(R_1 + R_2)(R_3 + R_4)} \tag{E-2}$$

在电桥中 $R_1 = R_2 = R_3 = R_4 = R$,若 R_1、R_2、R_3、R_4 均有相应的电阻增量 ΔR_1、ΔR_2、ΔR_3、ΔR_4 时,电桥输出电压(忽略高次微量)

$$U_i = \frac{U_0}{4}\left(\frac{\Delta R_1}{R} - \frac{\Delta R_2}{R} - \frac{\Delta R_3}{R} + \frac{\Delta R_4}{R}\right) \tag{E-3}$$

将式(E-1)代入式(E-3),则

$$U_i = \frac{U_0 K}{4}(\varepsilon_1 - \varepsilon_2 - \varepsilon_3 + \varepsilon_4) = \frac{U_0 K}{4}\varepsilon_d \tag{E-4}$$

由此可得应变仪的读数应变 ε_d 为

$$\varepsilon_d = \frac{4U_i}{U_0 K} = \varepsilon_1 - \varepsilon_2 - \varepsilon_3 + \varepsilon_4 \tag{E-5}$$

　　被测量经测量电桥,通过模拟放大,A/D 转换,由单片微计算机实时控制,完成数据采集计算处理、显示、传输;通过单片微计算机还实现了半桥、全桥选择,测量通道切换等实时控制。

四、使用说明

(一)面板介绍

应变仪面板如图 E-3 所示。

1. 上显示窗　　　　显示测量值(或校准值)με(微应变)。
2. 左下显示窗　　　显示测量通道,00—99,本机 00—12,00 为校准通道。
3. 右下显示窗　　　显示灵敏系数 K 值。
4. **k**　　　灵敏系数设定键,并伴有指示灯。

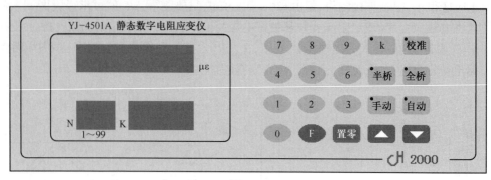

图 E-3

5. 校准键,并伴有指示灯。

6. 半桥工作键,并伴有指示灯。

7. 全桥工作键,并伴有指示灯。

8. 手动测量键,并伴有指示灯。

9. 自动测量键,并伴有指示灯。

10. 上行、下行键。

11. 置零键。

12. 功能键。

13. 0 ~ 9 数字键。

(二) 操作

打开应变仪背面的电源开关,上显示窗显示提示符 nH--JH,且半桥键、手动键指示灯均亮。按数字键 01(或按任一测量通道序号均可,按功能键无效或会出错),应变仪进入半桥、手动测量状态,左下显示窗显示 01 通道(或显示所按的通道序号),右下显示窗显示上次关机时的灵敏系数(若出现的是字母和数字,则按下面的灵敏系数 K 设定操作),上显示窗显示所按通道上的测量电桥的初始值(未接测量电桥,显示的是 ——————)。

1. 灵敏系数 K 设定

在手动测量状态下,按 K 键,K 键指示灯亮,灵敏系数显示窗(右下显示窗)无显示,应变仪进入灵敏系数设定状态。通过数字键键入所需的灵敏系数值后,K 键指示灯自动熄灭,灵敏系数设定完毕,返回到手动测量状态;若不需要重新设定 K 值,则再按 K 键,K 键的指示灯熄灭,返回到手动测量状态,灵敏系数显示窗仍显示原来的 K 值。K 值设定范围为 1.0~2.99。

2. 全桥、半桥选择

应变仪半桥键指示灯亮时,处于半桥工作状态,全桥键指示灯亮时,处于全桥工作状态。

根据测量要求,若需要半桥测量则按半桥键,若需要全桥测量则按全桥键。

3. 电桥接法

应变仪面板后部如图 E-4(a)所示,有 0~12 个通道的接线柱,0 通道为校准通道,其余为测量通道。当用公共补偿接线方法时,C 点用短接片短接,见图 E-4(b)。测量电桥有以下几种接线方法。

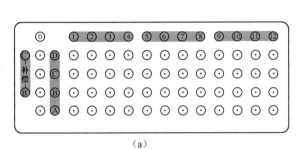 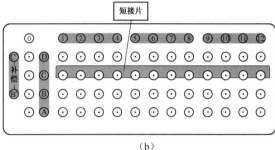

(a)　　　　　　　　　　　　　　　　　　(b)

图　E-4

(1)半桥接线法。半桥测量时有两种接线方法,分别为单臂半桥接线法和双臂半桥接线法。

单臂半桥接线法是在 AB 桥臂上接工作应变片(以下简称工作片),B′C′桥臂上接补偿应变片(以下简称补偿片)。多点测量时常用这种接线方法。

当用一个补偿片补偿多个工作片时,称此接线方法为公共补偿接线法,如图 E-5 所示,各通道的 A、B 接线柱上接工作片,各测量通道的 C 接线柱用短接片短接(试验前检查 C 接线柱是否旋紧,与短接片短接是否可靠),补偿片可按图 E-5 接线,也可接在任一测量通道的 B、C接线柱上;若工作片已按公共线接法连接,则按图 E-6 接线,各通道的 A 接线柱上接工作片,工作片公共线接在任一通道的 B 接线柱上,补偿片可按图 E-5 接法,也可接在任一测量通道的 B、C 接线柱上。

双臂半桥接线法是在 AB、BC 桥臂上都接工作片(卸去短接片),如图 E-7 所示。

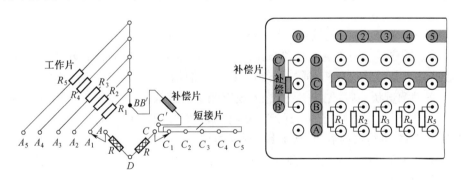

图　E-5

(2)全桥接线法。全桥接线法是在 AB、BC、CD、DA 桥臂上均接应变片(卸去短接片),可以全是工作片,也可以是工作片和补偿片的组合。

4. 测量

测量电桥接好以后,根据接桥方式选择好半桥或全桥测量状态,就可以进行测量。应变仪

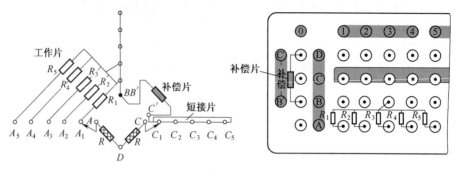

图 E-6

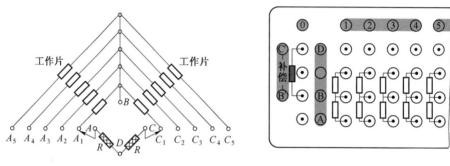

图 E-7

测量分手动测量和自动测量。

（1）手动测量。手动测量时，按手动键，手动键指示灯亮，应变仪处于手动测量状态，在该状态下，测量通道切换可直接用数字键输入所需通道号（01 至 12 之间），也可以通过上行、下行键按顺序切换。用置零键对各通道分别置零，（置零可反复进行），各通道置零后即可按试验要求进行试验测试。

（2）自动测量。自动测量时，按自动键，自动键指示灯亮，应变仪处于自动测量状态。在自动测量状态下，键功能如下：

a.进入自动测量状态后，先按置零键，仪器按顺序自动对各通道置零，然后进行试验，接着按 F 键，仪器按顺序自动对各通道试验数据进行检测，并自动将检测到的数据储存起来（现可存 40 组数据），若与计算机联机，通过 RS232 接口可将储存的数据传输给计算机。

b.进入自动测量状态后，先按 F 键，进入设定测量通道状态，测量窗口全黑，这时需键入测量通道序号。例如，此时在 01 至 07 通道上接有测量桥，则键入 01，07，然后按置零键，仪器按 01 至 07 顺序置零，进行试验后，再按 F 键，则仪器按 01 至 07 顺序对各通道试验数据进行检测，并且也自动将检测到的数据储存起来，同样，与计算机联机后，通过 RS232 接口可将储存的数据传输给计算机。

若要知道应变仪中存有多少组数据，只要在手动状态下，按 F 键和 K 键，测量显示窗就显示储存数据的组数，然后再按 K 键，退回原状态。

若要清除已储存的数据，可与计算机联机后，通过计算机命令清除，也可在自动状态下，按数字键 6、8，每按一组 6、8，清除一组数据。

(三) 校准

(1) 在手动测量状态下,在 0 通道接线柱上接入校准电阻,将灵敏系数 K 设定为 2.00,键入 00 通道,对该通道置零;

(2) 检查原校准值是否准确,将校准电阻后面的开关拨向任意一边,即正 5000 或负 5000,这时若上显示窗显示 5000(或-5000),则不需要重新校准,键入测量通道序号(也可按上行或下行键)回到测量状态。若显示不为 5000(或-5000),则需要进行校准。

(3) 按校准键、F 键,校准键指示灯亮,应变仪进入校准状态,此时通道显示窗(左下显示窗)显示 00,灵敏系数显示窗(右下显示窗)显示 2.00,此时,上显示窗显示可能不为零,先对校准通道置零,然后进行校准。

(4) 将校准电阻后面的开关拨向-5000,按 F 键,此时,上显示窗全黑,按数字键输入 5000 后,按校准键,校准键的指示灯熄灭,校准完毕,退出校准状态;重复步骤 2,检查校准是否准确,校准可反复进行,校准完毕,卸去校准电阻。

应变仪供用户使用前均已校准好(每户提供一个校准电阻),用户只需在使用一段时间后,进行复查。

附录 F XL3418T 组合式材料力学多功能(BDCL)试验台

材料力学多功能试验台(BDCL)是力学实验室为供学生自己动手设计材料力学电测实验的专门设备(见图 F-1),同一模式共设置 20 台套,每套供 2~5 人一个小组操作,可进行多种电测实验,全部设备都与教师操控的中心计算机联网,教师可实时监控整个群体的试验过程。

一、构造及工作原理

(1)实验台外形结构如图 F-1 所示,由传感器、弯曲梁、等强度梁、扭转筒、拉伸试件,加力机构等附件组成,分前后两片工作架,前片可进行弯扭组合受力分析实验、材料弹性模量测定、泊松比测定、偏心拉伸试验、压杆稳定实验、等强度梁实验,后片可进行弯曲正应力实验。

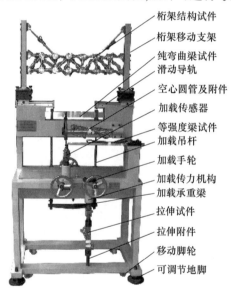

桁架结构试件
桁架移动支架
纯弯曲梁试件
滑动导轨
空心圆管及附件
加载传感器
等强度梁试件
加载吊杆
加载手轮
加载传力机构
加载承重梁
拉伸试件
拉伸附件
移动脚轮
可调节地脚

图 F-1 XL3418T 组合式 BDCL 材料力学多功能试验台外形结构图

(2)加载原理。加载机构为内置式,采用涡轮蜗杆及螺旋传动原理,通过手轮操作,利用涡轮蜗杆将手轮的转动转换为螺旋千斤顶的直线运动,对试件进行施力加载,具有操作简便,加载稳定,调整荷载灵活方便等特点。

(3)工作机理。实验者转动手轮,经涡轮蜗杆转换,千斤顶产生伸或缩运动,连接在千斤顶端部的拉压传感器将荷载传递给试件的同时,产生电荷信号传输给应变综合测试仪,测试仪将电荷信号的大小标定为力值数字,在力显示窗口显示出来,试件受力后的变形则通过粘贴在试件上的电阻片转换为电信号,由综合测试仪的桥式测量电路检测出该信号,并标定为应变值在应变显示窗口显示出来,综合测试仪,具有微机连接接口,所有显示的数据都可以由计算机分析处理和打印。

二、操作方法

(1)将所做实验的试件通过有关附件连接到架体相应位置,连接拉压力传感器和加载附件到加载机构上去。

(2)连接传感器电缆线到综合测试仪传感器输入插座;连接应变片导线到仪器的各个测量通道相应的接线柱上。

(3)根据所做实验的内容,查《多功能实验台参数表》,确定本实验的最大载荷,制定分级加载方案。

(4)打开仪器电源,预热 20 min,输入传感器参数(灵敏度和量程)及应变片参数(灵敏系数),如上节所述。当使用新型号的传感器和电阻片时,上述步骤不可省略,如果新的实验没有使用新型号传感器和应变片,可不必重新设置,但应该检查核实一遍。

(5)预加载。将载荷从零缓慢加至最大载荷的一半左右,再卸载至零,反复 2~3 次,此举目的在于消除试件以往实验残留的迟滞变形,提高本次实验的数据线性。

(6)在不加载的情况下将力值和应变值的显示调至零。

(7)依据实验方案对试件施加初载荷,记录相应力和应变显示值,在初载基础上对试件分级加载,记下各级力值和试件产生的相应应变值。

(8)注意转动手轮速度应均匀缓慢,尤其是大载荷,应仔细体会手轮转动力度,并配合密切观察力值显示窗的数值,保证加载准确。

三、技术参数

(1)本机最大载荷≤8 kN,每种试件最大加载限度参见《多功能实验台参数表》。

(2)加载机构作用行程(即千斤顶端部最大行程)≤55 mm。

(3)手轮加载转矩 0~2.6 N·m。

(4)加载速度 0.13 mm/转(手轮)。

(5)传感器量程 1 000 kg(9 800 N)。

四、多功能试验台各试件参数表

多功能试验台各试件参数如表 F-1 所示。

表 F-1　多功能试验台各试件参数表

实验项目	荷　载	桥路接法	应变片数据	实验梁(试件)数据
矩形梁纯弯曲试验	初载:400 N 终载:4 000 N 增量:500 N	1/4 桥或半桥	单片 8 片; 电阻值:120.1 Ω±0.1 Ω; 栅长×栅宽:3 mm×2 mm; $K=2.08$	材料:45 号钢; 长×宽×高=700 mm×40 mm×20 mm; 弹性模量 $E=206$ GPa; 泊松比 $\mu=0.26$; 力矩 $a=150$ mm; 矩形梁惯性矩 $I=1.067\times10^{-7}$ mm^4
测 E、测 μ 及偏心拉伸试件	初载:200 N 终载:2 000 N 增量:500 N	全桥	单片 8 片; 电阻值:120.1 Ω±0.1 Ω; 栅长×栅宽:3 mm×2 mm; $K=2.08$	材料:45 号钢; 长×宽×厚=200 mm×40 mm×5 mm; 弹性模量 $E=200\sim210$ GPa; 泊松比 $\mu=0.28$; 偏心矩 $a=10$ mm; 梁横截面积 $A=150$ mm^2

续表

实验项目	荷　载	桥路接法	应变片数据	实验梁(试件)数据
弯扭组合试件	初载:100 N 终载:350 N 增量:50 N	1/4 桥	三轴应变花:(45°) 2 个; 电阻值 120.1 Ω±0.1 Ω; 栅长×栅宽:3 mm×2 mm; $K=2.08$	材料:LY12 硬铝合金; 外径:40 mm;内径:34 mm; 弹性模量 $E=70$ GPa; 泊松比 $\mu=0.31$; 力臂 $a=248$ mm; 横截面积 $A=320$ mm^2; 惯性矩 $I=0.556\times10^{-7}$ mm^4 极惯性矩 $I_p=1.113\times10^{-7}$ mm^4
等强度梁实验及桥路变换	初载:20 N 终载:200 N 增量:50 N	1/4 桥、半桥或全桥	单片 5 片; 电阻值 120.1 Ω±0.1 Ω; 栅长×栅宽:3 mm×2 mm; $K=2.08$	材料:45 号钢; 长×宽×厚:500 mm×46 mm×8 mm; 弹性模量 $E=210\sim200$ GPa; 泊松比 $\mu=0.28$; 加载力臂 400 mm
压杆稳定实验		半桥	单片 2 片; 电阻值 120.1 Ω±0.1 Ω; 栅长×栅宽:3×2 mm; $K=2.08$	材料:65 号锰弹簧钢; 长×宽×厚:320 mm×20 mm×1.8 mm; 弹性模量 $E=200\sim210$ GPa; 泊松比 $\mu=0.28$; 硬度 HRC=40~45

五、试验操作要求

(1)实验者应首先将欲测量试件摆放到位,核实或调整相关的几何尺寸,然后接通测量仪器电源,预热约 20 min,尤其在室温较低时,预热是否充分直接关系到仪器输出的稳定性。

(2)仔细听取教员介绍仪器或认真阅读仪器说明书,不盲目操作。

(3)各项操作不超过规定的终载最大拉压力。

(4)手轮加载机构经蜗轮、蜗杆转换后,加载轻便,若实验中发现加载较费力,应仔细复查力传感器参数是否输入错误。

(5)加载机构最大行程为 55 mm,手轮转动快到行程末端时应缓慢转动,防止超过行程撞坏加载部件。

(6)所有实验进行完毕后,应释放加力机构即卸载到零,关闭电源,整理好连接导线。

(7)结束实验后应在本机的使用记录上签名。

附录 G WS-Z30 振动台系统使用说明

G-1 GF-500 型 500 瓦功率放大器(配 JZ-50 型激振器)

一、概述

本系列功率放大器与 JZ 系列激振器配合使用,对试件提供一个激振力,研究被试验结构的动态特性,此外也可以对设备进行抗振动性能试验,图 G-1 所示为 GF-500 型功率放大器。

图 G-1 GF-500 型功率放大器

二、工作原理

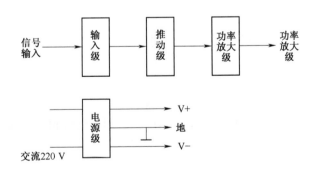

三、主要性能指标

额定功率(W):500
最大输出电流(A):25
最大输出电压(V):25
频率范围(Hz):5~20K

输出阻抗(Ω):0.5

增益(dB):30

失真度(%):≤2

噪声(mV):≤10

尺寸(mm):480×180×340

重量(kg):30

四、使用方法

(1)双 Q9 插头一头连接功率放大器输入端,另一头连接信号源;电源插头接 AC220V(±10%),增益旋钮逆时针旋转到底;连接负载(激振器)于输出端。电源开关处于关断状态。

(2)以上准备工作完毕后开启电源开关,引风机旋转,故障红色指示灯闪烁,此时功率放大器处于延时自检状态。

(3)机器延时 2~3 s,故障红色指示灯停止闪烁,功率放大器此时处于工作状态。

(4)根据工作实验要求,顺时针旋转增益旋钮,根据面板电压表的指示,达到负载所需要的功率。

五、注意事项

(1)严禁在有腐蚀性、可燃气体及潮湿环境中使用。

(2)使用中注意激振器和功率放大器的匹配问题。

(3)功率放大器调谐要适中,输出电压不能开的过快,以免烧坏负载。

(4)故障灯闪烁,继电器触点断开负载,说明功率放大器有故障,应交供应商维修。本仪器从出厂之日起保修 1 年。

六、特别注意事项!

在打开和关闭电源之前,一定要把其增益旋钮逆时针旋转到底(最小)。

G-2　振动台控制和采集仪

一、概述

WS-5921/U60216-DA1 型振动台控制和信号采集仪是用于控制振动台和信号采集,可实现正弦波、随机波的信号输出。

二、面板装置及功能

面板图如图 G-2 所示。

①电源开关;

②计算机 USB 接口,兼容 USB1.1 和 USB2.0 规范,计算机通过 USB 接口与该控制仪通信;

③模拟信号输出接口(D/A),该输出信号通过双 BNC(Q9)电缆线直接与振动台的功率放

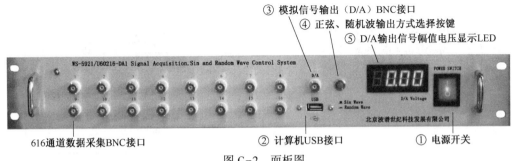

③ 模拟信号输出（D/A）BNC接口
④ 正弦、随机波输出方式选择按键
⑤ D/A输出信号幅值电压显示LED

616通道数据采集BNC接口　　　② 计算机USB接口　　　① 电源开关

图 G-2　面板图

大器连接,用软件控制输出正弦或随机波信号,为振动台提供控制信号;

④正弦波、随机波方式选择开关;

⑤D/A 输出信号幅值电压显示 LED,模拟信号输出(D/A)的电压幅值显示,可显示当前输出信号的电压幅值,在调整功率放大器的增益前要确保模拟输出电压为"零"值,否则振动台会产生突然振动,振动台上的模型可能会因此遭到破坏;

⑥WS-5921/U60216-DA1 型振动台控制和信号采集仪有 16 个数据采集通道。

三、主要技术指标

(1)型号:WS-5921/U60216-DA1;

(2)数据采集通道:16;

(3)数据采集分辨率:16 位;

(4)数据采集电压范围:±10 V;

(5)模拟信号输出范围:±10 V;

(6)计算机接口:USB;

(7)控制输出信号:正弦波、随机波;

(8)LED 数码显示输出信号幅值;

(9)供电电压:220 VAC/50 Hz。

四、控制系统总布线图

控制系统标准配置是由 WS-5921/U60216-DA1 型数据采集控制仪、激振器及功率放大器组成,具体布线如图 G-3 所示。

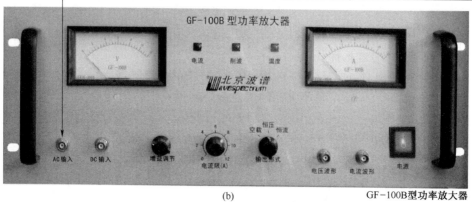

(a)

(b)   GF-100B型功率放大器

图 G-3　控制系统总布线图

附录 H　常用工程材料的力学性质和物理性质

表 H-1　常用工程材料的力学性质和物理性质

材料	弹性模量 E/GPa	剪切弹性模量 G/GPa	屈服极限 σ_s/MPa	剪切屈服极限 τ_s/MPa	拉伸强度极限 σ_b/MPa	剪切强度极限 τ_b/MPa	延伸率 δ/%	密度 ρ (kg·m^{-3})	线膨胀系数 α/×10^{-6}℃
铝合金	69	26	230	—	390	240	23	2 770	23
黄铜	102	38	—	—	350	—	40	8 350	18.9
青铜	115	45	210	—	310	—	20	7 650	18
灰铸铁	90	41	—	—	210	—	8	7 640	10.5
可锻铸铁	170	83	24	166	370	330	12	7 640	12
低碳钢	207	80	280	175	480	350	25	7 800	11.7
镍铬钢	280	82	1 200	650	1 700	950	12	7 800	11.7
木材(顺纹)	9	1	48	—	70	—	12	550	—

注：本表摘自 E.J.Hearn：Mechanics of Materials。

附录 I 部分实验力学竞赛试题与任务书

一、首届江苏省大学生材料力学实验竞赛决赛综合实验竞赛任务书

说明：载荷大小由参赛选手自定，以利于提高精度和保证装置不失效为原则。铝合金屈服极限 $\sigma_s = 270$ MPa，取安全系数 $n = 2$；槽形截面尺寸为 48 mm×24 mm×4 mm；槽形截面梁长度为 300 mm，加载点至梁根部的距离为 330 mm（图 I-1）。

试题：

1. 在距固定端 150 mm 的 K 截面处布片，由电测法确定：

图 I-1 槽形截面梁

（1）截面剪心（即弯曲中心）的位置 e_z（图 I-2）；

（2）载荷作用于剪心时，K 截面的上下翼缘外表面中点和腹板外侧面中点的弯曲切应力；

（3）测定载荷作用于剪心时，K 截面的上下翼外表面中点和腹板外侧面中点的弯曲正应力；

（4）利用所测实验数据计算抗弯截面系数 W；

（5）测定载荷作用于腹板中线时，K 截面的上下翼缘外表面中点和腹板外侧面中点的扭转切应力。

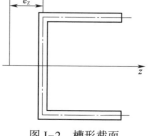

图 I-2 槽形截面

2. 自行设计布片与实验方案。由实验数据说明圣维南原理，并研究本实验装置的固定端约束对弯曲正应力的局部影响范围。

二、首届全国大学生基础力学实验竞赛决赛综合实验竞赛任务书

说明：如图 I-3 所示壁厚为 0.9 mm 的薄壁不等边角钢，为了方便加载，在其两端焊接两块对称的连接板，板上分布 4 个螺孔可以作为加载点，如图 I-4 所示。假设 C 点为该角钢的形心位置（实际加工中有微小位置偏差）。请采用电阻应变测量方法完成下述工作并提交实验报告（报告中必须含较为详细的实验过程描述、完整原始数据记录）。

试题：

1. 测量该角钢材料的弹性模量和泊松比。

2. 若 B 点在该角钢的形心主惯性轴上,试确定 B 点到 C 点的距离。

3. 假设 A-A 点加载时所产生的弯曲符合平面弯曲条件,请实验确定该角钢的形心主轴方位。

4. 两端沿 D 点拉伸力 $F = 1\,000$ N 时,比较角钢长边内,外表面 E 处主应力。

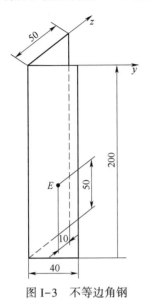

图 I-3 不等边角钢

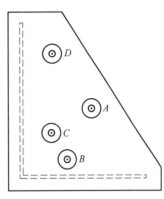

图 I-4 加载连接板

三、第九届全国周培源大学生力学竞赛"基础力学实验"团体赛综合实验任务书

(一) 实验任务

如附录 I 图-5(a)所示,被测实验件为一铝制直杆,两端装有 L 形钢制连接件。铝杆实验段 GH 为等截面段,横截面均为阶梯形[图 I-5(c)]。铝杆两端横截面上各分布有 3 个加载螺孔 $A(A')$、$B(B')$、$C(C')$ 和一个加载槽 $E(E')$,两端的 L 形钢制连接件上各有一个加载螺孔 $D(D')$,见 A 向视图和 B 向视图[附录 I 图-5(b)、(d)],各孔的位置可能有微小加工误差。

请用电阻应变测量方法完成下列工作:

(1)确定阶梯形截面的形心位置,并与理论值进行对比分析。

说明:a. 只能利用三个加载螺孔 $A(A')$、$B(B')$、$C(C')$ 进行拉伸加载。

b. 载荷最大值为 1 000 N。

(2)将加载点移至阶梯形截面形心处,实现杆件的单向拉伸,确定此状态下应变为零 $\varepsilon_\alpha = 0$ 的方位角 α。

说明:a. 为了保证能基本实现单向拉伸,在加载的同时,必须用电测法监测是否基本实现单向拉伸状态。

b. 载荷最大值为 1 000 N。

(3)沿 L 形钢制连接件上的加载螺孔 DD' 进行加载,确定当载荷为 400 N 时,I-I 截面上的内力 F_x、F_y、M_y、M_z 和 K'-K 位置的扭转切应力 τ_K[图 I-5(a)]。材料的弹性模量 $E = 74$ GPa,泊松比 $\mu = 0.31$。

说明:载荷最大值为 500 N。

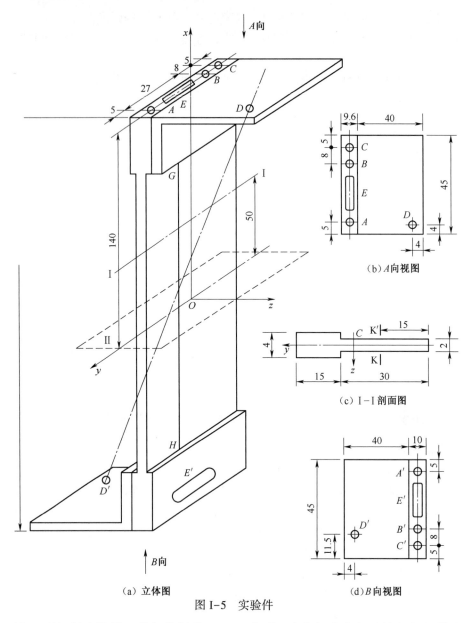

（a）立体图　　　　　　　　　　　（d）B向视图

图 I-5　实验件

（4）沿 L 形钢制连接件上的加载螺孔 D 和 D′加载，确定加载点的连线与铝杆横向对称面 II 的交点位置。

说明：a. 数据保留到整数位。

b. 载荷最大值为 500 N。

（二）实验要求

（1）完成实验报告；

（2）报告中必须有较详细的实验方案；

（3）有完整的原始数据记录；

（4）实验过程中所有粘贴的应变片均需要保留，试件随实验报告一起上交；

（三）实验装置与配件（略）

四、第十届全国"周培源大学生力竞赛团体赛基础力学实验竞赛"

实验基本原理笔试卷

比赛时间:60 分钟　　比赛形式:闭卷　　卷面分:100 分

选手注意事项:

(1)全部答案写在答题纸的规定位置,在本试卷上留下的任何答案无效,结束时该试卷同答卷一同上交。

(2)本试卷共 7 页,在试卷结束出有"以下空白"字样,请查验。

题一:多选题(每小题 **3** 分,共 **24** 分,每一小题没完全选对不得分)

1. 用一般的常温电阻应变片绝对不可以进行以下工况下的应变测量(　　)

(A)试样表面温度 600 摄氏度的试件

(B)测试表面将浸入水中的试件

(C)微米尺度的试件

(D)失重状态下的试件

(E)受交变载荷作用的试件

2. 经过冷拔以后的 Q235 的钢筋,与冷拔前的钢筋比较,其(　　)

(A)弹性模量提高

(B)弹性极限提高

(C)塑性变形能力提高

(D)抗拉强度没有显著变化

(E)钢筋的总长度不变

(F)钢筋的总重量增加

(注:冷拔工艺:将钢筋轴向拉伸到强化区域卸载)

3. 在做低碳钢的拉伸实验测定低碳钢的弹性模量时,有关引伸计正确的有(　　)

(A)可以在试样上加预载,消除间隙

(B)可以直接测量试样在加载时引伸计标据范围内的变形,测试精度高

(C)可以更精确地测量试验机横梁的位移

(D)在一般的室温条件下,引伸计的测量值不需要考虑温度的变化,不需要进行温度补偿

4. 在电阻应变测量中,有关温度补偿的问题阐述正确的是(　　)

(A)由于温度的变化会使得应变片阻值发生变化,采用温度补偿可以消除这个变化带来的测量误差

(B)温度补差片可以补偿由于应变仪发热而带来的测量误差

(C)只要把 4 片工作片组成全桥测量电路,温度效应可以自补偿

(D)在用单臂测量桥路测量时,有时可以用 120 欧姆的标准电阻来代替温度补偿片

5. 某新材料的弹性模量测定,采用 $5d_0$ 比列试样,试验时先加一个初载荷,然后再分级加载。施加初载荷的目的为(　　)

(A)消除材料在微小变形下的非线性

(B)满足材料力学小变形条件

（C）提高试验机的测试精度

（D）减小机械间歇的影响

（E）使得试样变形均匀

（F）消除试样中加工的残余应力

6. 如图 I-6 圆轴受弯扭组合作用,在圆轴表面与母线成−45° 和 45° 方向上各贴一个应变片 1 和 2,其应变分别为 ε_1 和 ε_2,则下列答案成立。

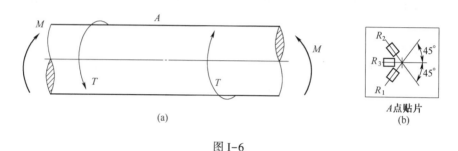

(a)　　　　　　　　　　　　　　　　　　　A点贴片
(b)

图 I-6

（A）$|\varepsilon_1| = |\varepsilon_2|$

（B）$|\varepsilon_1| < |\varepsilon_2|$

（C）组成半桥可以测量出由扭矩 T 相关的应变

（D）组成半桥可以测量出由弯矩 M 相关的应变

（E）在水平方向上由于扭矩产生的应变投影相互抵消,因此在上表面贴一个应变片 ε_3 就可以测出弯矩

7. 某金属材料通过室温拉伸试验,没有特殊规定要求,根据（GB/228.1—2002）规定,其试验报告上正确的一组数据是（　　　）

（A）抗拉强度 $R_m = 430.5$ MPa,下屈服强度 $R_{eL} = 210.5$ MPa

（B）屈服点延伸率 $A_e = 15.3\%$,最大力总延伸率 $A_{gt} = 12.5\%$

（C）断面收缩率 $Z = 6\%$,抗拉强度 $R_m = 430$ MPa

（D）规定总延伸强度 $R_t = 330$ MPa,断后伸长率 $A = 12.2\%$

8. 某静态电子万能材料试验机（或静态液压万能材料试验机）,只配了楔形拉伸夹具,压盘、引伸计,没有另外设计工装夹具的情况下,可以进行下面力学参数的测定（　　　）

（A）铝合金材料的拉伸试验,测定其弹性模量

（B）小型混凝土试样的压缩试验,测定其抗压强度

（C）小型钢结构的四点弯曲试验,测定其抗弯刚度

（D）某新材料的剪切试验,测定其剪切强度

题二:（25 分）

某新型纳米材料在电子万能材料试验机上进行单向拉伸试验,采用全自动引伸计测量试样从开始直到拉断时的轴向变形（从开始到试样拉断不需要把引伸计取下,可以得到试样从开始到拉断的全过程变形曲线）,引伸计的标距为 25 mm。在标距内测得的初始直径分别为 9.98 mm、10.02 mm 和 10.00 mm。该材料是一种严格的体积不变材料,在拉伸的全过程能保持体积不变,在断裂时无明显的局部颈缩而突然断裂。由于该材料是新型材料,还没有相关的国家规范要求,在弹性阶段和初始屈服阶段（如图 I-7）套用 GB/T 228.1—2002 的相关规定,

在塑性发展阶段(如图 I-8)采用真应力计算。

问题与任务

(1)绘制该材料在拉伸全过程的应力-应变大致曲线。

(2)求出该弹性模量,列出弹性模量的计算方法。

(3)请定义屈服点并计算出其屈服强度。

(4)请定义该材料的抗拉强度并说明理由。

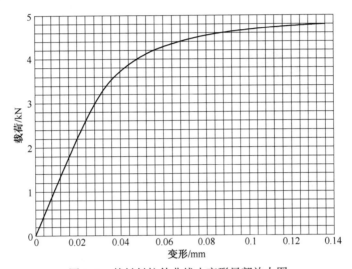

图 I-7　某材料拉伸曲线小变形局部放大图

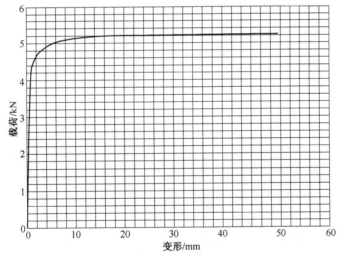

图 I-8　某材料的拉伸试验全曲线图(注:小变形部分请参看图 I-1)

题三:(25 分)

如图 I-9 所示为高速列车的转向架。在列车高速行驶时,承受车厢(图上 P)、轮对(图上 F)等作用。由于列车运动过程中的振动等原因,这些载荷为交变载荷作用,有时也有较大的冲击载荷作用。

某公司现在正研制一种面向时速 800 公里高铁的新型转向架,该转向架采用一种新研制的低碳合金钢焊接而成,拟充计制作一个与实际产品一样的试验用转向架在实验室中进行性能测试与评估,在制作试验用转向架之前,进行了计算机模拟分析,在模拟工况下,发现在图上红色处和黄色处(大红的圆圈用手指明应力最大区域)具有较大的应力。

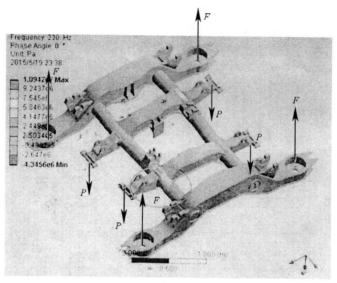

图 I-9　某高速列车转向架的模型

问题与任务:

你作为一个负责实验测试的副总设计师,请制定一个系列试验方案,对该转向架的材料和结构的力学性能进行测试,并按照例子的测试写出试验方案卡片。(材料的化学成分分析、残余应力测试、材料的硬度测试不需要你考虑),图例可以手绘平面简图。

例:"转向架材料的断裂韧性"试验。

试验名称	ZXJ-500 材料断裂韧性测试	图　例
试验目的	获得材料的断裂韧性,评价材料的断裂性能	
试样类型	紧凑拉伸试样	
主要设备	电液伺服疲劳试验机	

续上表

试验名称	ZXJ-500 材料断裂韧性测试	图　　例
主要试验步骤描述	1. 通过疲劳加载,预制疲劳裂纹。 2. 将预制好的试样静态加载,直到断裂。 3. 根据断口相关尺寸,计算出断裂韧性指标值 K	

题四：(26 分)

给你一个监测仪器,该仪器的原理就是一个单通道应变仪带报警装置,这台应变仪的特点是每一个桥臂上最多可接 360 Ω 的电阻。

注 1:理论上每个桥臂可以接任意个应变片,但是在实际上由于电源供压、阻片发热等原因是不能实现的。

注 2:单通道指的是只有一个桥路,你可以在这桥路上组半桥、全桥等。

问题与任务：

如图 I-10 所示的框架简化结构,竖向柱子可以认为是绝对刚性不变形,可弯曲变形的水平梁固定连接在柱上梁截面示意图如图 I-11 所示。梁的材料为 Q235 钢(低碳钢),其弹性模量按 200 GPa,泊松比 0.3 计算,梁的长度为 $L = 6\,000$ mm,其截面为焊接工字型(梁由钢板焊接面成的),截面尺寸如图所示。基础 B 点正好落在软弱层上,可能会垂直下沉。给你一些 120 Ω 的电阻应变片及一些导线等辅材,请你设计一套监测方案能实时监测沉降量 δ,监测精度为 1 mm。请详细写出计算过程、布片方案及你的方案的优越性。

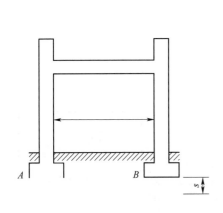

图 I-10　梁柱框架及沉降示意图

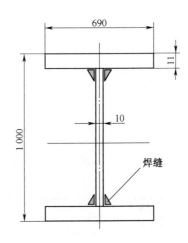

图 I-11　梁截面示意图

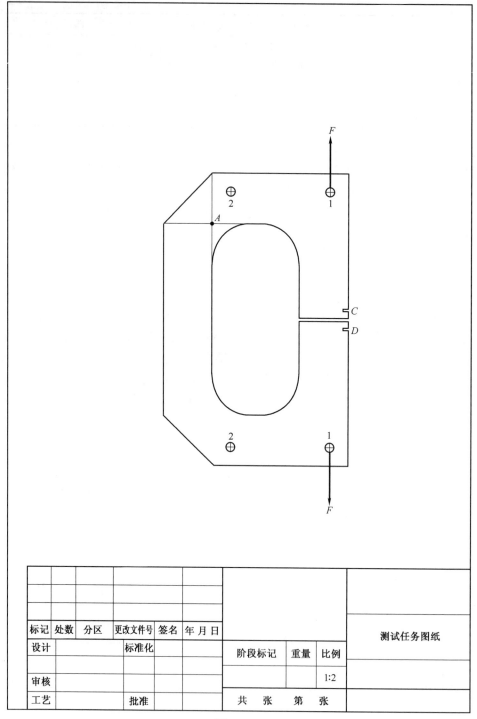

图　I-12

标记	处数	分区	更改文件号	签名	年 月 日			测试任务图纸	
设计			标准化						
						阶段标记	重量	比例	
审核								1:2	
工艺			批准			共　张　第　张			

五、第十届江苏省大学生力学竞赛基础力学实验赛(综合实验任务书)

（实验时间　5 小时）

一、实验任务

项目 1. 如图 I-13 所示,等截面矩形悬臂梁,宽 $b=45$ mm,高 $h=5$ mm,长度 $l=256$ mm,现需要测定在弯矩 $M=3.84$ N·m 作用下,悬臂端点 B 的挠度。可是目前只有一个底宽 $b_0=45$ mm,高 $h=5$ mm,长度 $l=256$ mm 的等强度梁,其悬臂端受集中力 F 作用的试验装置(见图 I-14)。两根梁的材料相同,$E=210$ GPa。试:

(1)分析怎样借助这个等强度梁的实验装置,用应变电测法测出受弯矩 M 作用的等截面矩形悬臂梁(见图 I-13)悬臂端点 B 的挠度;

(2)给出测试方法和测试结果并与理论值对比分析。(25 分)

要求:载荷最大值为 90 N。

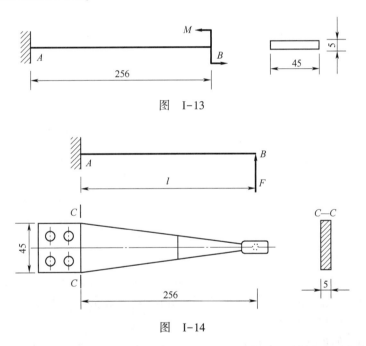

图　I-13

图　I-14

项目 2. 铝合金夹层结构具有比强度高和比刚度高的优异力学特性,因而在航空航天等领域有着广泛应用。现有某航天器上应用的铝合金夹层梁,尺寸为 $500×50×5$(mm)。为了测定该结构的弯曲刚度,一般采用四点弯曲测中点挠度的实验(见图 I-15),夹层梁的中点挠度为 $w_C=\dfrac{Fl_1l_2}{8D}$,D 为弯曲刚度。可现有的实验装置只能进行三点弯曲实验(见图 I-16),请利用现有三点弯曲实验装置设计铝合金夹层梁弯曲刚度的测试实验并给出结果。(25 分)

要求:①采用分级加载 $\Delta F=20$ N,$l=300$ mm,$l_1=100$ mm;

②根据有关实验标准,实验支座及压头的安装需按图 4 要求;

③挠度测试采用百分表测量;

④载荷 F_1 最大值为 120 N。

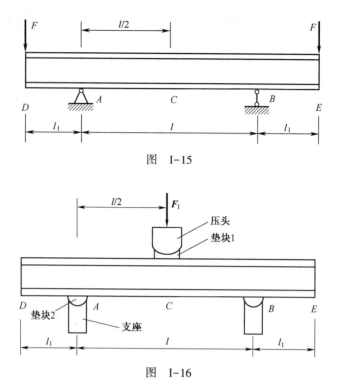

图　I-15

图　I-16

项目 3. 工程中一实际零件如图 I-17 所示,其弹性模量 $E = 70$ GPa,泊松比 $\mu = 0.3$,受力状态见图 I-18,作用载荷 $F = 500$ N。A、B、C 为试件与拉伸夹具的连接点。为了全面了解该零件的力学特性并能安全合理的使用,请用电测法完成如下工作:

(1)忽略材料的不均匀性,试件上 K_1、K_2、K_3、K_4 为具有对称性(或反对称性)的 4 个点,且这些点处均为危险截面,请分析这些危险截面上的内力、贴片测定其值(不考虑剪力),并分析测试结果误差产生的原因及测试结果可能说明了什么问题。(30 分)

(2)由于夹具的加工误差,可能会引起载荷 F 偏离垂直方向,与垂直方向的 x 轴产生夹角,试给出测量载荷偏移角度的测试方案,贴片测试相应数据并分析结果。(20 分)

要求:①本任务的指导思想是:联想工程实际问题,重在分析实验现象,讨论实验结果的含义;

②此实验用拉伸加载方式进行;

③要求实验者自己安装夹具和试件;

④实验过程中所用的应变片均要保留在试件上,铲除掉的不计分;

⑤载荷最大值为 700 N。

二、实验要求

(1)完成实验报告;

(2)报告中必须有较详细的实验方案;

(3)有完整的原始数据记录;

(4)实验过程中所有粘贴的应变片均需要保留,试件随实验报告一起上交。

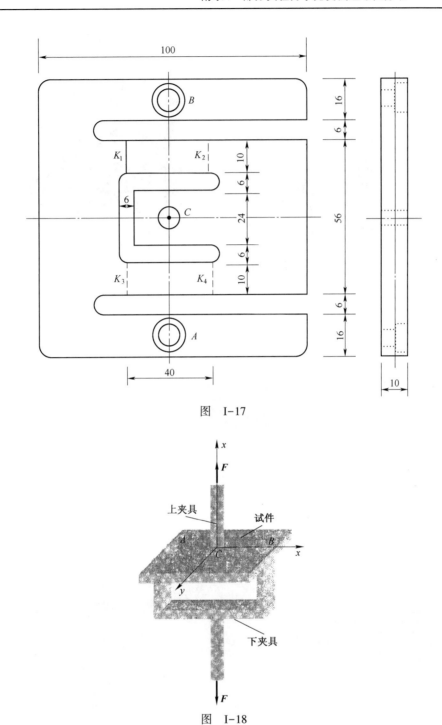

图　I-17

图　I-18

三、实验装置与主要配件

（1）实验设备：综合实验装置，见图 I-19。

（2）实验仪器：DH3818Y 静态数字电阻应变仪（见图 I-20）。

（3）电阻应变片：30 片。

（4）接线端子：30 对。

（5）百分表和磁力表座：2 套（赛后各队带回去）。

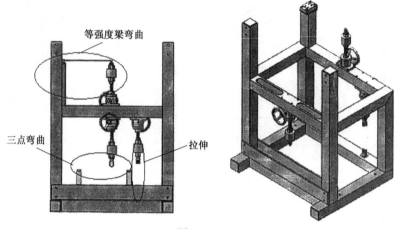

图 I-19

图 I-20

附录 J　部分结构设计竞赛任务书

J-1　第六届全国大学生结构设计竞赛赛题

一、命题背景

吊脚楼是我国传统山地民居中的典型形式。这种建筑依山就势,因地制宜,在今天仍然具有极强的适应性和顽强的生命力。这些建筑既是中华民族久远历史文化传承的象征,也是我们的先辈们巧夺天工的聪明智慧和经验技能的充分体现。

重庆地区位于三峡库区,旧式民居中吊脚楼建筑比比皆是。近年来的工程实践和科学研究表明,这类建筑易于遭受到地震、大雨诱发泥石流、滑坡等地质灾害而发生破坏。自然灾害是这种建筑的天敌。

相对于地震、火灾等灾害而言,重庆地区由于地形地貌特征的影响,出现泥石流、滑坡等地质灾害的频率更大。因此,如何提高吊脚楼建筑抵抗这些地质灾害的能力,是工程师们应该想方设法去解决的问题。本次结构设计竞赛以吊脚楼建筑抵抗泥石流、滑坡等地质灾害为题目,具有重要的现实意义和工程针对性。

二、赛题概述

本次竞赛的题目考虑到可操作性,以质量球模拟泥石流或山体滑坡,撞击一个四层的吊脚楼框架结构模型的一层楼面,如图 J-1 所示。四层吊脚楼框架结构模型由参赛各队在规定的

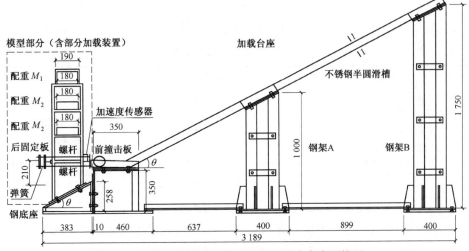

图 J-1　第六届全国大学生结构设计竞赛赛题简图

12 小时内现场完成。模型各层楼面系统承受的竖向荷载由附加配重钢板或配重铅块实现。主办方提供器材将模型与加载装置连接固定(加载台座倾角均为 $\theta = 30°$),并提供统一的测量工具对模型的性能进行测试。

三、模型要求

模型示意图如图 J-2 所示,设计参数见表 J-1。

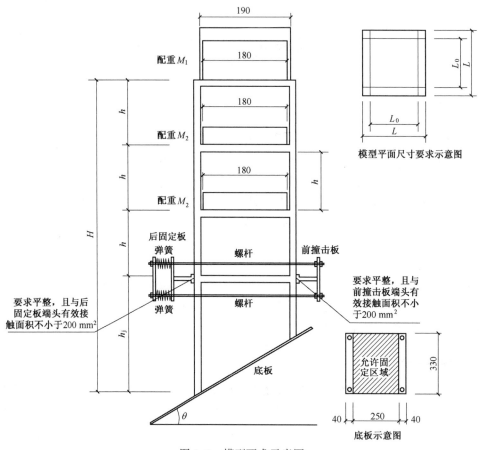

图 J-2　模型要求示意图

表 J-1　模型设计参数取值表

q	30°	L_0	≥ 200 mm	—
H	1 000 mm ± 15 mm	L	≤ 240 mm	—
h	220 mm ± 5 mm	M_1	20 ~ 60 kg	配重 M_1 为规定尺寸的钢板或者铅块,具体规格与安装详见4.3
h_j	340 mm ± 10 mm	M_2	约 2.5 kg	配重 M_2 为规定尺寸的钢板。
h_0	≥ 200 mm	M_3	模型一层加载装置质量,约为 2~3 kg	一层楼面不再附加配重,加载装置质量以现场称量结果为准。

(1)模型的楼层数:模型为四层吊脚楼(一层吊脚层+三层建筑使用层),模型应具有 4 个楼面(含顶层屋面),每一个楼面的范围须通过设置于边缘的梁予以明确定义。

（2）几何尺寸要求：①平面尺寸要求：建筑模型楼层净面积 $L_0 \times L_0 \geq 200 \text{ mm} \times 200 \text{ mm}$，建筑模型外包面积 $L \times L \leq 240 \text{ mm} \times 240 \text{ mm}$。与撞击方向垂直的模型立面柱子的轴心距为 220 mm±5 mm。

①竖向尺寸要求：楼面层层高 $h = 220 \text{ mm} \pm 5 \text{ mm}$，楼面层净高 $h_0 \geq 200 \text{ mm}$。吊脚层长柱高度 $h_j = 340 \text{ mm} \pm 10 \text{ mm}$，其净高不得小于 310 mm，其净高范围内（柱身范围内）不得设置任何侧向约束。柱脚加劲肋不影响计算楼层高度。模型总高度 $H = 1\,000 \text{ mm} \pm 15 \text{ mm}$。

②其他尺寸要求：竖向承重构件允许变截面，但需保持竖向承重构件上下连续，所有受力构件截面长边（或者直径）均不得大于 25 mm。

（3）建筑使用要求：楼面层需满足基本的建筑使用要求，应具有足够的承载刚度，楼面层配重放置于楼面几何中心处。在模型内部，楼层之间（底部吊脚层除外）不能设置任何妨碍房屋使用功能（指建筑使用空间要求）的构件。

（4）模型固定及加载要求

①模型固定要求：结构模型固定于 330 mm×330 mm 的正方形底板上，结构底部固定点位置必须在底板上的限制区域内（图 J-2 底板阴影区域内），不得越界。各队在主办方监督下统一安装底板，模型底部可以使用由主办方提供的热熔胶与底板连接，也可自行使用 502 胶水连接（除此以外不得使用超出规定的其他材料或者工具）。连接时，不允许对底板做任何开洞，切割，打磨，刮擦。柱脚埋入热熔胶区域不得超过 10 mm（注意：因模型底部固定而增加的质量，需计入模型自重）。

②模型加载要求：模型一层楼面承受撞击，前撞击板和后固定板必须与结构竖向承重构件在一层楼面区有效接触。一层楼面与撞击方向垂直的两个立面需保持平整，不得妨碍前撞击板和后固定板的安装。前撞击板和后固定板与一层楼面处的竖向承重构件的总有效接触面积不得小于 400 mm²。（详见图 J-2）

四、模型的加载与测量

（1）加载装置：加载台座（见图 J-3），配重钢板（180 mm×180 mm×5 mm）或者配重铅块，撞击质量球（约 3 kg），前撞击板，后固定板，螺杆，螺栓，弹簧。

（2）测量装置：卷尺，电子称，加速度传感器，记号笔。

①不锈钢半圆滑槽：厚度 2 mm，内半径为 60 mm，与水平成 30°，要求滑槽内壁光滑，尽量减少质量球下落时摩擦损失。

②质量球：采用质量约为 3 kg 铅球（实际质量以现场称量结果为准），直径为 95 mm±5 mm。要求质量球滑至滑槽末端时，球心标高与一层楼面标高相差不超过 5 mm。

③钢架：采用缀板连接两根槽钢（型号 20b）形成格构式钢柱（见图 J-4），用于支撑滑槽，并保证加载台座在平面内外的刚度以及稳定性。

④水平段滑槽：为防止质量球回弹，二次撞击结构模型，故水平段滑槽需与水平线成 3°夹角，滑槽末端应垫高 10 mm。

⑤钢底座：与水平成 30°角，斜面采用四根螺栓与结构模型的底板相连，右侧采用四根同规格螺栓与加载台座相连。

⑥斜滑槽与水平滑槽圆角：为减少质量球下滑能量损失，该圆角半径不小于 300 mm，亦不大于 400 mm。

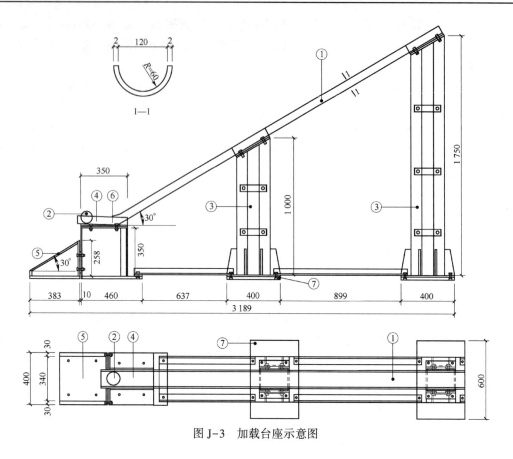

图 J-3　加载台座示意图

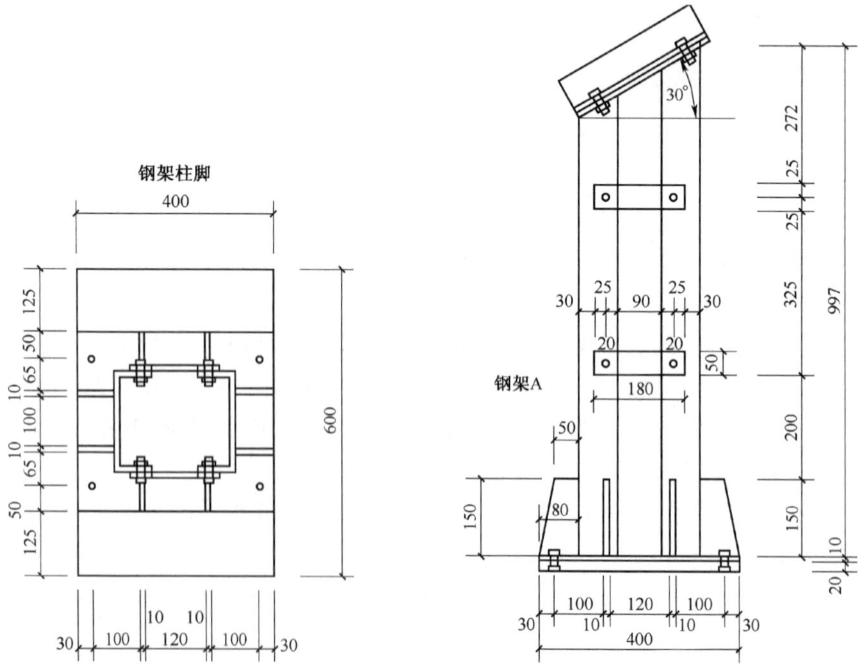

钢架柱脚

钢架A

图 J-4　钢架示意图

⑦钢架底座;部分采用 200 mm 钢板,以保证加载台座的稳定。

（3）模型的安装

模型的安装示意图如图 J-5。

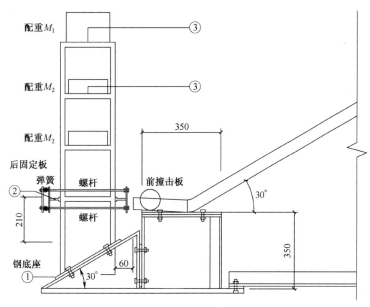

图 J-5　模型安装示意图

①模型与钢底座的连接:各队在主办方工作人员监督下统一将结构模型与底板连接。选手入场后,将底板用 4 颗螺栓固定于底座上。

②模型与前撞击板和后固定板的连接(图 J-6):在一层楼面与撞击方向垂直的两个立面上分别安装前撞击板和后固定板,前后板采用 4 根螺杆拉紧。

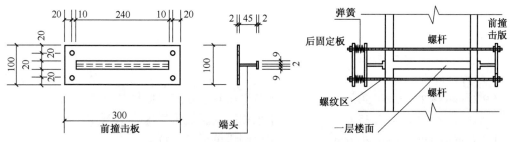

图 J-6　模型与前撞击板和后固定板的连接

前撞击板和后固定板均采用 2 mm 厚不锈钢板按上图所示制成,后固定板中需沿螺杆方向套入 4 个受压弹簧,弹簧原长 40 mm,安装时通过拧紧后固定板螺栓,使弹簧压缩至 22±1 mm,弹簧受压弹性模量约为 3 N/mm。

螺杆直径为 8 mm,长度为 450 mm,每根螺杆前后两个螺纹区长度均不小于 150 mm,前撞击板和后固定板的端头与一层楼面处的竖向承重构件的有效接触面积均不得小于 200 mm²。

③模型与配重的连接:配重 M_1 为屋面配重(可变配重)。安装配重 M_1 时,先在模型屋面层放置一个上部开口,底面为 190 mm×190 mm 的正方形容器,容器与模型顶部用热熔胶粘牢(热熔胶重量不计入结构承重)。比赛时,可根据需要将一定数量的配重钢板(180 mm×

180 mm×5 mm)或者配重铅块沿厚度方向整齐叠放入容器；安放配重时，对于所有配重形成的整体，其任一侧面距离容器内壁均不得大于 5 mm。计算模型得分时，配重 M_1 的质量取容器质量与容器内配重质量之和，容器质量以比赛时现场称量结果为准；

配重 M_2 为二、三层楼面配重(恒定配重)约为 2.5 kg，配重钢板与结构模型之间采用热熔胶粘牢(热熔胶重量不计入结构承重)。

配重 M_3 为安装于一层楼面的加载装置质量，约为 2~3 kg，实际质量以比赛时现场称量结果为准。

(4)加速度测量

加速系测量示意图如图 J-7 所示。

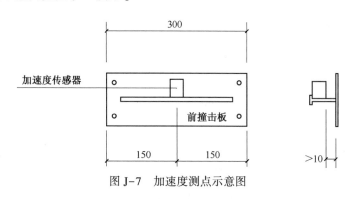

图 J-7　加速度测点示意图

加速度由加速度传感器量测，加速度传感器采用热熔胶以及螺丝与前撞击板中部可靠连接，如上图所示；加速度数据采集频率采用 8 000 Hz。

(5)模型撞击加载制度

竞赛撞击加载共分三级，每级加载取质量球不同的下落高度，分别为 400 mm，800 mm，1 200 mm。

五、模型材料

竞赛期间，主办方为各参赛队提供如下材料及工具用于模型制作。

(1)竹材，用于制作结构构件。

竹材规格	款式
1 250 mm×430 mm×0.50 mm	本色侧压双层复压竹皮
1 250 mm×430 mm×0.35 mm	本色侧压双层复压竹皮
1 250 mm×430 mm×0.20 mm	本色侧压单层复压竹皮

竹材力学性能参考值：弹性模量 $1.0×10^4$ MPa，抗拉强度 60 MPa。

(2)502 胶水，用于模型结构构件之间的连接。

(3)制作工具：美工刀，钢尺，砂纸，锉刀，改锥，小型锯子。

六、竞赛规程及要求

(1)各队要求在 12 h 内完成模型制作。

(2)各队模型制作完成后，主办方提供已经称重完毕的模型底板(质量为 m_1)。

(3)各队将模型固定于底板上，注意需满足模型固定要求。

(4)称量模型与底板的总质量 m_2，计算模型自重 $m = m_2 - m_1$。

（5）得到入场指令后,各队队员需迅速将模型固定于加载台座上,并固定需装配到模型上的配重及加载装置,整个安装过程不得超过 8 min。

（6）本队比赛正式开始后,参赛队代表先进行 2 min 陈述,然后依次进行三级加载,加载完成之后评委提问 1 min,回答评委提问不超过 2 min。

七、评分标准

（1）模型破坏准则:出现以下任意情况视为模型失效,并以前一次加载参数计算模型得分。

（a）第一、二级加载时,模型中任一结构受力构件出现破坏。

（b）第三级加载时,模型发生整体倾覆,丧失竖向或者水平承载能力。

（c）各级加载过程中出现配重脱落或者撞击板脱落。

（2）评分细则:

①计算书（共 10 分）

（a）计算内容的完整性、准确性　　　　　　　　　　（共 6 分）

（b）图文表达的清晰性、规范性　　　　　　　　　　（共 4 分）

注:计算书要求包含:结构选型、主要构件详图和方案效果图、计算简图、荷载分析、内力分析、承载能力估算等。

②结构选型与制作质量（共 10 分）

（a）结构合理性与创新性　　　　　　　　　　　　　（共 6 分）

（b）模型制作美观性　　　　　　　　　　　　　　　（共 4 分）

③现场表现（共 5 分）

（a）赛前陈述　　　　　　　　　　　　　　　　　　（共 3 分）

（b）赛中答辩　　　　　　　　　　　　　　　　　　（共 2 分）

④模型加载性能（共 75 分）

模型加载性能评分计算公式:

a. 计算模型承受的总质量 M（单位:g）

$$M = M_1 + M_2 + M_3 + m \tag{J-1}$$

式中　m——结构自重,g;

　M_1、M_2——配重质量,g;

　　M_3——一层楼面处安装于模型上的加载装置质量,g。

b. 计算模型性能得分 S

$$C = \frac{Ma}{500\,m} \tag{J-2}$$

式中　m——结构自重,g;

　　M——模型承受的总质量,g;

　　a——加速度传感器实测值,km · s^{-2}。

$$S = 75\,\frac{C}{C^*} \tag{J-3}$$

式中　C^*——各队模型性能参数的最大值;

　　C——本队模型的性能参数;

　　S——本队模型性能得分。

J-2　第七届全国大学生结构设计竞赛赛题

一、命题背景

踩高跷是我国一项群众喜闻乐见、流行甚广的传统民间活动。早在春秋时高跷就已经出现,汉魏六朝百红中高跷称为"跷技",宋代叫"踏桥",清代以来称为"高跷"。高跷分高跷、中跷和跑跷三种,最高者一丈多。高跷表演者不但以长木缚于足行走,还能跳跃和舞剑,形式多样。

高跷所承受的荷载与高跷的结构形式和运动方式密切相关,通过由学生自行设计和制作竹结构高跷,可以提高学生对结构的设计和分析计算能力,发展团队协作和竞争意识。

二、赛题概述

竞赛赛题要求参赛队设计并制作一双竹结构高跷模型,并进行加载测试。本次赛题的荷载并非事先确定的固定值或指定的荷载形式,而是在模型制作完成后各参赛队推选一名选手穿着由本队制作的竹高跷进行加载测试,**参赛选手必须穿戴护掌、护肘、护膝和头盔**,护具由各参赛队自行准备。

模型的加载分为静加载和动加载两部分,静加载的荷载值为参赛选手的总重量,以模型荷重比来体现模型结构的合理性和材料利用效率;动加载通过参赛选手进行绕标竞速来判断模型的承载能力,因此模型所受到的冲击荷载的大小、方向甚至荷载作用点都取决于参赛选手的质量、运动方式和模型的结构形式,对参赛队员的力学分析能力、结构设计和计算能力、现场制作能力等提出了更高的挑战。通过竹结构高跷模型的设计和制作,使学生在结构知识运用能力、创新能力、动手能力、团队协作精神等方面得到全面提升。

三、模型要求

模型整体包括竹高跷模型和踏板两个部分,其结构如图 J-8~图 J-10 所示。踏板固定在竹高跷模型顶面上,将来自参赛选手的荷载通过踏板 A、B、C 三处实木条传递至模型。踏板由组委会提供。

(一)竹高跷模型

竹高跷模型由参赛队使用组委会提供的材料及工具,在规定的时间、地点内制作完成,其具体要求如下:

(1)模型采用竹材料制作,具体结构形式不限。

(2)制作完成后的高跷结构模型外围长度为 400 mm ±5 mm,宽度为 150 mm ±5 mm,高度为 265 mm ±5 mm;模型结构物应在图 J-8 所示的阴影部分之内。

(3)模型底面为尺寸不得超过 200mm ×150mm 的矩形平面。

(二)踏板

踏板由组委会提供,其结构及尺寸如图 J-9 所示。踏板结构的面板为中密度板,面板上固定有 A、B、C 三根实木条,通过热熔胶与竹高跷模型固定。参赛选手用热熔胶将参赛鞋固定于踏板上,踏板上设有 4 个直径为 15 mm 通孔供穿绕系带(系带由组委会提供),以进一步固定参赛鞋(参赛鞋由各参赛队自备,建议选用类似轮滑鞋的可以保护踝关节的高帮鞋)。

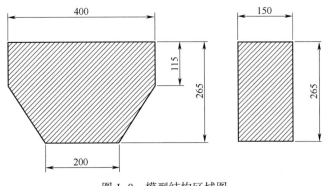

图 J-8 模型结构区域图

踏板与竹高跷模型固定后的模型整体高度应为 300 mm ±5 mm。如图 J-10 所示。在踏板与模型连接处的外侧(图 J-10 中的 a、b 处)允许增加构造物以进一步提高连结强度,构造物的高度不得超过 10 mm。

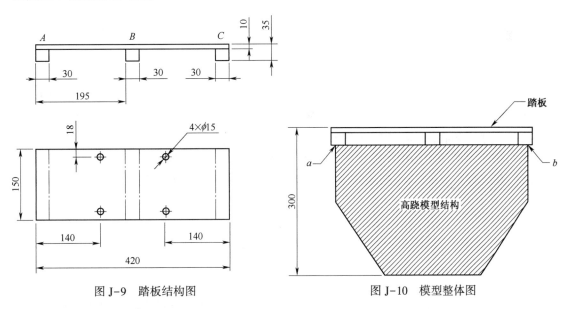

图 J-9 踏板结构图

图 J-10 模型整体图

四、模型材料及工具

竞赛期间,组委会为各参赛队提供如下材料及工具用于模型制作。

(1)竹材,用于制作结构构件。竹材规格及数量见表 J-2。

表 J-2 竹材规格及数量

竹材规格	竹材名称	数量
1 250 mm×430 mm×0.50 mm	本色侧压双层复压竹皮	5 张
1 250 mm×430 mm×0.35 mm	本色侧压双层复压竹皮	6 张
1 250 mm×430 mm×0.20 mm	本色侧压单层复压竹皮	5 张

注:竹材力学性能参考值:弹性模量 $1.0×10^4$ MPa,抗拉强度 60 MPa。

(2)502 胶水,10 瓶(规格 25 克),用于模型结构构件之间的连接。

（3）制作工具：美工刀（3 把），1 米钢尺（1 把），三角板（2 块），砂纸（10 张），锉刀（1 把）、剪刀（1 把）、手套（3 付）、签字笔（1 支）、铅笔（1 支）、橡皮（1 块）。

五、模型加载要求

模型测试时，参赛选手必须穿戴护掌、护肘、护膝和头盔，**未穿戴护具的选手不得进行模型静加载和绕标测试**。

1. 静荷载

①参赛选手穿着本队制作的竹高跷双脚静止站立于地磅称重台上，测量选手的总重量，称重台平面尺寸为 45 cm ×60 cm，静加载的重量测量精度为 0.1 kg。

②若在静加载过程中出现下列任一情况，将视为静加载试验失败，退出静加载测试，则模型静加载测试得分为零：

a. 测试过程中选手无法保持静止站立，导致重量测量无法进行，但选手仍可参加下一轮的绕标测试；

b. 测试过程中结构垮塌，参赛队退出比赛。

注：称重时重量显示的末位数允许有 1 个字的跳动，此时的读数将取其平均值。

2. 绕标竞速

（1）要求参赛选手穿着本队制作的竹高跷进行图 J-11 所示的绕标跑或走；

（2）在赛段的中点（离起点 10 m 处）设有如图 J-12 所示的高度为 35 cm 的木结构障碍板，要求选手在绕标往返过程中越过障碍板；

（3）选手必须在两标杆之间越过障碍板，标杆为横截面 4 cm ×4 cm，高 1.2 m 的木杆；

（4）选手在越障过程中除模型以外，身体的任何部位都不得触碰标杆。

注：在绕标竞速中，选手如遇摔倒，只需原地爬起再通过终点则加载成功。

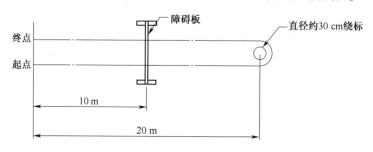

图 J-11　绕标竞速示意图

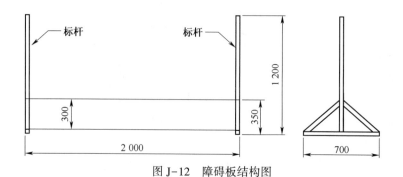

图 J-12　障碍板结构图

(5)若在绕标竞速过程中出现下列任一情况,将视为绕标竞速试验失败,模型绕标竞速测试得分为零:

①在绕标竞速中选手到达终点前高跷模型垮塌;

②在绕标竞速中因踏板与模型分离导致选手无法完成余下的赛程。

注:以上情形出现时如选手身体的一部分已越过终点而模型尚未越过终点,视为加载失败。

(6)若该项过程中出现下列任一情况,则从该项得分中扣除 5 分:

①选手在越障过程中致使障碍板倾覆;

②选手在越障过程中除模型以外,身体的其他部位触碰到标杆(选手尚未到达障碍板前,或越过障碍后,因摔倒而碰到标杆除外)。

六、竞赛规程及要求

(1)组委会将提供比赛所需的制作工具,各队不得自带工具进入制作现场。

(2)组委会在制作现场指定的位置放置砂轮机和钢锯,供有需要的参赛队使用。

(3)各参赛队要求在 20 h 内完成模型制作,并自行将组委会提供的已经称重完毕的踏板(质量为 m_1)固定于模型上。注意需满足模型固定要求,用于固定踏板和模型的热熔胶用量及构造物重量也需计入模型自重。

(4)称量模型与踏板的总质量 m_2,计算模型自重 $m = m_2 - m_1$。

(5)严禁任何形式的削减踏板质量的行为,违反规定的参赛队将取消其比赛资格。

(6)每个参赛队在本队上场前 10 min 可以开始进行场下准备,组委会将发放用于固定参赛鞋的系带,参赛队须在场下准备时完成护掌、护肘、护膝和头盔等护具的穿戴及安全检查。

(7)比赛正式开始后,参赛队代表先进行作品陈述,时间控制在 2 min 内,陈述完毕后回答评委提问,回答时间控制在 2 min 内。然后参赛选手得到指令后入场,开始固定参赛鞋,选手穿戴完毕后依次进行静加载和绕标竞速测试。

注:选手得到入场指令后,参赛队员需迅速将模型与鞋进行固定并穿戴完毕,整个过程不得超过 10 min。每超时 1 min,将从静加载得分中扣 1 分,超时 10 min 以上,将视为加载失败,退出加载测试。

七、评分标准

1. 评分按总分 100 分计算,其中包括:

(1)计算书及设计图	(共 10 分)
(2)结构选型与制作质量	(共 10 分)
(3)陈述与答辩	(共 5 分)
(4)静加载	(共 40 分)
(5)绕标竞速测试	(共 35 分)

2. 评分细则:

1)计算书及设计图(共 10 分)

ⓐ计算内容的完整性	(共 6 分)
ⓑ图文表达的清晰性、规范性	(共 4 分)

注:计算书要求包含:结构选型、结构建模及主要计算参数、受荷分析、节点构造、模型加工图(含材料表)。

2)结构选型与制作质量 (共 10 分)

ⓐ结构合理性与创新性 （共 6 分）

ⓑ模型制作美观性 （共 4 分）

3)陈述与答辩 (共 5 分)

ⓐ赛前陈述 （共 3 分）

ⓑ赛前答辩 （共 2 分）

4)静加载(共 40 分)

模型荷重比按下式计算

$$Q = \frac{1}{50}\left(\frac{选手总质量}{模型质量} - 1\right)$$

注:选手总质量为选手完成所有穿戴(包括护具和高跷模型)后的质量;模型质量不包括鞋、用于将鞋固定于踏板的热熔胶、系带以及踏板自身的质量,但用于将踏板和模型进行固定的热熔胶及构造物将计入模型质量。

在所有成功完成静加载的参赛队中,模型荷重比最大的参赛队得 40 分,其余队的得分 S_1 按下式计算:

$$S_1 = \frac{Q}{Q_{max}} \times 40$$

式中:Q_{max} 为所有成功完成静加载参赛队模型的最大荷重比,Q 为所考察模型的荷重比。本项所得分数保留小数点后两位。

5)绕标竞速测试(共 35 分)

在成功完成绕标竞速的参赛队中,各队的得分 S_2 按下式计算:

$$S_2 = \frac{t_{min}}{t} \times 35$$

式中:t_{min} 为所有成功完成绕标竞速的参赛队所用的最短时间,t 为所考察参赛队在绕标竞速所用时间,单位秒;本项所得分数保留小数点后两位。

J-3 2014 全国大学生结构设计竞赛赛题三重檐攒尖顶仿古楼阁模型制作与测试

一、选题背景

中国木结构古建筑在世界建筑之林中独树一帜、风格鲜明,具有极高的历史、文化及艺术价值。其中楼阁式古建筑以其优美的造型和精巧的设计闻名于世,已成为中国古建筑的典型象征。

据历代营造史料记载,楼与阁原有明显区别,但后来因其均为复层建筑,故通称楼阁,其中比较著名的有武汉黄鹤楼、岳阳岳阳楼、南昌滕王阁、烟台蓬莱阁以及西安钟楼等。我国古代楼阁构架形式多样,屋盖造型丰富。在广泛调研及征求意见的基础上,本次竞赛的模型形式确定为三重檐攒尖顶仿古楼阁。该类古建筑的一个现存实例为明代所建的西安钟楼,如图 J-13 所示。基于当前全球已进入巨震期这一工程背景,本次竞赛引入模拟地震作用作为模型的测试条件,这对于众多现存同类古建筑的抗震修缮与补强具有现实的科学价值和工程意义。

图 J-13　西安·钟楼

二、竞赛模型

竞赛模型采用竹质材料制作,包括一、二、三层构架及一、二层屋檐,其构造示例如图 J-14(a)所示。模型柱脚用热熔胶固定于底板之上,底板用螺栓固定于振动台上。模型制作材料、小振动台系统和模型配重由承办方提供,底板用螺栓固定于振动台上,其加载安装形式如图 J-14(b)所示。

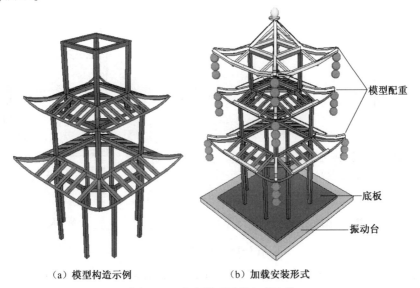

（a）模型构造示例　　　　（b）加载安装形式

图 J-14　竞赛模型及其加载安装

三、模型要求

(一)模型构造

1. 总体规定

①赛题中所涉及各种尺寸,如无特殊说明,允许误差均为±3 mm。

②一至三层楼面标高(由底板上表面量至各楼层梁的上表面最高处)分别为 0.24 m、0.42 m、0.60 m。

③沿结构的外轮廓不能设置任何蒙皮。

2. 竖向构件布置要求

(1)结构竖向构件必须是铅直柱,不允许使用斜向支撑与拉条。

(2)各层的转角处必须设置柱,柱位如图 J-15(a)所示。且各层柱在底板上的投影必须分别位于图 J-15(b)、(c)、(d)所示的阴影范围内。

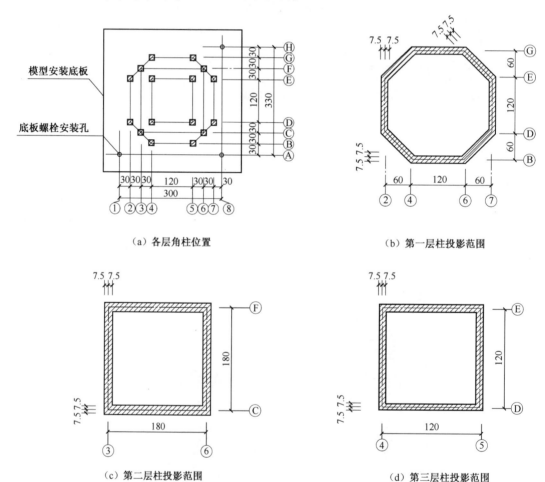

(a) 各层角柱位置　　　　　　　　　(b) 第一层柱投影范围

(c) 第二层柱投影范围　　　　　　　(d) 第三层柱投影范围

图 J-15　柱布置范围

(3)门窗洞口范围如图 J-16 所示。门窗洞口沿其所在平面法线方向在结构内部的任意投影范围内不能设置构件,如图 J-17 所示。

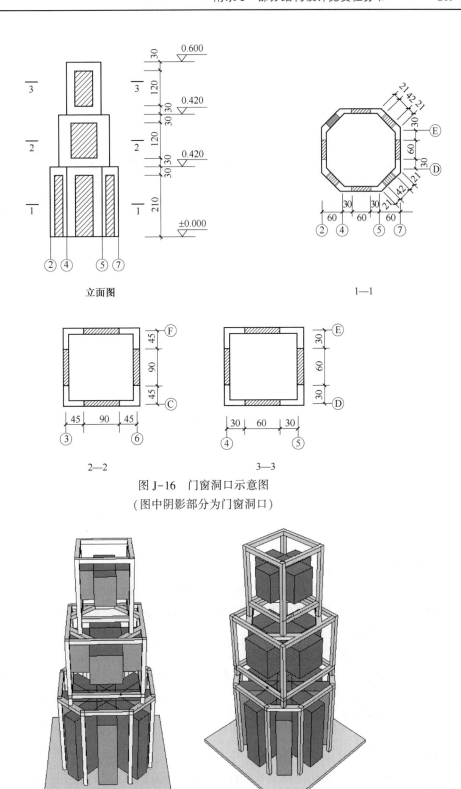

图 J-16　门窗洞口示意图

（图中阴影部分为门窗洞口）

图 J-17　模型内部净空要求（图中阴影部分不得设置构件）

3. 水平构件布置要求

（1）第三层柱顶沿外轮廓线应有横梁连接，且应符合本赛题 3.2 部分对屋盖配重安装的要求。

（2）屋檐布置要求

①一、二层屋檐分别如图 J-18 所示；

②屋檐屋脊曲线段详图如图 J-19 所示；

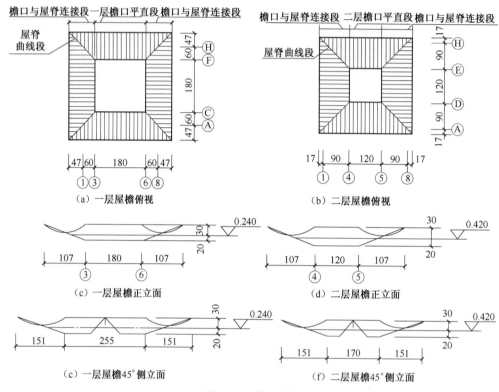

图 J-18　模型屋檐

一、二层屋檐屋脊曲线段的上边缘均为半径 135 mm，弧长 160 mm 的圆弧。一、二层屋檐屋脊曲线段分别安装在二、三层转角柱处。一层屋檐屋脊曲线段上边缘起点和终点的标高均为 270 mm。二层屋檐屋脊曲线段上边缘起点和终点的标高均为 450 mm。

③屋檐的立面标高如图 J-20 所示。

（二）配重及安装要求

模型所加配重为铜条与铜球，铜条截面宽×高的尺寸均为 13 mm×10 mm，并以宽度为 13 mm 的面与结构相粘结；铜球直径为 25 mm。第一、二层屋檐配重质量分别为 2.4 kg 和 1.8 kg，第三层屋盖配重总质量为 4.0 kg。

1. 配重尺寸

（1）一、二层屋檐

一、二层屋檐质量块包括屋檐屋脊曲线段和屋檐檐口直线段两部分。安装在屋檐屋脊曲线段上的配重为下边缘半径 135 mm，弧长 180 mm 的铜条，下边缘外挑端部在铅直方向固结三个串联在一起的铜球，安装在一、二层屋檐檐口直线段的配重铜条分别长 180 mm 和 120 mm。

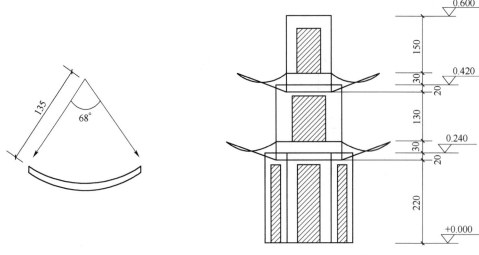

图 J-19 屋檐屋脊曲线段详图   图 J-20 屋檐立面标高

（2）屋盖

屋盖配重由屋顶和屋檐两部分组成，屋盖配重如图 J-21 所示。

（a）屋顶为高 90 mm，底面边长 120 mm * 120 mm 的正四棱锥。

（b）屋檐屋脊曲线段为下边缘半径 135 mm，弧长 130 mm 的铜条，屋檐檐口直线段为 134 mm 的铜条。

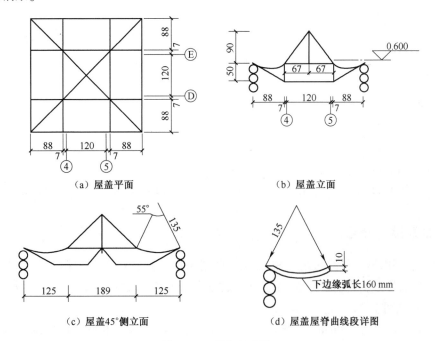

（a）屋盖平面   （b）屋盖立面

（c）屋盖45°侧立面   （d）屋盖屋脊曲线段详图

图 J-21 屋盖配重图

2. 安装要求

一、二层屋檐和屋盖的安装位置如图 J-22 所示。配重及模型用热熔胶连接，要求相应部位尺寸应贴合，最大脱空间隙不得超过 3 mm。

攒尖顶屋盖设有与第三层顶部连系横梁相粘结的铜条支座(如图 J-23 所示),用以将攒尖顶屋盖固定于第三层的柱顶横梁之上。

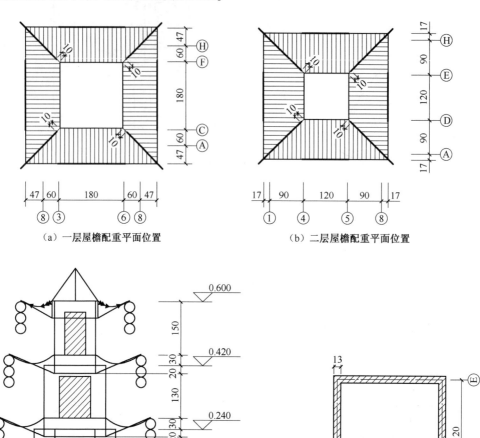

(a) 一层屋檐配重平面位置　　　　　　(b) 二层屋檐配重平面位置

(c) 配重安装的立面位置

图 J-22　配重安装图　　　　　　图 J-23　攒尖顶屋盖安装支平面图

四、加载设备介绍

结构模型采用第二代改进型 WS-Z30 小型精密振动台系统进行模拟水平地震作用的加载,考察模型承载力。振动台系统的主要组成部分及相关参数信息如下:水平振动台:型号 WS-Z30-50(见图 J-24)

指标:水平台尺寸:506 mm×380 mm×22 mm,荷载:30 kg,重量:11.5 kg,材料:铝合金 LY12。功能:承载实验模型。

激振器:型号:JZ-50(见图 J-25) 指标:工作频率:0.5~3000Hz,最大位移:±8 mm,激振力:500 N,重量:28 kg 功能:使水平台振动。功率放大器:型号:GF-500 W 指标:失真度:<1%,噪声:<10 mV,输出阻抗:0.5 Ω,工作频率:DC~10 000 Hz,输出电流:25 A,输出电压:

25 V,功率:500 VA,供电电压:220 VAC,尺寸:44 cm×48 cm×18 cm, 重量:18 g 功能:为激振器提供输出功率。

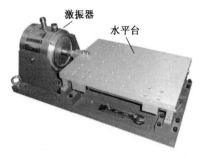

图 J-24　水平振动台和激振器

图 J-25　功率放大器

五、加载方法与失效评判

(一) 输入地震波

加载所用的波形文件,由组委会后续以附件形式补充提供。

(二) 模型失效评判准则

模型在进行加载时,出现下列任一情形则判定为模型失效,不能继续加载。同时将上一次加载级别视为该模型实际所通过的最高加载级别,并作为模型效率比计算的依据(参见本赛题第 8 部分:评分标准)。

(1)模型中的任一构件出现断裂或节点脱开。

(2)配重脱落(包括配重条一端沿长度 1/3 部分脱离其支撑构件,而另一端悬挂于结构上情况)。

(3)第三级加载完毕:较加配重前,第一层屋檐的屋脊曲线段末端和檐口直线段中点沿铅直方向下挠度超过 10 mm。第一层屋檐变形测量点的具体位置如图 J-26 所示。

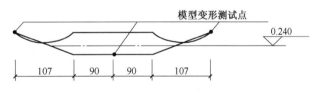

图 J-26　第一层屋檐变形测量点位置图

六、模型材料

竞赛期间,承办方为各队提供如下材料及工具用于模型制作,不得擅自使用其他材料。

(1)竹材:用于制作结构构件。竹材规格及数量见表 H-3。

表 H-3　竹材规格及数量

竹材规格	竹材名称	数量
1 250 mm×430 mm×0.50 mm	本色侧压双层复压竹皮	2 张
1 250 mm×430 mm×0.35 mm	本色侧压双层复压竹皮	2 张
1 250 mm×430 mm×0.20mm	本色侧压单层复压竹皮	2 张

注:竹材力学性能参考值:弹性模量 $1.0×10^4$ MPa,抗拉强度 60 MPa。

(2)502 胶水,8 瓶(规格 25 g),用于模型结构构件之间的连接。

(3)热熔胶:用于配重与模型的固定及模型与底板的连接。

(4)模型安装底板:底板材料为竹制,厚度 20 mm,长、宽分别为 400 mm 和 400 mm。底板上除预设孔洞外不得另行钻孔。底板孔洞标注图参见图 3(a)。

(5)制作工具:美工刀(3 把),1 米钢尺(1 把),三角板(2 块),圆规(1 把),砂纸(10 张),锉刀(1 把)、剪刀(1 把)、手套(3 付)、签字笔(1 支)、铅笔(1 支)、橡皮(1 块)。

另外,公用砂轮机等由承办方提供。

七、模型现场安装、加载及测试步骤

(一)赛前准备

(1)对底板及配重进行称重,得到质量 m_1(单位:g);

(2)核查模型尺寸是否满足制作要求;

(3)提交模型前,用热熔胶将模型与底板粘结牢固;

(4)加载测试前,用热熔胶将配重与模型粘结牢固,时间不超过 10 分钟,该步骤按抽签比赛顺序提前 2 队开始;

(5)称量包含配重与底板的模型质量 m_2(单位:g);

(6)以上过程由各队自行完成,赛会人员负责监督、标定测量仪器和记录。如在此过程中出现模型损坏,则视为丧失比赛资格。

(二)加载及测试步骤

(1)得到入场指令后,迅速将模型及底板运进场内,安装在振动台上,紧固螺栓,准备进行加载。赛场内安装时间不得超过 3 分钟。

(2)参赛队代表进行 2 分钟陈述,之后评委提问,参赛队员回答问题。

(3)依次进行三级加载,每次加载完成后依据 5.2 的失效评判准则评价模型是否失效。

八、评分标准

(一)总分构成

结构评分按总分 100 分计算,其中包括:

(1)计算书及设计图	(共 10 分)
(2)结构选型与制作质量	(共 10 分)
(3)现场表现	(共 5 分)
(4)加载表现评分	(共 75 分)

(二)评分细则

A. 计算书及设计图

(1)计算内容的完整性	(共 6 分)
(2)图文表达的清晰性、规范性	(共 4 分)

注:计算书要求包含:结构选型、结构建模及主要计算参数、受荷分析、节点构造、模型加工图(含材料表)。

B. 结构选型与制作质量

(1)结构合理性与创新性	(共 6 分)
(2)模型制作美观性	(共 4 分)

C. 现场表现

(1)现场陈述	(共 3 分)

（2）现场答辩　　　　　　　　　（共 2 分）

D. 加载表现评分

第 i 参赛组模型在加载环节的表现将根据其效率参数 E_i 的计算结果进行评分。效率比 E_i 的计算如式（J-4）所示：

$$E_i = \frac{100\alpha}{M_2 - M_1} \tag{J-4}$$

设 E_{max} 为所有参赛模型中的最高效率参数，第 i 参赛组模型加载表现分 K_i 的计算公式如式（J-5）：

$$K_i = \frac{E_i}{E_{max}} \times 75 \tag{J-5}$$

α 为抗震调整系数：通过第一级加载取 0.5，通过第二级加载取 0.75，通过第三级加载取 1.0。第一级加载失效者，α 为 0。

以上 A~D 各项得分相加，分数最高者优胜。

J-4　第十届全国大学生结构设计竞赛赛题（大跨度屋盖结构）

一、赛题背景

随着国民经济的高速发展和综合国力的提高，我国大跨度结构的技术水平也得到了长足的进步，正在赶超国际先进水平。改革开放以来，大跨度结构的社会需求和工程应用逐年增加，在各种大型体育场馆、剧院、会议展览中心、机场候机楼、铁路旅客站及各类工业厂房等建筑中得到了广泛的应用。借北京成功举办 2008 奥运会、申办 2022 冬奥会等国家重大活动的契机，我国已经或即将建成一大批高标准、高规格的体育场馆、会议展览馆、机场航站楼等社会公共建筑，这给我国大跨度结构的进一步发展带来了良好的契机，同时也对我国大跨度结构技术水平提出了更高的要求。

二、总体模型

总体模型由承台板、支承结构、屋盖三部分组成（见图 J-27）。

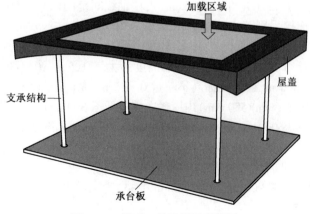

图 J-27　模型三维透视示意简图

(一)承台板

承台板采用优质竹集成板材,标准尺寸为 1 200 mm×800 mm,厚度为 16 mm,柱底平面轴网尺寸为 900 mm×600 mm,板面刻设各限定尺寸的界限:

(1)内框线:平面净尺寸界限,850 mm×550 mm;

(2)中框线:柱底平面轴网(屋盖最小边界投影)尺寸,900 mm×600 mm;

(3)外框线:屋盖最大边界投影尺寸,1 050 mm×750 mm。

承台板板面标高定义为±0.00。

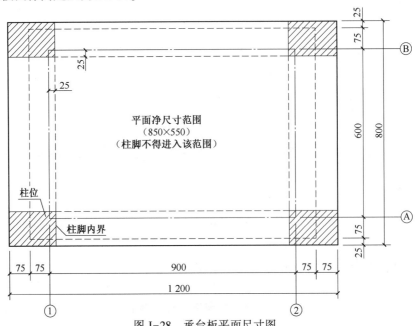

图 J-28　承台板平面尺寸图

(二)支承结构

仅允许在 4 个柱位处设柱(图 J-28 中阴影区域),其余位置不得设柱。柱的任何部分(包括柱脚、肋等)必须在平面净尺寸(850 mm×550 mm)之外,且满足空间检测要求。(即要求柱设置于四角 175 mm×125 mm 范围内。)

柱顶标高不超过+0.425(允许误差+5 mm),柱轴线间范围内+0.300 标高以下不能设置支撑,柱脚与承台板的连接采用胶水粘结。

(三)屋盖结构

屋盖结构的具体形式不限,屋盖结构的总高度不大于 125 mm(允许误差+5 mm),即其最低处标高不得低于 0.300 m,最高处标高不超过 0.425 m(允许误差+5 mm)。

平面净尺寸范围(850 mm×550 mm)内屋盖净空不低于 300 mm,屋盖结构覆盖面积(水平投影面积)不小于 900 mm×600 mm,也不大于 1 050 mm×750 mm,如图 J-29 所示。不需制作屋面。

屋盖结构覆盖面积(水平投影面积)不小于 900 mm×600 mm,也不大于 1 050 mm×750 mm。但不限定屋盖平面尺寸是矩形,也不限定边界是直线。

屋盖结构中心点(轴网 900 mm×600 mm 的中心)为挠度测量点。

(四)剖面尺寸要求

模型高度方向的尺寸以承台板面标高为基准,尺寸详见图 J-30 和图 J-31。

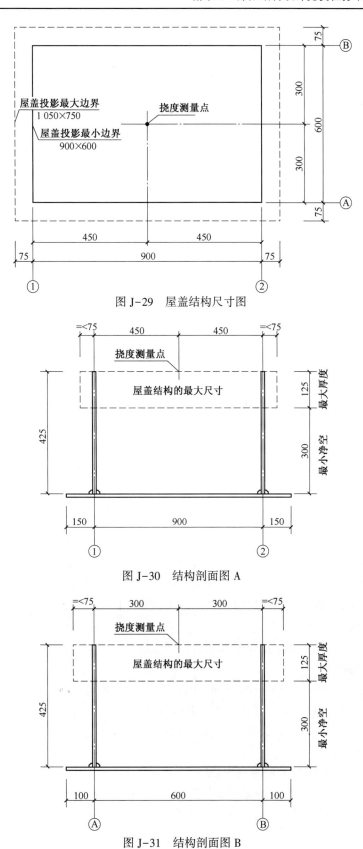

图 J-29 屋盖结构尺寸图

图 J-30 结构剖面图 A

图 J-31 结构剖面图 B

三、模型材料及制作工具

(一)竹材

竹材规格及数量如表 J-4 所示,竹材参考力学指标如表 J-5 所示。

表 J-4　竹材规格及用量

竹材规格		竹材名称	数量
竹皮	1 250 mm×430 mm×0.50 mm	本色侧压双层复压竹皮	4 张
	1 250 mm×430 mm×0.35 mm	本色侧压双层复压竹皮	4 张
	1 250 mm×430 mm×0.20 mm	本色侧压单层复压竹皮	4 张
竹条	900 mm×6 mm×1 mm		40 根
	900 mm×2 mm×2 mm		40 根
	900 mm×3 mm×3 mm		40 根
	900 mm×6 mm×3 mm		40 根

注:竹条实际长度为 930 mm。

表 J-5　竹材参考力学指标

密度	顺纹抗拉强度	抗压强度	弹性模量
0.789g/cm³	150 MPa	65 MPa	10 GPa

(二)粘结胶水

502 胶水 12 瓶(规格 30 克/瓶)。

(三)制作工具

(1)每队配置工具

美工刀(3 把),3.0 m 卷尺(1 把),1 m 钢尺(1 把),1.2 m 丁字尺(1 把),45 cm 三角板(1 套),16 cm 弯头带齿镊子(1 把),砂纸(6 张,粗砂、细砂各 3 张),5 件套锉刀(1 套)、剪刀(2 把)、棉手套(3 副)、签字笔(3 支)、HB 铅笔(2 支)、透明胶带(1 卷)、6 吋模型剪钳(2 把)、切割垫块(1 块)、工具收纳筐(1 个)。

(2)公用工具

裁纸刀 A3(10 台)、空间木星模型检测块(4 个)。

(四)测试附件

测试附件为 100 mm×100 mm×0.8 mm 的铝片,重 17.5 g,用于挠度测试,如图 J-32 所示。重量不计入模型重量。

铝片中心刻有直径 10 mm 及直径 50 mm 的圆痕。

图 J-32　测试附件

(五)屋面材料

屋面材料采用柔软的塑胶网格垫,厚度约 3 mm。尺寸为 1.5:1 的矩形,四周切为弧形,具体尺寸:长约 108 cm,宽约 72 cm,切弧半径为 175 mm,以满足重量 1 kg 为准(误差 0.5 g),中间位置开直径 80 mm 的圆孔(挠度测试之需),如图 J-33 所示。

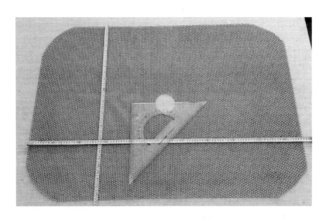

图 J-33 屋面材料

(六) 加载材料

加载材料采用软质塑胶运动地板 (见图 J-34,图 J-35),尺寸 950 mm×650 mm,四周切为弧形,中央开直径 80 mm 的圆孔 (挠度测试之需)。

加载材料厚度约 2.4 mm。单块重量 2 kg,误差控制在 1 g 以内,大于 2 kg 的部分通过均匀开小孔 (孔径 10 mm) 的方式减去,小于 2 kg 的粘贴小块材料补足。

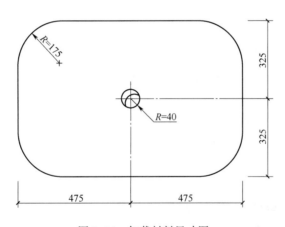

图 J-34 加载材料尺寸图

图 J-35 加载材料尺寸图

四、模型制作要求

（1）模型的承台板由竞赛主办方统一提供，板长边中点处标注承台板自重（精确到 1 g）。各参赛队不得对其进行任何致重量改变的操作，如打磨、挖空、削皮、洒水等，否则视为违规，取消比赛资格。

（2）模型的其余部分由参赛队制作。模型结构的所有杆件、节点及连接部件均采用给定材料与粘结胶水手工制作完成。

（3）测试附件粘贴要求：

①测试附件（铝片）粘贴于屋盖结构中心处（图-3~5），且铝片中心区域（直径 50 mm）表面应平行于承台板面。屋面材料铺设后，必须能与铝片接触。

②铝片必须直接牢固粘贴在与屋面网垫接触的杆件上，第一阶段加载过程中出现脱落、倾斜而导致的位移计读数异常，各参赛队自行负责。

③若中心区域无杆件，则需由参赛队自行增加杆件连接，增加的杆件计入模型重量。

（4）模型提交时应组装为整体，即将承台板、支承结构和屋盖结构用胶水装配成整体。

（5）模型制作时间为 14 小时。模型应在规定的制作时间内组装为整体，此后不能再有任何实质性的操作。

（6）比赛中提供的制作台尺寸 1 220 mm×2 440 mm，台面高度 720~750 mm。

五、模型净空检测及称重

（一）模型净空间检测

用标准净空模块（850 mm 长×550 mm 宽×300 mm 高）沿纵向及横向穿越模型内部，如不能通过，则视为模型不合格。

（二）屋盖平面尺寸及高度检测

用激光水平仪和卷尺检测屋盖平面尺寸及高度，满足下列要求之一者视为不合格。

（1）屋盖平面尺寸最大处超过允许值（1 050、750 mm）+10 mm（每侧+5 mm）；

（2）屋盖平面尺寸最小处超过允许值（900、600 mm）-10 mm（每侧-5 mm）；

（3）屋盖厚度超过允许值（125 mm）+5 mm。

（三）模型称重

模型整体称重后，减去承台板及测试附件（铝片）的重量，即为参赛模型的重量 M_i。

六、模型加载及评判

（一）加载方式

模型加载采用静加载的形式完成，所加荷载为屋面全跨均布荷载，荷重用软质塑胶运动地板模拟。

（二）加载准备

（1）模型置于加载台上，调试位置。使位移计激光投射于铝片中心直径为 10 mm 的圆痕区域内，完成定位。

（2）调整激光位移计高度。使激光位移计底面至铝片中心的垂直距离为 100±25 mm 范围内。

（3）布置摄像头。模型净空范围内设置摄像头，观测受力过程中结构的变形。

（三）加载过程

先铺屋面材料，作为预加载，然后位移计读数清零。模型加载分为两个阶段：

（1）第一阶段：标准加载 14 kg（七张胶垫）：

①先加第一级，6 kg（三张胶垫逐张加载），完成后持荷 20 s，测试并记录测试点挠度值。

②再加第二级，8 kg（四张胶垫逐张加载），完成后持荷 20 s，测试并记录测试点挠度值。

第一阶段加载时的允许挠度为 $[w]=4.0$ mm。

（2）第二阶段：最大加载：

第二阶段的最大加载量由各参赛队根据自身模型情况自行确定，可报两个级别（定义为第三级和第四级），并应在加载前上报。荷载级别为胶垫的数量（即 2 kg 的倍数）。

①先加第三级，按上报加载量一次完成加载，持荷 20 s，如结构破坏，终止加载，且本级加载量不计入成绩；如结构不破坏，继续加载。

②再加第四级，按上报加载量一次完成加载，持荷 20 s，加载结束。如结构破坏，本级加载量不计入成绩；如结构不破坏，本级加载量计入成绩；

第二阶段加载时不进行挠度测试。

（3）加载过程由参赛队队员完成。

（4）自预加载开始，至加载结束，时间控制在 6 min 以内。（第四级加载后的持荷时间不计入 6 min 内）

（四）评判标准

（1）第一阶段：

加载过程中，出现以下情况，则终止加载。本级加载及以后级别加载成绩为零（即第二级加载出现此情况，加载项成绩算第一级加载成功的成绩）；

①模型结构发生整体倾覆、垮塌；

②屋面杆件脱落；

③挠度超过允许挠度限值 $[w]$ 的 1.10 倍。

（2）第二阶段：

（1）加载过程中，若模型结构发生整体倾覆、垮塌，则终止加载，本级加载及以后级别加载成绩为零（即第三级加载出现此情况，加载项成绩算第二级加载成功的成绩）；

（2）加载过程中，若模型结构未发生整体倾覆、垮塌，但有局部杆件的破坏、脱落或过大变形，则可继续加载。

（3）每队加载成绩由各级加载成功时，计算所得荷重比分数和刚度分数组成。

七、评分项及评分标准

（一）模型评分项及分值

模型评分项共五项，总分 100 分，其中包括：

（1）计算书以及设计说明（共 10 分）

（2）结构选型与制作质量（共 10 分）

（3）现场表现（共 5 分）

（4）模型承载力（共 60 分）

(5)模型刚度(共 15 分)

(二) 评分标准

1. 计算书以及设计说明(共 10 分)

(1)计算内容的完整性、准确性　　　(共 6 分)

(2)图文表达的清晰性、规范性　　　(共 4 分)

2. 结构选型与制作质量(共 10 分)

(1)结构合理性与创新性　　　　　　(共 5 分)

(2)模型制作质量与美观性　　　　　(共 5 分)

3. 现场表现(共 5 分)

(1)赛前陈述　　　　　　　　　　　(共 3 分)

(2)现场答辩　　　　　　　　　　　(共 2 分)

4. 模型承载力(共 60 分)(第一阶段加载,共 35 分;第二阶段加载,共 25 分)

(1)计算各参赛队模型(i)的单位自重承载力 m_{1i}、m_{2i}

按式(J-6)计算:

$$m_{1i} = \frac{N_1}{M_i}, \qquad m_{2i} = \frac{N_{2i}}{M_i} \tag{J-6}$$

式中　N_1——第一阶段加载成功时的加载荷重(包括屋面重量);若两级加载均成功,承载力为两级加载块重量和屋面材料重量之和,即 $N_1 = 15$ kg;若仅第一级加载成功,承载力为第一级加载块重量和屋面材料重量之和,即 $N_1 = 7$ kg。

　　N_{2i}——第二阶段加载时,本队模型的加载荷重,kg;

　　M_i——本队模型的自重,g。

(2)模型承载力得分 C_i

按式(J-7)计算:

$$C_i = \frac{m_{1i}}{m_{1,\max}} \times 35 + \frac{m_{2i}}{m_{2,\max}} \times 25 \tag{J-7}$$

式中　$m_{1,\max}$——第一阶段加载时,所有参赛队模型中单位自重承载力的最大值;

　　$m_{2,\max}$——第二阶段加载时,所有参赛队模型中单位自重承载力的最大值。

5. 模型刚度(共 15 分)(仅第一阶段加载)

按以下方式计算模型刚度得分 K_i

(a)当 $w_i \leqslant [w]$ 时

$$K_i = \frac{w_i}{[w]} \times 15 \tag{J-8}$$

(b)当 $[w] < w_i \leqslant 1.10[w]$ 时

$$K_i = \frac{1.10[w] - w_i}{1.10[w] - 4.0} \times 15 \tag{J-9}$$

(c)当 $w_i > 1.10[w]$ 或 $w_i < 0$ 时

$$K_i = 0 \tag{J-10}$$

式中　w_i——第一阶段加载成功时,本队模型的挠度(mm),向下为正。

　　$[w]$——第一阶段加载时的允许挠度,$[w] = 4.0$mm。

八、计算书要求

(一)计算书内容要求

计算书应包括以下内容：

(1)赛题解读；

(2)结构选型分析及结构方案；

(3)构件尺寸；

(4)计算分析；

(5)第二阶段加载所需的重量(两级)；

(6)必要的图纸。

(二)计算书格式要求

计算书格式要求详见附件。

J-5　第十一届全国大学生结构设计竞赛题目 渡槽支承系统结构设计与制作

一、赛题与背景

我国是一个水资源短缺的国家,且水资源时空分布不均匀。总体来看,时间上,夏秋多、冬春少;空间上,南方多、北方少。在这种情况下,积极发展输水工程,是我国合理利用水资源的重要手段。

在地形复杂的地区修建输水工程,渡槽是一种常见的结构(见图 J-36),它可以有效减小地形对输水的限制。本次结构设计竞赛以渡槽支承系统结构为背景,通过制作渡槽支承系统结构模型并进行输水加载试验,共同探讨输水时渡槽支承系统结构的受力特点、设计优化、施工技术等问题。

(a)

(b)

图 J-36　渡槽结构

二、赛题总体情况

赛题总体示意图如图 J-37 所示,包括输水装置、承台及支承系统结构模型。

(1)输水装置

输水装置主要由容积为 128 L 的水桶、水泵(0.75 kW)、进水管、出水管、输水管等组成。水桶下设有电子秤。进水管及出水管为硬管,进水管装有排气管(兼做溢流管,可回流至水桶),出水管装有阀门及排气管(兼做溢流管,可回流至水桶)。输水管为加筋软管(内径为100 mm,壁厚0.7 mm,质量约为0.58 kg/m),两端分别与进、出水管相连,其自然状态长度为6.5 m。进水管管口底部到承台板面高度为450 mm,出水管管口底部到承台板面高度为250 mm。

（2）承台

承台包括钢管加劲承台板及承台支架,承台板直接搁置在承台支架上。承台板用于固定支承系统结构模型,其平面尺寸如图(b)所示,采用免漆木芯板板材,厚度为17 mm,板面设有两个固定灌溉点 A、B。

（3）支承系统结构模型

支承系统结构模型用于支承输水管可以自行选定输水路线,但应经过指定的两个灌溉点 A、B,即输水管在承台板上的正投影应覆盖 A、B 二点。

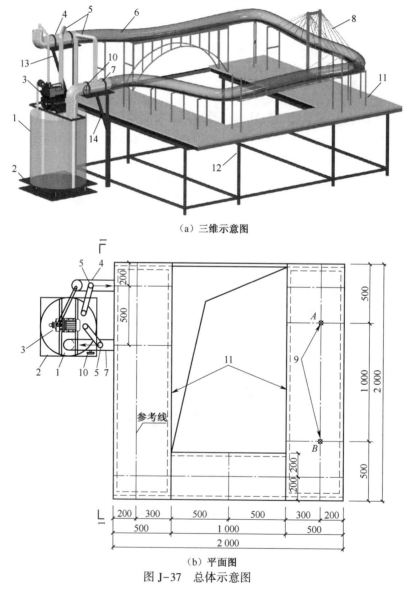

（a）三维示意图

（b）平面图

图 J-37 总体示意图

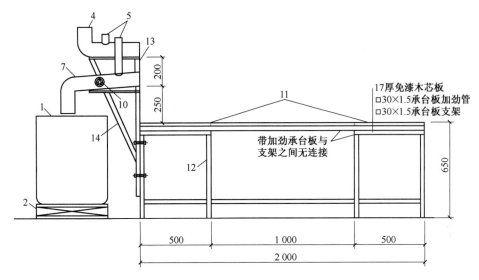

（c）立面图

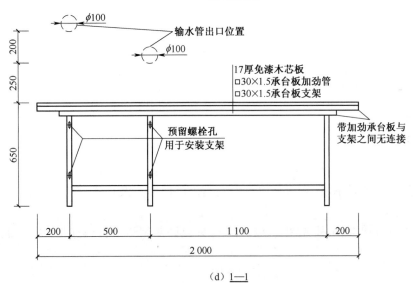

（d）1—1

图 J-37　总体示意图(续)

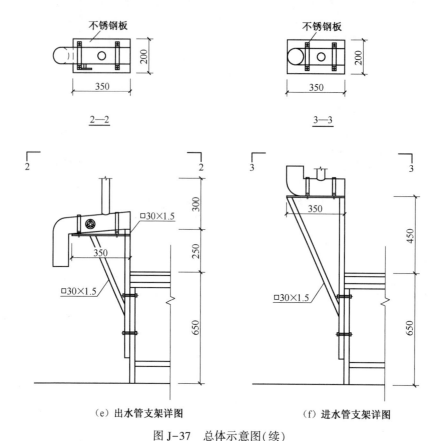

（e）出水管支架详图　　　　（f）进水管支架详图

图 J-37　总体示意图(续)

1—水桶;2—电子秤;3—水泵;4—进水管;5—排气管(兼溢流管);6—输水管;7—出水管;8—支承系统结构模型;
9—灌溉点;10—阀门;11—钢管加劲承台板;12—承台支架;13—进水管支架;14—出水管支架

三、模型要求

（1）输水装置和承台由竞赛承办方统一提供,支承系统结构模型由参赛队制作。

（2）模型结构形式不限,支承个数不限,所有杆件、节点及连接部件均采用给定材料与胶水手工制作完成。

（3）输水管可捆绑、吊挂或搁置在模型上,只允许使用给定材料连接,不得直接使用胶水粘结输水管。

（4）模型与承台板之间采用自攻螺钉连接。

（5）模型制作时间累计为 18 小时。

四、模型安装及加载

1. 模型安装

（1）安装前先对模型进行称重,记 M_1（单位:g）。

（2）参赛队将模型和输水管安装在承台板上,安装时间不得超过 25 min。

（3）工作人员进行灌溉点检测,如未经过指定的两个灌溉点,则判定模型失效,不能进行加载。

（4）参赛队将承台板抬至承台支架上，将输水管与进水管及出水管相连，安装时间不得超过 5 分钟。

（5）安装时模型构件与构件之间可使用胶水（5 g/瓶）连接，构件与承台板之间采用自攻螺钉（1 g/颗）连接，总质量记为 M_2（单位：g）；

（6）安装完毕后，不得再触碰模型和输水管。

2. 模型加载

（1）参赛队派 1 名队员进行 1 分钟作品介绍，然后回答专家提问；

（2）参赛队员关闭出水管阀门，工作人员记录电子秤读数 W_0（单位：kg）；

（3）参赛队员打开水泵，将水抽入进水管加载，当载入水重不小于 50 kg 时关闭水泵（如不能达到 50 kg，则抽水时间不得多于 90 s），工作人员记录电子秤读数 W_1（单位：kg）。持荷 20 s 模型不发生整体垮塌（允许局部损坏，但输水管不得触碰承台板并且不能损坏），则加载阶段加载成功；否则加载失败，模型加载、卸载、输水效率得分均为 0 分；

（4）参赛队员打开阀门，将水排入水桶中，排水 2 分钟时工作人员记录电子秤读数 W_2（单位：kg）。卸载成功的条件和加载相同，不成功则模型卸载、输水效率得分均为 0 分。

五、模型材料及制作工具

1. 竹材

材料采用本色复压竹材，提供的竹材规格及数量见表 J-6，竹材力学指标参考表 J-7。

表 J-6 竹材规格及用量

类型	规格（mm）	质量（g/片或支）	数量（片/支）
竹片	1 250×430×0.2（单层）	70	2
	1 250×430×0.35（双层）	123	2
	1 250×430×0.5（双层）	175	2
竹条	900×2×2	2.5	5
	900×3×3	5.6	5
	900×1×6	3.8	5

注：当提供的材料不够时，可申请增加材料用量，总质量不超过 300 g。

表 J-7 竹材参考力学指标

密度	0.8 g/cm³
顺纹抗拉强度	60 MPa
抗压强度	30 MPa
弹性模量	6 GPa

2. 粘结胶水

粘结胶水采用 502 胶水，提供两种规格：20 g/瓶、5 g/瓶。

3. 制作工具

美工刀（3 把），1 米钢尺（1 把），三角板（1 套），砂纸（4 张，粗砂、细砂各 2 张），锉刀（3 把）、剪刀（2 把）、手套（3 副）、签字笔（1 支）、铅笔（2 支）、橡皮（1 块）、带量角功能木制圆规（1 个）。

六、评分项及评分标准

1. 评分项及分值

(1)计算书及设计说明(共 10 分);

(2)结构选型及制作质量(共 10 分);

(3)现场表现(共 5 分);

(4)模型加载(共 35 分);

(5)模型卸载(共 15 分);

(6)输水效率(共 25 分)。

2. 评分标准

(1)计算书及设计说明 F_1(共 10 分)

ⓐ计算内容的完整性、准确性(共 6 分);

ⓑ图文表达的清晰性、规范性(共 4 分);

(2)结构选型及制作质量 F_2(共 10 分)

ⓐ结构合理性与创新性(共 5 分);

ⓑ模型制作质量与美观性(共 5 分);

(3)现场表现 F_3(共 5 分)

ⓐ赛前陈述(共 3 分);

ⓑ现场答辩(共 2 分);

(4)模型加载 F_4(共 35 分)

$$F_4 = \alpha \frac{M_{\min}}{M} \times 35$$

其中:α 为系数,当 $\alpha = \dfrac{W_0 - W_1}{50}$,当 $\alpha > 1.0$ 时取为 1.0;

$M_{\min}$ 为所有加载、卸载成功且 $S \leqslant 10$ kg 的模型的最小自重;

S 为输水损失,$S = W_0 - W_2$;

M 为模型自重,$M = M_1 + M_2$。

当 F_4 大于 35 时取为 35。

(5)模型卸载 F_5(共 15 分)

$$F_5 = \frac{M_{\min}}{M} \times 15$$

如 $S > 10$ kg,模型卸载为 0 分。

(6)输水效率 F_6(共 25 分)

$$F_6 = (1 - 0.1S) \times 25$$

如 $S > 10$ kg,输水效率为 0 分。

最终模型总得分:$F = \displaystyle\sum_{i=1}^{6} F_i$

J-6　2018 年第十二届全国大学生土木工程结构创新竞赛加载组题目承受多荷载工况的大跨度空间结构模型设计与制作

一、命题背景

目前大跨度结构的建造和所采用的技术已成为衡量一个国家建筑水平的重要标志,许多宏伟而富有特色的大跨度建筑已成为当地的象征性标志和著名的人文景观。

本次题目,要求学生针对静载、随机选位荷载及移动荷载等多种荷载工况下的空间结构进行受力分析、模型制作及试验。此三种荷载工况分别对应实际结构设计中的恒荷载、活荷载和变化方向的水平荷载(如风荷载或地震荷载),并根据模型试验特点进行了一定简化。选题具有重要的现实意义和工程针对性。通过本次比赛,可考察学生的计算机建模能力、多荷载工况组合下的结构优化分析计算能力、复杂空间节点设计安装能力,检验大学生对土木工程结构知识的综合运用能力。

二、赛题概述

竞赛赛题要求参赛队设计并制作一个大跨度空间屋盖结构模型,模型构件允许的布置范围为两个半球面之间的空间,如图 J-38 所示,内半球体半径为 375 mm,外半球体半径为550 mm。

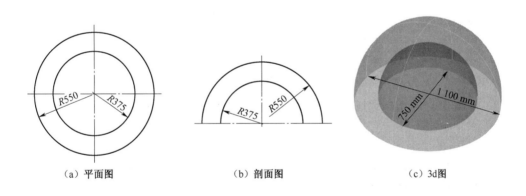

| (a) 平面图 | (b) 剖面图 | (c) 3d图 |

图 J-38　模型区域示意图(单位:mm)

模型需在指定位置设置加载点,加载示意图如图 J-39 所示。模型放置于加载台上,先在8 个点上施加竖向荷载(加载点位置及编号规则详见四(一)及四(三),具体做法是:采用挂钩从加载点上引垂直线,并通过转向滑轮装置将加载线引到加载台两侧,采用在挂盘上放置砝码的方式施加垂直荷载。在 8 个点中的点 1 处施加变化方向的水平荷载,具体做法是:采用挂钩从加载点上引水平线,通过可调节高度的转向滑轮装置将加载线引至加载台一侧,并在挂盘上放置砝码用于施加水平荷载。施加水平荷载的装置可绕通过点 1 的竖轴旋转,用于施加变化方向的水平荷载。具体加载点位置及方式详见后续模型加载要求。

(注:本图的模型仅为参考构型,只要满足题目要求的结构均为可行模型)

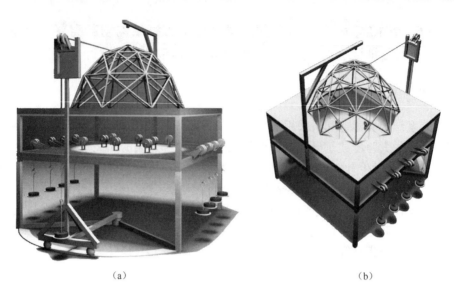

（a）　　　　　　　　　　　　　　　　　　（b）

图 J-39　加载 3 d 示意图

三、模型方案及制作要求

（一）理论方案要求

（1）理论方案指模型的设计说明书和计算书。计算书要求包含：结构选型、结构建模及计算参数、多工况下的受荷分析、节点构造、模型加工图（含材料表）。文本封面要求注明作品名称、参赛学校、指导老师、参赛学生姓名、学号；正文按设计说明书、方案图和计算书的顺序编排。除封面外，其余页面均不得出现任何有关参赛学校和个人的信息，否则理论方案为零分。

（2）理论方案力求简明扼要，要求用 A4 纸打印纸质版一式三份及光盘一式二份于规定时间内交到竞赛组委会，逾期作自动放弃处理。

（二）模型制作要求

（1）各参赛队要求在 16 个小时内完成模型的制作。应在此规定制作时间内完成所有模型的胶水粘贴工作，将模型组装为整体，此后不能对模型再进行任何操作。后续的安装阶段仅允许采用螺钉将模型固定到底板上。

（2）模型制作过程中，严禁将模型半成品部件置于地面。若因此导致模型损坏，责任自负，并不因此而延长制作时间。

四、加载与测量

（一）荷载施加方式概述

竞赛模型加载点如图 J-40 所示，在半径为 150 mm 和半径为 260 mm 的两个圆上共设置 8 个加载点，加载点允许高度范围见加载点剖面图，可在此范围内布置加载点。比赛时将施加三级荷载，第一级荷载在所有 8 个点上施加竖直荷载；第二级荷载在 $R=150$ mm（以下简称内圈）及 $R=260$ mm（以下简称外圈）这两圈加载点中各抽签选出两个加载点施加竖直荷载；第三级荷载在内圈加载点中抽签选出 1 个加载点施加水平荷载。

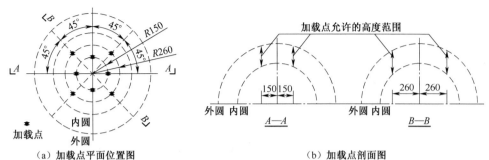

（a）加载点平面位置图　　　　　　　　　　（b）加载点剖面图

图 J-40　加载点位置示意图

比赛时选用 2 mm 粗高强尼龙绳,绑成绳套,固定在加载点上,绳套只能捆绑在节点位置,尼龙绳仅做挂重用,不兼作结构构件。每根尼龙绳长度不超过 150 mm,捆绑方式自定,绳子在正常使用条件下能达到 25 kg 拉力。每个加载点处选手需用红笔标识出以加载点为中心,左右各 5 mm、总共 10 mm 的加载区域,如图 J-41 所示,绑绳只能设置在此区域中。加载过程中,绑绳不得滑动出此区域。

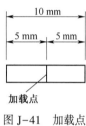

图 J-41　加载点
卡槽示意图

（二）模型安装到承台板

（1）安装前先对模型进行称重（包括绳套）,记 M_A（精度 0.1 g）。

（2）参赛队将模型安装在承台板上,承台板为 1 200 mm（长）×1 200 mm（宽）×15 mm（高）的生态木板,中部开设了可通过加载钢绳的孔洞。安装时模型与承台板之间采用自攻螺钉（1 g/颗）连接,螺钉总质量记为 M_B（单位:g）;整个模型结构（包括螺钉）不得超越规定的内外球面之间范围（内半径 375 mm,外半径 550 mm）,若安装时自己破坏了模型结构,不得临时再做修补。安装时间不得超过 15 分钟,每超过 1 分钟总分扣去 2 分,扣分累加。

（3）模型总重 $M_1 = M_A + M_B$（精度 0.1 g）。

（三）抽签环节

本环节选手通过两个随机抽签值确定模型的第三级的水平荷载加载点（对应模型的摆放方向）及第二级的竖向随机加载模式。

（1）抽取第三级加载时水平荷载的加载点

参赛队伍在完成模型制作后,要在内圈 4 个加载点附近用笔（或者贴上便签）按顺时针明确标出 A、B、C、D,如图 J-42（a）所示。采用随机程序从 A 至 D 等 4 个英文大写字母中随机抽取一个,所抽到字母即为参赛队伍第三级水平荷载的加载点。此时,将该点旋转对准 x 轴的负方向,再将该加载点重新定义为 1 号点。另外 7 个加载点按照图 J-42（b）所示规则编号:按照顺时针的顺序,在模型上由内圈到外圈按顺时针标出 2~8 号加载点。例如,若在抽取步骤（1）中抽到 B,则应该按图 J-42（c）定义加载点的编号,其他情况以此类推。

（2）抽取第二级竖向荷载的加载点

第二级竖向荷载的加载点是按照图 6 中的 6 种加载模式进行随机抽取的,抽取方式是用随机程序从（a）至（f）等 6 个英文小写字母中随机抽取一个,抽到的字母对应到图 J-43 中相应的加载方式,图中的带方框的加载点即为第二级施加偏心荷载的加载点。

下图中点 1~8 的标号与抽取步骤（1）中确定的加载点标号一一对应。例如,如果在此步骤中抽到（d）,则在 1、2、5、7 号点加载第二级偏心荷载,在 1 号点上加载第三级水平荷载。

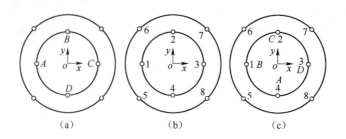

图 J-42　加载点抽签编号图

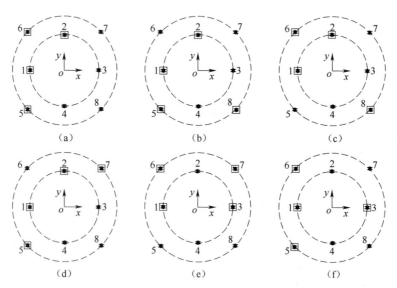

图 J-43　6 种竖向荷载加载模式示意图

(带方框的点表示第二级垂直荷载的加载点)

(四) 模型几何尺寸检测

1. 几何外观尺寸检测

模型构件允许存在的空间为两个半球体之间,如图 1 所示。检测时,将已安装模型的承台板放置于检测台上,采用如图 J-44 的检测装置 A 和 B,其中 A 与 B 均可绕所需检测球体的中

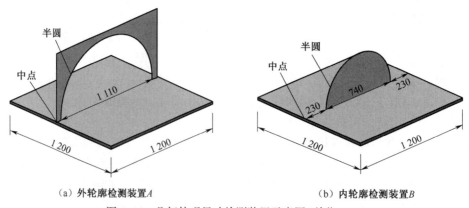

(a) 外轮廓检测装置 A　　　　　　(b) 内轮廓检测装置 B

图 J-44　几何外观尺寸检测装置示意图(单位:mm)

心轴旋转 180°。检测装置已考虑了允许选手有一定的制作误差(内径此处允许值为 740 mm,外径为 1 110 mm)。要求检测装置在旋转过程中,模型构件不与检测装置发生接触。若模型构件与检测装置接触,则代表检测不合格,不予进行下一步检测。

2. 加载点位置检测

采用如图 J-45 所示的检测装置 C 检测 8 个竖直加载点的位置。该检测台有 8 个以加载点垂足为圆心,15 mm 为半径的圆孔。选手需在步骤 4.2 时捆绑的每个绳套上利用 S 形钩挂上带有 100 g 重物的尼龙绳,尼龙绳直径为 2 mm。8 根自然下垂的尼龙绳,在绳子停止晃动之后,可以同时穿过圆孔,但都不与圆孔接触,则检测合格。尼龙绳与圆孔边缘接触则视为失效。

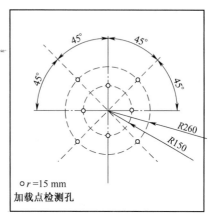

图 J-45　竖直加载点位置
检测装置 C(单位:mm)

水平加载点采用了点 1 作为加载位置,考虑到绑绳需要一定的空间位置,水平加载点定位与垂直加载点空间距离不超过 20 mm。

以上操作在志愿者监督下,由参赛队员在工作台上自行完成,过程中如有损坏,责任自负。如未能通过以上两项检测,则判定模型失效,不予加载。

在模型检测完毕后,队员填写第二、第三级荷载的具体数值(具体荷载范围见 4.8),签名确认,此后不得更改。

(五)模型安装到加载台上

参赛队将安装好模型的承台板抬至加载台支架上,将点 1 对准加载台的 x 轴负方向,用 G 型木工夹夹住底板和加载台,每队提供 8 个夹具,由各队任选夹具数量和位置,也可不用。

在模型竖直加载点的尼龙绳吊点处挂上加载绳,在加载绳末端挂上加载挂盘,每个挂盘及加载绳的质量之和约为每套 500 g。调节水平加载绳的位置到水平位置,水平加载挂盘在施加第三级水平荷载的时候再挂上。

(六)模型挠度的测量方法

工程设计中,结构的强度与刚度是结构性能的两个重要指标。在模型的第一、二级加载过程中,通过位移测量装置对结构中心点的垂直位移进行测量。根据实际工程中大跨度屋盖的挠度要求,按照相似性原理进行换算,再综合其他试验因素后设定本模型最大允许位移为 $[w]=12$ mm。位移测量点位置如图 J-46 所示,位移测量点应布置于模型中心位置的最高点,并可随主体结构受载后共同变形,而非脱离主体结构单独设置。测量点处粘贴重量不超过 20 g、尺寸为 30 mm×30 mm 的铝片,采用位移计进行位移测量。参赛队员必须在该位移测量处设置支撑铝片的杆件。铝片应粘贴牢固,加载过程中出现脱落、倾斜而导致的位移计读数异常,各参赛队自行负责。

在(五)步骤完成后,将位移计对准铝片中点,位移测量装置归零,位移量从此时开始计数。

(五)及(六)的安装过程由各队自行完成,赛会人员负责监督、标定测量仪器和记录。如在此过程中出现模型损坏,则视为丧失比赛资格。安装完毕后,不得再触碰模型。

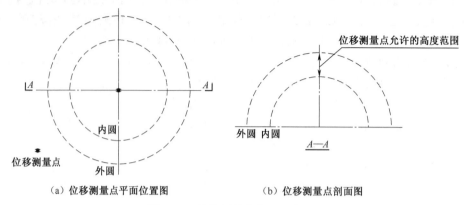

（a）位移测量点平面位置图　　　　（b）位移测量点剖面图

图 J-46　位移测量点位置示意图

(七) 答辩环节

由一个参赛队员陈述,时间控制在 1 分钟以内。评委提问及参赛队员回答,时间控制在 2 分钟以内。

(八) 具体加载步骤

加载分为三级,第一级是竖直荷载,在所有加载点上每点施加 5 kg 的竖向荷载;第二级是在第一级选定的 4 个点上荷载基础上每点施加 4~6 kg 的竖向荷载(注:每点荷载需是同一数值);第三级是在前两级荷载基础上,施加变方向水平荷载,大小在 4 kg~8 kg 之间。第二、三级的可选荷载大小由参赛队伍自己选取,按 1 kg 为最小单位增加。现场采用砝码施加荷载,有 1 kg 和 2 kg 两种规格。

(1)第一级加载:在图 3 中的 8 个加载点,每个点施加 5 kg 的竖向荷载;并对竖向位移进行检测。在持荷第 10 秒钟时读取位移计的示数。稳定位移不超过允许的位移限值 $[w]=$ 12 mm(注:本赛题规则中所有的位移均是指位移绝对值,若在加载时,位移往上超过 12 mm 也算失效),则认为该级加载成功。否则,该级加载失效,不得进行后续加载。

(2)第二级加载:在第一级的荷载基础上,在(三)步骤抽取的 4 个荷载加载点处施加 4 kg~6 kg 的竖向荷载(每个点荷载相同);并对竖向位移进行检测。在持荷第 10 s 时读取位移计示数,稳定位移不超过允许的位移 $[w]=12$ mm,则认为该级加载成功。否则,该级加载失效,不得进行后续加载。

(3)第三级加载:在前两级的荷载基础上,在点 1 上施加变动方向的水平荷载。比赛选手首先在 I 点处挂上选定荷载。而后参赛队伍自己推动已施加荷载的可旋转加载装置,依次经过 I、II、III、IV四点,并且不受到结构构件的阻挡。这四个点的位置关系如图 J-47 所示。转到 I、II、III、IV这四点时,应各停留 5 秒钟。如果在加载的过程中,模型没有失效,则加载成功。

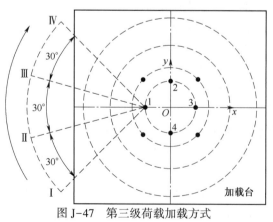

图 J-47　第三级荷载加载方式

以上三级的总加载时间不超过4分钟。若超过此时间,则每超过1分钟总分扣去2分,扣分累加。

无特殊情况下(是否特殊情况由专家组判定),每个队伍从模型安装到加载台上(步骤(五)开始)到加载结束应在10分钟内结束,若超过此时间,则每超过1分钟总分扣去2分,扣分累加。

(九)模型失效评判准则

加载过程中,出现以下情况,则终止加载,本级加载及以后级别加载成绩为零:

(1)在加载过程中,若模型结构发生整体倾覆、垮塌,则终止加载,本级加载及以后级别加载成绩为零;

(2)如果设置的挂绳断裂或者脱落失效,也应视为模型失效;

(3)第一级或第二级荷载加载时挠度超过允许挠度限值$[w]$;

(4)评委认定不能继续加载的其他情况。

五、模型材料

本项比赛模型制作材料由组委会统一提供,现场制作;各参赛队使用的材料仅限于组委会提供的材料。允许选手对所给材料进行加工、组合。如模型中采用的材料违反上述规定,一经查实,将取消参赛资格。每队统一配发以下材料(由组委会提供):

(1)竹材,用于制作结构构件。

竹材规格及数量见表J-8,竹材参考力学指标见表J-9。

表 J-8　竹材规格及用量

竹材规格		竹材名称	数量
竹皮	1 250 mm×430 mm×0.50 mm	本色侧压双层复压竹皮	2 张
	1 250 mm×430 mm×0.35 mm	本色侧压双层复压竹皮	2 张
	1 250 mm×430 mm×0.20 mm	本色侧压单层复压竹皮	2 张
竹条	900 mm×6 mm×1 mm		20 根
	900 mm×2 mm×2 mm		20 根
	900 mm×3 mm×3 mm		20 根

注:竹条实际长度为930 mm。

表 J-9　竹材参考力学指标

密度	顺纹抗拉强度	抗压强度	弹性模量
0.789 g/ cm^3	150 MPa	65 MPa	10 GPa

(2)502胶水:用于模型结构构件之间的连接,限8瓶。

(3)制作工具:美工刀3把、剪刀2把、镊子2把、6寸水口钳1把、滴管若干、铅笔两支、钢尺(30 cm)以及丁字尺(1 m)各一把、三角尺(20 cm)一套。打孔器(公用)。

(4)测试附件为30 mm×30 mm的铝片,重20 g,用于挠度测试。

(5)尼龙挂绳,此挂绳仅用于绑扎挂钩用,不得用于模型构件使用,称重时挂绳绑扎在结构上一起称重。

六、评分标准

(一)总分构成

结构评分按总分 100 分计算,其中包括:

(1)理论方案分值(共 5 分)

(2)现场制作的模型分值(共 10 分)

(3)现场陈述与答辩分值(共 5 分)

(4)加载表现分值(共 80 分)

(二)评分细则

A. 理论方案(共 5 分)

第 i 队的理论方案得分 A_i 由专家根据计算内容的科学性、完整性、准确性和图文表达的清晰性与规范性等进行评分;理论方案不得出现参赛学校的标识,否则为零分。

注:计算书要求包含:结构选型、结构建模及主要计算参数、受荷分析、节点构造、模型加工图(含材料表)。

B. 现场制作的模型分(共 10 分)

第 i 队现场制作的模型分得分 B_i 由专家根据模型结构的合理性、创新性、制作质量、美观性和实用性等进行评分;其中模型结构与制作质量各占 5 分:

C. 现场表现(共 5 分)

第 i 队的现场表现 C_i 由专家根据队员现场综合表现(内容表述、逻辑思维、创新点和回答等)进行评分

D. 加载表现评分

(1)计算第 i 支参赛队的单位自重承载力 k_{1i}、k_{2i}、k_{3i}。

第一级加载成功时,各参赛队模型的自重为 M_i(单位:g),承载质量为 G_{1i}(单位:g),此处的质量除各队的承载质量外,还包括 8 个加载托盘及加载线的总量,每个托盘+加载线按 500 g 计算,单位承载力为 k_{1i}:

$$k_{1i} = G_{1i}/M_i$$

单位承载力最高的小组得分 25,作为满分,其单位承载力记为 k_{1max},其余小组得分为 $25K_{1i}/k_{1max}$。

第二级加载成功时,各参赛队模型的自重为 M_i(单位:g),承载质量为 G_{2i}(单位:g),G_{2i} 为参赛队自报的第二级加载总质量,单位承载力为 k_{2i}:

$$k_{2i} = G_{2i}/M_i$$

单位承载力最高的小组得分 25,作为满分,其单位承载力记为 k_{2max},其余小组得分为 $25k_{2i}/k_{2max}$。

第三级加载成功时,各参赛队模型的自重(包括螺钉重量)为 M_i(单位:g),承载质量为 G_{3i}(单位:g),G_{3i} 除参赛队自报的水平加载质量外,还包括 1 个加载托盘及加载线的总量,托盘+加载线按 500 g 计算,单位水平承载力为 k_{3i}:

$$k_{3i} = G_{3i}/M_i$$

单位承载力最高的小组得分 30,作为满分,其单位承载力记为 k_{3max},其余小组得分为

$30k_{3i}/k_{3\max}$。

（2）模型承载力综合得分 D_i

$$D_i = 25k_{1i}/k_{1\max} + 25k_{2i}/k_{2\max} + 30k_{3i}/k_{3\max}$$

(三) 总分计算公式

图 J-48 为加载台立面图，J-49 为滑轮位置布置图及模型底板图。

第 i 支队总分计算公式为：$F_i = A_i + B_i + C_i + D_i$

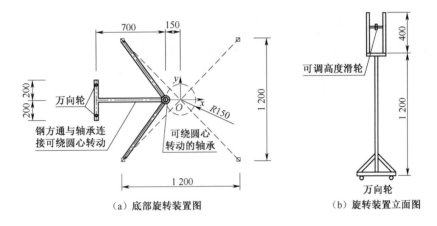

（a）底部旋转装置图	（b）旋转装置立面图

图 J-48 加载台平、立面图

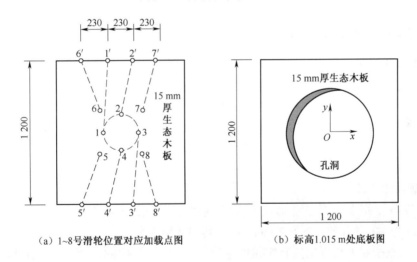

（a）1~8号滑轮位置对应加载点图	（b）标高1.015 m处底板图

图 J-49 滑轮位置布置图及模型底板图

J-7 2015 年江苏省大学生土木工程结构创新竞赛现场模型制作与加载试验比赛具体要求

一、参赛成员要求

每个参赛团队一般由不超过 3 名学生组成。

二、模型要求

（1）模型结构形式由参赛团队自行确定。

（2）模型要求净跨度 $L_0 = 800$ mm，两端各有 80 mm 的搭接长度以便稳固搁置于加载台上，整个结构总长度 $L = 960$ mm，模型宽度不得超过 300 mm。

（3）制作模型时，应设计加载位置以便放置加载横杆（加载横杆规格：长 300 mm 直径 12 mm）。

（4）杆件连接可采用胶水粘接、螺栓连接或者小钢钉连接。

（5）制作模型过程中，材料不允许并杆使用（即杆件同向夹角为 0，间距为 0，见图 J-50（a）］，任意两杆件夹角不得小于 10°［见图 J-50（b）］。制作模型过程中使用的垫块规格为 7 mm、8 mm 的小正方体［见图 J-50（c）］。

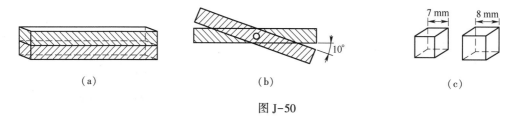

（a）　　　　　　　　　　（b）　　　　　　　　　　（c）

图 J-50

（6）杆件连接点处不得设置另外的杆件来加强节点。

三、模型制作材料及工具

1. 模型制作材料

桐木杆规格：长 1.0 m，截面 8 mm×8 mm，数量：8 根

竹竿规格：长 2.1 m，截面 7 mm×7 mm，数量：1 根

胶水规格：康达万达 WD1001 高性能结构 AB 胶 80 g 数量：1 盒（A、B）

小钢钉规格：长 20 mm，直径 2 mm，数量：20 枚

螺栓、螺母规格：长 20 mm，直径 2 mm，数量：12 个

2. 模型制作工具

①3 根锯条、2 把美工刀、2 张砂纸、1 把尖嘴钳、1 把锤子、1 把卷尺。

②1 台手电钻（可自带）、2 个 2 mm 钻头（其中备用一个）。

材料及工具按照上述规定实行定量配给供应，一旦发生因制作失误导致的材料不足，不得要求增加材料。

四、加载方式与规则

1. 加载方式

采用在模型中点悬挂配重的加载方式。具体为，在模型下方悬挂一个加载盘，加载高度不予限制，通过在加载盘内加砝码的方式对模型施加集中力。当结构发生破坏时，前一级荷载与加载盘的重量之和，记为 M，单位 g，作为结构的承载能力。

2. 加载规则

①加载前提交模型加载预测值。

②现场采取砝码加载,加载采用逐级连续加载方式,中间不得卸载。

③每级加载后,持载时间 1 分钟,继续下一级加载。加载限 10 级,第一级加载重量不小于 20 kg(不包括加载盘重量),其余每级加载荷载值由参赛队员自行确定。(最小加载砝码等级为 1 kg)

④各队比赛时间控制在 15 分钟内,即从第一次加载开始到加载完成。若 15 分钟后未完成加载试验,必须终止比赛,以 15 分钟内最后一次满足持载时间的有效荷载值作为加载重量。

⑤加载过程中选手不得触碰模型,也不得触摸、托举加载盘,不得使用任何未经评委会允许的辅助工具。

⑥每级加载的动作规定:按需要添加的某分级的重量,先在地面选好砝码,一次性放入托盘。

注:组委会提供的加载砝码等级为 20 kg、15 kg、10 kg、5 kg、2 kg、1 kg。

五、对于结构破坏的判定

当发生以下任意一条现象时即认为模型结构破坏,立即停止加载:

(1)模型结构中任意一根骨架杆件发生断裂或屈曲;

(2)任意一个节点破坏或杆件间连接发生脱离;

(3)模型结构整体垮塌;

(4)现场专家认定模型结构已经失效的。

六、评分方式及标准

1. 比赛评分实行百分制

①模型载重比占 96%,所得分记为 F_z。

②预测值与实测值的差值比占 3%,所得分记为 F_y。

③模型制作现场卫生清洁工作占 1%,所得分记为 F_w。

④各队最终得分为 $F = F_z + F_y + F_w$。

2. 模型载重比评分方式

①现场加载的各队模型载重比按下式计算: $P = M/W$,精确到小数点后两位。(注: M 为评委确定的加载重量, W 为加载前各队模型的重量,单位统一为 g)

②现场加载最高载重比的模型得分为 96 分。其余模型载重比得分按下式计算: $F_z = (P/P_{max}) \times 96$,精确到小数点后两位。(注: P 为其余各队模型载重比, P_{max} 为现场最高载重比)

3. 预测值与实测值的差值比评分方式

①预测值与实测值的差值比按下式计算: $k = \left| \dfrac{实测值 - 预测值}{预测值} \right|$,精确到小数点后两位。

②预测值与实测值的差值比得分按下式计算: $F_y = 3 - 6k$(当 $k \geqslant 0.50$,则 $F_y = 0$),精确到小数点后两位。

③模型制作现场卫生清洁工作评分方式

经模型制作现场老师签字确认,清理模型制作现场卫生的参赛队得 1 分,未清理模型制作现场卫生的参赛队得 0 分,所得分记为 F_w。

七、奖项设置

本次竞赛分设特等奖 2 项,一、二、三等奖名额为加载模型总数的 10%、20%、30%。

J-8　第二届全国城市地下空间工程专业大学生模型设计竞赛说明书

一、竞赛题目

格栅拱架的设计、建造与加载试验。

二、竞赛目的

在地铁车站、隧道等地下工程中,格栅拱架得到了越来越广泛的应用。本次竞赛的主题是格栅拱架的设计与建造,并通过加载试验检验其承载力和变形特性,从而确定支护结构的可行性、合理性与科学性。加载试验是在制作的拱架模型顶部施加重力砝码进行分级静力加载,并观测各级荷载作用下拱架模型拱顶加载板的位移量。

竞赛主要目的如下:

(1)以最低的成本,使用最少的材料(巴西白卡纸)设计并建造格栅拱架模型,并保证其能够承受最大设计荷载;

(2)展示设计计算成果,从而充分认识和理解地下工程支护结构的相关理论;

(3)锻炼学生的创新能力、设计能力、实践能力和团结协作能力,并形成各高校间良好的竞争与合作氛围。

三、参赛对象及要求

参赛高校应通过校级选拔赛择优推荐 1~2 支参赛队伍参加本次竞赛的决赛,具体要求如下:

(1)参赛队伍的构成应为全日制城市地下空间工程专业在校本科学生,或队长为城市地下空间工程专业在校本科生、队员由相近专业在校本科生组成;

(2)每支参赛队伍不得超过 3 人(每名参赛选手只能参加 1 支参赛队伍),须设队长 1 名、指导教师 1 名。参赛队伍的队员名单一经确定,不得更改;

(3)每支参赛队伍须设指导老师 1 名;各参赛高校须设领队 1 名,由教师担任;

(4)每支参赛队只能提交 1 份作品;

(5)在赛前会议上,按各参赛队报名先后顺序由各参赛队队长随机抽取编号,该编号为模型制作期间座位号、作品编号及加载顺序号。

四、竞赛内容

本届竞赛的主要内容包括:

(1)格栅拱架模型方案设计与计算分析;

(2)格栅拱架模型制作;

(3)模型加载试验。

五、格栅拱架模型制作

1. 模型制作材料

模型制作材料为组委会统一提供的下述材料：

(1) 230 g 巴西白卡纸，规格：230 g/m²，787 mm×1 092 mm；

(2) 速干白乳胶；

(3) 蜡线。

注：参赛代表队不得使用除组委会提供以外的其他任何材料制作格栅拱架模型，否则将直接取消参赛资格。

2. 模型制作工具

模型制作工具包括模具、刀、尺、毛刷、吹风机和击实工具等，由参赛代表队自备。承办方只为每个参赛代表队提供制作图板一张，尺寸为 1.2 m×0.8 m。

3. 加载工具

(1) 加载钢板 1 块，其尺寸为 580 mm×480 mm×9 mm，重量为 20 kg。

(2) 圆饼式加载砝码，砝码质量规格为 5 kg 和 10 kg 两种。

4. 模型形式要求

格栅拱架模型边墙形式不限，拱部要求为圆弧拱形或分段直线圆弧拱形，段数不得小于 4 段。榀与榀之间的连接方式不限，但必须保持模型为连续体（连续体判定原则：提交作品时，评审专家提起结构任意一点可以将整个结构提升脱离支撑面）。模型外轮廓尺寸应在 600 mm×500 mm×350 mm 的限定空间内。

5. 模型制作要求

模型应保证能顺利安放在模型试验加载箱内，并应符合下列要求：

(1) 模型长度为 600 mm，尺寸误差限值为 (−5~0) mm；

(2) 模型宽度为 500 mm，尺寸误差限值为 (−5~0) mm；

(3) 模型高度为 350 mm，尺寸误差限值为 (−5~0) mm；

(4) 所有格栅拱架支座底面的标高应相同；

(5) 模型结构体系及选型不限；

(6) 格栅拱架模型拱脚之间不允许设置任何横向连接；

(7) 建筑限界为矩形，且应满足：拱架模型下从底板起算的垂直净空高度为 200 mm，水平（横向）净空尺寸为 350 mm。净空检验在加载模型建造完毕后检测，检测方法如图 J-51 所示。净空检验使用车辆模型检测，材质为亚克力。车辆模型高为 200 mm，宽为 350 mm，长为 200 mm，结构如图 J-52 所示。车辆模型如能沿滑道推过模型内部，说明模型满足净空要求。建筑限界检验在整个模型建造完毕后（砂子已填满试验箱、未放加载板之前）进行，若检验不符合要求，则视为模型制作不合格，直接取消参赛资格。

六、加载装置

本次比赛模型加载试验装置如图 J-53 所示，各部名称及所用材料见表 J-10。加载箱结构及尺寸如图 J-54 所示。

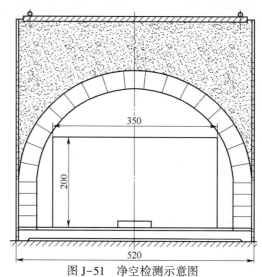

图 J-51　净空检测示意图

注:滑道尺寸为 600 mm×80 mm×10 mm

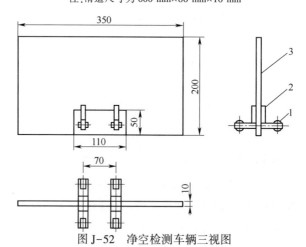

图 J-52　净空检测车辆三视图

1—检测车车轮(数量 4);2—检测车车轮架(数量 2);3—检测板 350 mm×200 mm×10 mm(数量 1)

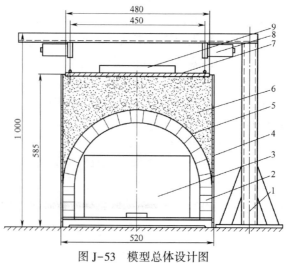

图 J-53　模型总体设计图

表 J-10 模型加载试验装置各部名称、所用材料及尺寸

序号	名称	规格(mm)	材料	数量
1				1
2		600×500×350		
3		350×200×200	亚克力	1
4		585×620×520		1
5		230 g		
6	砂		ISO 标准砂	
7	加载钢板	580×480×9	Q235	1
8		5G203		4
9		5 kg 和 10 kg		各 20

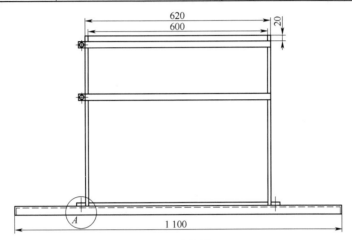

（a）主视图

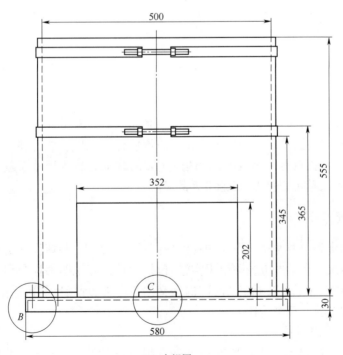

（b）左视图

图 J-54 加载箱结构尺寸图

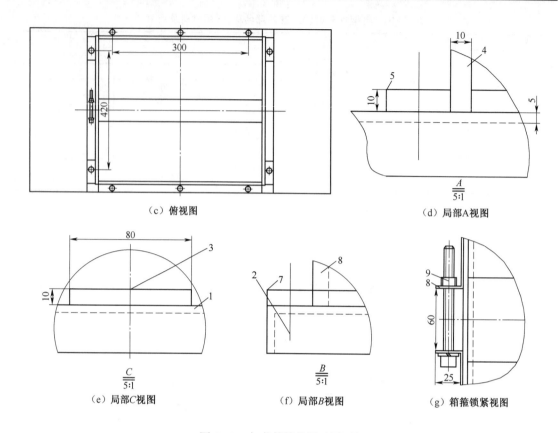

（c）俯视图　　　　　　　　　　　　　（d）局部A视图

（e）局部C视图　　　　　（f）局部B视图　　　　　（g）箱箍锁紧视图

图 J-54　加载箱结构尺寸图（续）

1—加载箱底板（1 100 mm×580 mm×5 mm，槽型白钢，数量 1）；2—螺丝（M8×20，数量 10）；

3—滑道（80 mm×10 mm×600 mm，钢板，数量 1）；4—加载箱端板（520 mm×585 mm×10 mm，亚克力，数量 2）；

5—端板压条（84 mm×30mm×10 mm，亚克力，数量 4）；6—加载箱侧板（600 mm×585 mm×10 mm，亚克力，数量 2）；

7—侧板压条（600 mm×30mm×10 mm，亚克力，数量 2）；8—加载箱抱箍（2260 mm×20 mm×2 mm，数量 2）；

9—锁紧螺栓（M10，数量 2）

　　竞赛承办方本着同等条件的原则，制作和购买各组加载试验的相关设备。由于在制作过程中不可避免地存在误差，要求参赛代表队在赛前说明会过程中应熟悉加载设备与监测仪器的实际情况，并自行承担具有实际偏差现场条件（如加载试验装置尺寸误差、台面微小不平、加载偶然偏心、自然风随机变化等）可能带来的风险。

七、竞赛实施方案

　　本次比赛分初赛和决赛两个阶段。初赛由各高校自行组织，并择优确定参加决赛的学生代表队。决赛由本次大赛承办方统一组织实施，包括设计计算说明书提交和现场比赛两个环节，设计计算书按要求完成后在规定的时间内提交给承办方，现场比赛包括格栅拱架制作、模型安装和现场加载试验共三个阶段。

1. 模型设计计算说明书

　　各参赛代表队应在规定截止日期前向承办方提交设计计算说明书，其主要内容及要求如下：

（1）说明书封面必须印有选送高校名称,各参赛代表队团队名称,队长及所有成员的姓名、专业、班级、电子邮箱与联系电话,指导老师的姓名、职务、职称、电子邮件及联系电话,队长需在名字后面注明"队长"二字;

（2）设计中所使用的材料参数,包括获得参数的方法(实验室测试、统计分析或假设等);

（3）模型设计方法与步骤;

（4）模型设计方案的比选;

（5）模型设计图纸;

（6）模型建造步骤;

（7）风险与对策。针对比赛中每个环节中可能遇到的潜在风险,提出相应措施。

（8）所有参赛人员的照片与学生证扫描件,以附录的形式放在计算说明书后。

（9）计算说明书的格式要求:

①篇幅应控制在 20 页以内(不包括封面页、附录和参考文献);

②行距 20 磅、宋体小四号字;

③封面后的所有页面的页眉应包含参赛代表队团队名称,不得出现学校名称及参赛队员的真实姓名,页脚应设页码;

④必须采用 PDF 格式提交,文件名为:学校名称+2017 格栅拱架的设计建造与加载试验竞赛 . pdf。

2. 现场决赛

1）格栅拱架模型制作

各参赛代表队应在规定时间内使用由承办方提供的材料(自备格栅拱架模型制作工具)进行模型的制作,制作时间不得超过 10h,一旦超时按自动弃权处理。制作完工后,举手示意工作人员记录制作时间,参赛代表队队长确认时间后签字,清除多余材料。模型制作完成后,作品在工作人员引领下由参赛选手亲自存放在指定安放场地,存放模型不允许附带任何保护装置。

2）模型顶部白卡纸封层的制作

模型顶部白卡纸封层在现场加载试验 30 min 前进行制作,各参赛代表队按随机抽取的编号,每 6~8 个参赛队伍为一组在工作人员引领下领取已经制作好的格栅拱架模型,并到指定场地进行白卡纸封层制作。模型顶部白卡纸封层的制作是利用承办方提供的一张巴西白卡纸（230 g/m²）进行制作,应为单层。模型顶部白卡纸封层制作时间不能超过 15 min,否则取消比赛资格。

为保证封层的效果,白卡纸四周折起约 90°,折起部分长度不得超过 50 mm,否则取消比赛资格。

在制作过程中不允许使用粘贴方式,或其他加固处理措施,否则取消比赛资格。

封顶白卡纸不计入格栅拱架模型重量。

3）结构检验

由评审专家组对所制作的所有模型进行尺寸校核和结构检验,检验结果由参赛代表队队长签字确认。对于尺寸和模型结构不符合要求的,将取消比赛资格。

4）模型安装

各参赛代表队按随机抽取的出场顺序建造加载试验模型。

首先,组委会对格栅拱架模型进行称重,精确至 0.1 g,称重结果由参赛代表队队长签字确认。在称量、记录和参赛代表队队长签认过程中,由仲裁委员会负责现场监督。全部称量完成后,由仲裁委员会签字确认。称重结束后,将格栅拱架模型放入加载试验箱内。待格栅拱架模型安放完毕后,先在格栅拱架模型表面铺设预先制作好的白卡纸封层,并保证与加载箱四周侧壁紧密接触,防止漏砂。然后在白卡纸上方的加载试验箱内充填标准砂(由承办方提供的厦门艾思欧标准砂有限公司生产的中国 ISO 标准砂),直至砂土填平试验箱(充填砂若需压实可采用自备的击实工具进行击实)。最后平整砂层,为后期加载做好准备。

该阶段工作结束后,组委会进行检查和净空检验,合格后方可进行加载试验。若检查不合格且经过改正仍不符合要求者,将取消比赛资格。

5)现场加载试验

该环节所需的场地、模型加载试验装置、数据采集设备及数据统计分析系统等由承办方提供。

(1)安放加载钢板,连接位移传感器

在模型顶部区域放置加载钢板,其结构及尺寸如图 J-55 所示。位移测点位于加载钢板的四个角点(吊环处),采用江苏东华测试技术股份有限公司生产的 5G203 型拉线位移传感器。

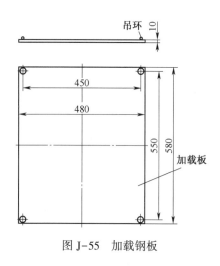

图 J-55　加载钢板

(2)分级加载

施加荷载的目的是测试各参赛代表队模型的极限承载力,分三级进行重力砝码加载。每通过一级加载的测定和校验后方可进行下一级加载试验。

加载比赛按下述要求进行:

①加载前各参赛代表队自行确定本级加载质量,并由代表队队长报出本级加载质量。一旦报出本级加载质量后不得调整加载质量,并按要求进行加载。若本级加载失败则本级加载质量无效,保留上一级加载质量与加载钢板质量之和作为最终加载成绩。

②加载过程中,安放砝码结束后由参赛代表队队长举手示意,裁判开始计时,每级荷载持续作用时间均为 30 s。计时过程中参赛选手不得以任何形式接触模型和已加载的砝码,计时过程中读取实时变化位移。

（3）加载试验失败判定

在整个加载过程中，发生以下情形之一者，将视为加载失败，结束加载试验：

①模型结构发生破坏而不能继续承担荷载；

②位移测点在进行实时位移测试时，任何一点实测位移量超过规定限值（20 mm）。

八、评审方式与评分标准

评审专家组负责作品的评审及评奖事宜。每个参赛作品总分为 100 分，包括理论分析（15 分）、模型结构体系选型与布置（10 分）、格栅拱架模型制作（15 分）、模型建造（10 分）和模型加载试验（50 分）共五个方面。

1. 理论分析（15 分）

依据参赛代表队提交的设计计算说明书，由评审专家组的评委按设计内容的完整性、计算的正确性、书写的规范性等进行评分。去掉一个最高分和一个最低分，取其余评委的平均分作为该参赛代表队的该项得分。

2. 模型结构体系选型与布置（10 分）

依据各参赛代表队的实际作品，由评审专家组的评委按模型结构的构思、造型和结构体系的合理性、实用性和创新性等进行评分。去掉一个最高分和一个最低分，取其余评委的平均分作为该参赛代表队的该项得分。

3. 格栅拱架模型制作（15 分）

制作格栅拱架模型过程总分 15 分，分为两部分，其中制作进度为 7.5 分，制作质量为 7.5 分。主要得分项和评判标准如下：

1）制作进度得分

在所有模型制作完成后，制作时间大于 10 h 的参赛队取消比赛资格，不大于 10 h 的参赛队制作进度得分按式（1）计算，即：

$$B_i = 3 + \frac{T_{\max} - T_i}{T_{\max} - T_{\min}} \times 4.5 \tag{J-11}$$

式中：B_i 为第 i 支参赛代表队得分；T_i 为第 i 支参赛代表队的模型制作时间，$T_{\min}$ 为所有参赛代表队中模型制作时间的最小值，$T_{\max}$ 为所有参赛代表队中模型制作时间的最大值。

2）制作质量得分

依据各参赛代表队的实际作品，由评审专家组的评委按模型制作质量、美观性等进行评分。去掉一个最高分和一个最低分，取其余评委的平均分作为该参赛代表队的该项得分。

4. 加载模型建造（10 分）

模型建造 10 分，主要扣分项和评判标准如下：时限为 10 min，按时完成，得 10 分；每超过 1 min（超 1 s～60 s，均视为超 1 min），扣 2 分，直至扣完。

5. 模型加载试验（50 分）

加载成绩总分为 50 分，主要评判标准如下：

在所有比赛结束后，模型最大承受荷载与模型质量比值最大的代表队得分为 50 分，模型最大承受荷载与模型质量比值最小的代表队得分为 5 分，其他代表队得分按式（2）计算，即：

$$R_i = 5 + \frac{k_i - k_{\min}}{k_{\max} - k_{\min}} \times 45 \tag{J-12}$$

式中：R_i 为第 i 支代表队得分；k_i 为第 i 支代表队的模型最大承受荷载与模型质量之比；k_{min} 为所有完成参赛代表队中模型最大承受荷载与模型质量之比最小值；k_{max} 为所有完成参赛代表队中模型最大承受荷载与模型质量之比最大值。

　　仲裁委员会负责监督整个决赛过程，并核对各参赛代表队的分数。比赛全部完成后，由仲裁委员会签字确认比赛成绩。

附录 K 材料力学实验记录

K-1 金属轴向拉伸与压缩

实验日期＿＿＿＿年＿＿月＿＿日   实验室温度＿＿＿＿℃
同组成员＿＿＿＿＿＿＿＿＿＿＿＿＿＿＿＿＿＿＿＿＿＿＿＿＿＿

一、实验目的

二、实验设备(规格、型号)

三、实验记录及数据处理

表 K-1 低碳钢拉伸时的力学性能测定

试 样 尺 寸	实 验 数 据
实验前： 标　　　距 $l =$ ＿＿＿＿ mm 直　　　径 $d =$ ＿＿＿＿ mm 横截面面积 $A =$ ＿＿＿＿ mm² 实验后： 标　　　距 $l_1 =$ ＿＿＿＿ mm 最小直径 $d_1 =$ ＿＿＿＿ mm 横截面面积 $A_1 =$ ＿＿＿＿ mm²	屈　服　载　荷 $F_s =$ ＿＿＿＿ kN 最　大　载　荷 $F_b =$ ＿＿＿＿ kN 屈服应力(屈服强度) $\sigma_s = \dfrac{F_s}{A} =$ ＿＿＿＿ MPa 抗拉强度(破坏应力) $\sigma_b = \dfrac{F_b}{A} =$ ＿＿＿＿ MPa 伸　　长　　率 $\delta = \dfrac{l_1 - l}{l} \times 100\% =$ ＿＿＿＿ 断　面　收　缩　率 $\psi = \dfrac{A - A_1}{A} \times 100\% =$ ＿＿＿＿

试 样 草 图	拉 伸 图
实验前： 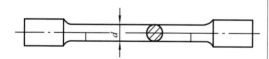 实验后：	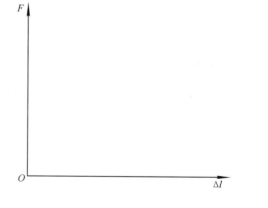

表 K-2　灰铸铁拉伸时的力学性能测定

试 样 尺 寸	实 验 数 据
实验前： 直　　径　$d=$ _____ mm 横截面面积　$A=$ _____ mm^2	最 大 载 荷　$F_b=$ _____ kN 抗 拉 强 度　$\sigma_b=\dfrac{F_b}{A}=$ _____ MPa

试 样 草 图	拉 伸 图
实验前： 实验后：	

表 K-3　低碳钢和灰铸铁压缩时的力学性能测定

材　料	低　碳　钢		灰　铸　铁	
试样尺寸	$d=$ ___ mm，　　$A=$ ___ mm^2		$d=$ ___ mm，　　$A=$ ___ mm^2	
	实 验 前	实 验 后	实 验 前	实 验 后
试样草图				
实验数据	屈服载荷　$F_s=$ _____ kN　　屈服应力　$\sigma_s=\dfrac{F_s}{A}=$ ____ MPa		最大载荷　$F_{bc}=$ _____ kN　　抗压强度　$\sigma_{bc}=\dfrac{F_{bc}}{A}=$ ____ MPa	
压缩图				

四、思考题

(1) 低碳钢拉伸曲线分几个阶段？每个阶段的力和变形之间有什么特征？

(2) 低碳钢压缩和铸铁压缩试件形式相同，受力状态相同，为什么铸铁压缩呈 45°破坏而低碳钢压缩不是这样？

K-2　金属剪切实验

实验日期＿＿＿＿年＿＿月＿＿日　　　　实验室温度＿＿＿＿℃

同组成员＿＿＿＿＿＿＿＿＿＿＿＿＿＿＿＿＿＿＿＿＿

一、实验目的

二、实验设备（规格、型号）

三、实验记录及数据处理

表 K-4　低碳钢和灰铸铁剪切时的力学性能记录表

材　料	试样尺寸		最大载荷 F_b kN	抗切强度 $\tau_b = \dfrac{F_b}{2A}$ MPa
	直径 d mm	横截面面积 A mm²		
低碳钢				
灰铸铁				

四、画出剪切试件的受力图

五、思考题

剪切实验时试件的破坏除剪切力作用外,还有哪些因素作用?

K-3　金属扭转实验

实验日期_____年____月____日　　　　实验室温度_____℃

同组成员_____

一、实验目的

二、实验设备（规格、型号）

三、实验记录及数据处理

表 K-5　低碳钢和灰铸铁扭转时的数据记录

材料	低 碳 钢	灰 铸 铁
试样尺寸	$d=$ ____mm,　$W_\mathrm{p}=\dfrac{\pi d^3}{16}=$ ____mm^3	$d=$ ____mm,　$W_\mathrm{p}=\dfrac{\pi d^3}{16}=$ ____mm^3

四、简述低碳钢试件与铸铁试件扭转破坏后断口形状不同的原因

五、实验记录表

表 K-6　实验记录表

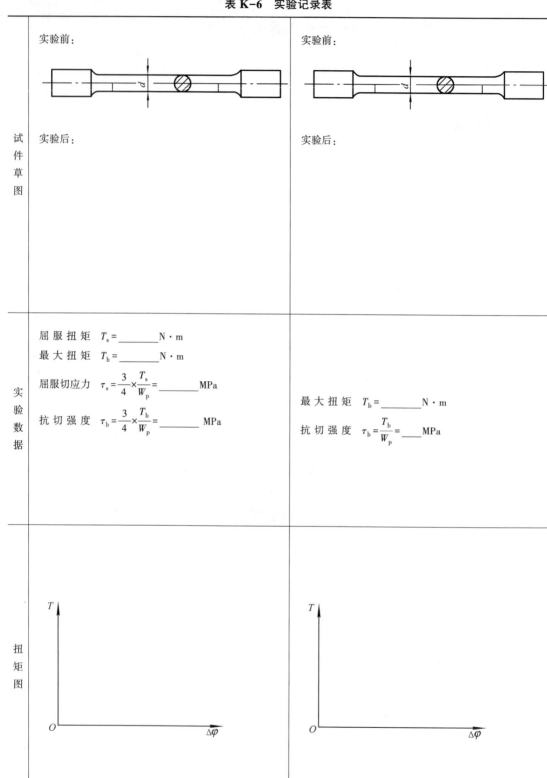

<table>
<tr><td>试件草图</td><td>实验前：

实验后：</td><td>实验前：

实验后：</td></tr>
<tr><td>实验数据</td><td>屈 服 扭 矩　$T_s =$ ＿＿＿＿N·m

最 大 扭 矩　$T_b =$ ＿＿＿＿N·m

屈服切应力　$\tau_s = \dfrac{3}{4} \times \dfrac{T_s}{W_p} =$ ＿＿＿＿MPa

抗切强度　$\tau_b = \dfrac{3}{4} \times \dfrac{T_b}{W_p} =$ ＿＿＿＿ MPa</td><td>

最 大 扭 矩　$T_b =$ ＿＿＿＿N·m

抗 切 强 度　$\tau_b = \dfrac{T_b}{W_p} =$ ＿＿＿MPa</td></tr>
<tr><td>扭矩图</td><td></td><td></td></tr>
</table>

K-4　矩形截面梁的纯弯曲正应力测定

实验日期＿＿＿＿年＿＿月＿＿日　　　　　实验室温度＿＿＿＿＿℃

同组成员＿＿＿＿＿＿＿＿＿＿＿＿＿＿＿＿＿＿＿＿＿＿＿

一、实验目的

二、实验原理

三、实验设备(规格、型号)

四、实验记录及数据处理

长×宽×高 $= l×b×h = 700 \text{ mm}×20 \text{ mm}×40 \text{ mm}$, $A = 800 \text{ mm}^2$, $I_z = \dfrac{bh^3}{12} \text{ mm}^4$, $E = 206 \text{ GPa}$，跨距 $L_0 = 600 \text{ mm}$(两支座间距离)，作用力距支座距离 $a = 125 \text{ mm}$, $\Delta M = \dfrac{\Delta F}{2}×a$。

五、画出简支梁受力及应变片贴片位置图

六、测试数据记录表

表 K-7　测试数据记录表

综合测试仪应变窗读数（×10⁻⁶）

载荷/N			1号应变片		2号应变片		3号应变片		4号应变片		5号应变片		6号应变片		7号应变片		8号应变片	
	F	ΔF	原始读数 ε_1	应变增量 $\Delta\varepsilon_1$	原始读数 ε_2	应变增量 $\Delta\varepsilon_2$	原始读数 ε_3	应变增量 $\Delta\varepsilon_3$	原始读数 ε_4	应变增量 $\Delta\varepsilon_4$	原始读数 ε_5	应变增量 $\Delta\varepsilon_5$	原始读数 ε_6	应变增量 $\Delta\varepsilon_6$	原始读数 ε_7	应变增量 $\Delta\varepsilon_7$	原始读数 ε_8	应变增量 $\Delta\varepsilon_8$
应变增量均值				$\Delta\bar\varepsilon_1=$		$\Delta\bar\varepsilon_2=$		$\Delta\bar\varepsilon_3=$		$\Delta\bar\varepsilon_4=$		$\Delta\bar\varepsilon_5=$		$\Delta\bar\varepsilon_6=$		$\Delta\bar\varepsilon_7=$		$\Delta\bar\varepsilon_8=$
位置及方向			上表面 横向		中性轴上 15 mm 横向		中性轴上 10 mm 横向		中性轴上 横向		中性轴下 10 mm 横向		中性轴下 15 mm 横向		下表面 横向		上表面 纵向	
距中性轴距离 y_i			20 mm		15 mm		10 mm		0 mm		-10 mm		-15 mm		-20 mm		/	
$\sigma_{实测}=E\Delta\bar\varepsilon_i$ /MPa																		/
$\sigma_{理论}=\dfrac{\Delta M y_i}{I_z}=\dfrac{\Delta Fa}{2I_z}\cdot y_i$ /MPa										/								
相对误差/%																		
泊松比									$\mu=-\dfrac{\Delta\bar\varepsilon_8}{\Delta\bar\varepsilon_1}=$									

注：1. 载荷为压力,所以值为负数,绝对值为 100～1000 内任意数值,但是应保证载荷增量为定值;

2. 应变增量一栏为左侧下一级原始读数与上一级原始读数的差值。

K-5　薄壁圆筒的弯扭组合变形

实验日期＿＿＿＿＿年＿＿月＿＿日　　　　　实验室温度＿＿＿＿＿℃

同组成员＿＿＿＿＿＿＿＿＿＿＿＿＿＿＿＿＿＿＿＿＿＿＿＿

弯扭组合变形

一、实验目的

二、实验原理

三、实验设备(规格、型号)

四、实验记录及数据处理

1. 测定点 B(上)、点 D(下)的主应力及其方向

(1) 测定点 B、D 的应变。

表 K–8 测试数据记录表

载荷/N		测点 B 的应变记录 (10^{-6})						测点 D 的应变记录 (10^{-6})					
		45°方向应变片 (R_1)		0°方向应变片 (R_2)		-45°方向应变片 (R_3)		45°方向应变片 (R_4)		0°方向应变片 (R_5)		-45°方向应变片 (R_6)	
F	ΔF	原始读数 $\varepsilon_{45°}$	应变增量 $\Delta\varepsilon_{45°}$	原始读数 $\varepsilon_{0°}$	应变增量 $\Delta\varepsilon_{0°}$	原始读数 $\varepsilon_{-45°}$	应变增量 $\Delta\varepsilon_{-45°}$	原始读数 $\varepsilon_{45°}$	应变增量 $\Delta\varepsilon_{45°}$	原始读数 $\varepsilon_{0°}$	应变增量 $\Delta\varepsilon_{0°}$	原始读数 $\varepsilon_{-45°}$	应变增量 $\Delta\varepsilon_{-45°}$
应变增量均值		$\Delta\bar{\varepsilon}_{45°} =$		$\Delta\bar{\varepsilon}_{0°} =$		$\Delta\bar{\varepsilon}_{-45°} =$		$\Delta\bar{\varepsilon}_{45°} =$		$\Delta\bar{\varepsilon}_{0°} =$		$\Delta\bar{\varepsilon}_{-45°} =$	

注:1. 载荷为拉力,所以值为正数,绝对值为 10~500 内任意数值,但是应保证载荷增量为定值;

2. 应变增量一栏为左侧下一级原始读数与上一级原始读数的差值。

（2）计算点 B、D 的主应力及其方向。

表 K-9 点 B、D 的主应力及其方向的记录表

材料参数： 弹性模量 $E = 70$ GPa， 泊松比 $\mu = 0.31$

圆筒尺寸： 外径 $D = 40$ mm， 内径 $d = 34$ mm

测点位置（自由端距贴片距离）：$l_1 = 300$ mm

加载臂长：$l_2 = 248$ mm

测点 ＼ 主应力及方向	σ_1/MPa			σ_3/MPa			α_0(°)		
	实验值	理论值	误差	实验值	理论值	误差	实验值	理论值	误差
点 B									
点 D									

$$\sigma_1\sigma_3 = \frac{E(\varepsilon_{45°}+\varepsilon_{-45°})}{2(1-\mu)} \pm \frac{\sqrt{2}E}{2(1+\mu)}\sqrt{(\varepsilon_{45°}-\varepsilon_{0°})^2+(\varepsilon_{-45°}-\varepsilon_{0°})^2}$$

$$\tan 2\alpha_0 = \frac{(\varepsilon_{45°}-\varepsilon_{-45°})}{(2\varepsilon_{0°}-\varepsilon_{45°}-\varepsilon_{-45°})}$$

2. 测定与弯矩、扭矩分别对应的应变和应力

（1）画接线图。

（a）测弯距产生的应变接线（半桥双臂） （b）测扭距产生的应变接线（对臂）

（2）测量数据记录。

表 K-10　测数据的记录表

载荷/N 应变/με		与弯矩 M 对应		与扭矩 T 对应	
F	ΔF	ε'	$\Delta\varepsilon'$	ε''	$\Delta\varepsilon''$
$\Delta\bar{F}=$ ____ N		$\Delta\bar{\varepsilon}'=$ ____		$\Delta\bar{\varepsilon}''=$ ____	
		$\Delta\bar{\varepsilon}_M=$ ____		$\Delta\bar{\gamma}_T=$ ____	
实 验 值		$\sigma_{M实}=$ ____ MPa		$\tau_{T实}=$ ____ MPa	
理 论 值		$\sigma_{M理}=$ ____ MPa		$\tau_{T理}=$ ____ MPa	
误差/%					